W0259980

Franz Seifert

Elektrotechnik für Informatiker

Eine Einführung

Zweite, überarbeitete Auflage

Springer-Verlag Wien New York

Univ.-Prof. Dipl.-Ing. Dr. Franz Seifert
Institut für Allgemeine Elektrotechnik und Elektronik der
Technischen Universität Wien

Umschlagentwurf: Tino Erben, Wien

Mit 127 Abbildungen

CIP-Titelaufnahme der Deutschen Bibliothek
Seifert, Franz:
Elektrotechnik für Informatiker : eine Einführung / Franz Seifert. – 2., überarb. Aufl. – Wien ; New York : Springer, 1991
ISBN-13:978-3-211-82266-1

ISBN-13:978-3-211-82266-1 e-ISBN-13:978-3-7091-7576-7
DOI: 10.1007/978-3-7091-7576-7

Gedruckt auf säurefreiem Papier

Hans W. Pötzl in Dankbarkeit gewidmet

Vorwort

Der vorliegende Text entstand aus der dreistündigen Vorlesung **„Elektrotechnische Grundlagen der Informatik“**, die im 2. Semester des Informatikstudiums an der Technischen Universität Wien abgehalten wird. Ziel dieser Vorlesung ist, neben einer Darstellung der Grundlagen der elektrischen Vorgänge in Datenverarbeitungssystemen auch eine Einführung in das Verständnis einfacher physikalischer Abläufe und Systeme für Studenten zu geben, deren Ausbildung sonst im wesentlichen von Mathematik und Software bestimmt ist. Zur weiteren Vertiefung und Spezialisierung der elektrotechnischen Kenntnisse ist im Rahmen des Pflichtlehrplanes zusätzlich nur die Vorlesung „Logische Schaltkreise“ im 3. Semester wählbar.

Ein recht kleines Elektrotechnikangebot ist also in diesem Lehrplan der Informatik vorgesehen, und es liegt nahe, zu fragen: Warum überhaupt Elektrotechnik in der Informatikausbildung? Eine Antwort auf diese Frage liefert die Praxis. Große Schwierigkeiten beim Berufseintritt hatte die vorangegangene Generation von Informatikstudenten ohne elektrotechnische Ausbildung. Für die Bearbeitung von Aufgaben, in denen die Technik und Physik eine Rolle spielen, und für die Anpassung von Datenverbindungskonzepten an vorgegebene Rechnerstrukturen mangelte es diesen Ingenieuren an wesentlichen Grundkenntnissen. Auch umgekehrt konnten Dienstgeber — besonders aus dem industriellen Bereich — ihre Aufgabenstellung in der Alltagssprache der Technik den jungen Informatikern nur schwer verständlich machen.

Als Reaktion wurde von der Studienkommission für Informatik diese Vorlesung vorgeschrieben und der Rahmen der Lehrinhalte über einen so weiten Bereich der Elektrotechnik abgesteckt, daß die verfügbare Stundenzahl, daran gemessen, sehr knapp erscheint. Deshalb war aus diesem weiten Bereich wieder eine Auswahl der für den Informatiker wichtigsten Kenntnisse zu treffen und der Versuch zu unternehmen, den abstrakten elektrotechnischen Stoff möglichst anschaulich zu gestalten, denn nur einfach Geordnetes bleibt dauerhaft im Gedächtnis. Unter diesen Bedingungen wurde der Stoff nach drei Richtlinien aufbereitet:

Einfache Grundkenntnisse der Elektrotechnik und Mathematik, etwa dem Stoff der Mittelschule entsprechend, werden vorausgesetzt — nur so kann der Abschnitt über elektrotechnische Grundbegriffe hinreichend kurz gehalten werden. Für eine systematisch aufbauende Elektrotechnikausbildung wäre jedoch gerade dieser Abschnitt mathematisch tiefgehend und umfassend zu gestalten.

In der Folge müssen an die Stelle mathematisch strenger Ableitungen aus den elektrodynamischen und physikalischen Grundgleichungen zur einfacheren Verständnisbildung weitgehend Modellvorstellungen und die häufige Bezugnahme auf elektrische Geräte des täglichen Lebens treten, deren äußere Funktion uns gleichzeitig mit dem Entstehen des Bewußtseins heute vertraut wird.

Eine auf Informatiker gezielte Motivation zum Studium wird durch die Heranziehung von Anwendungsbeispielen aus gerade diesem Bereich der Elektrotechnik angestrebt. So bilden die Entwicklungstendenzen zur immer schnelleren digitalen Signalverarbeitung und Datenübertragung wesentliche Teile der Abschnitte über Halbleiterbauelemente, Leitungen und Filter.

Bei der Abfassung des Textes sind mir neben meinen Erfahrungen in der Übungs- und Prüfungsbetreuung auch die meiner Mitarbeiter von großem Nutzen gewesen. Für ihren Beitrag zur besseren Verwendbarkeit dieses Textes möchte ich besonders Herrn Dr. Robert Schawarz und den Herren Dipl. - Ing. Oswald Männer, Manfred Sust, Roman Turba und Alois Goiser danken sowie, last but not least, allen Hörern, die durch gezielte Fragen einem betriebsblinden Elektrotechniker viele Verwirrungen zeigten, die für einen Anfänger der Elektrotechnik in Strom, Spannung, Widerstand, Spektrum, Laufzeit, Raumladung, Kennlinie usw. stecken können. Deshalb werden möglichst praxisbezogene Übungsbeispiele zu jedem Abschnitt angegeben. Die selbst erarbeiteten Lösungen dieser Beispiele sollten dem Leser eine Selbsteinschätzung der erreichten elektrotechnischen Ver- oder Entwirrung ermöglichen und ihm auch im späteren Berufsleben von Nutzen sein. Mit dieser Zielvorstellung sind für den interessierten Informatiker einige Abschnitte und Übungsbeispiele im Text aufgenommen, die über den Stoff der Vorlesung und Übung hinausgehen. Sie sind mit einem Stern gekennzeichnet und werden i.allg. bei der Prüfung nicht verlangt.

Ohne die aufopfernde Geduld von Frau Annelie Laube im Schreiben der Kopiervorlagen und Korrekturen und die unermüdliche Rechnerbetreuung durch Maximilian Seifert wäre dieses Buch nie entstanden. Ihnen gilt mein besonderer Dank.

Wien, im Sommer 1988 *Franz Seifert*

Vorwort zur zweiten Auflage

Der Entwicklung in den letzten Jahren entsprechend wurden nun auch die optischen Speicher in den Stoff aufgenommen sowie einigen Anregungen entsprechend kleine Raffungen zur Vereinfachung der Erarbeitung des Stoffes durchgeführt. Weiters sind die Lösungen der Beispiele zur Überprüfbarkeit des in den Übungen bzw. im Selbststudium zu erarbeitenden Lösungsweges aufgelistet. Auch diesmal danke ich Anneli Laube, Maximilian Seifert und Andreas Molisch für ihre sorgfältige Mitarbeit.

Wien, im Jänner 1991 *Franz Seifert*

Inhalt

1 Grundbegriffe der Elektrotechnik

1.1 Gleichstromquellen

Batterien als Gleichstromquellen

Für die Energieversorgung tragbarer und mobiler elektrischer Geräte werden seit den Anfängen der Elektrotechnik vor etwa 200 Jahren und heute in zunehmendem Maße elektrische Batterien verwendet. An den Klemmen dieser Batterien entsteht durch elektrochemische Vorgänge, die auf dem Unterschied der Lösungsdrücke verschiedener Stoffe in Elektrolyten beruhen, eine elektrische Spannung, die einen elektrischen Strom durch einen Verbraucher treibt, wenn dieser zwischen den Batterieklemmen (Polen) durch Bildung eines galvanischen, d. h. elektrisch leitenden Kontaktes angeschlossen wird.

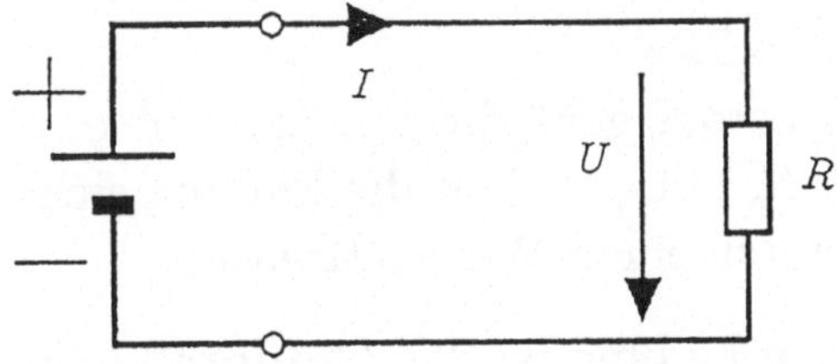

Bild 1.1: Batterie mit angeschlossenem Widerstand

Bild 1.1 zeigt das in der Elektrotechnik übliche Schaltbild einer Batterie (der positive Pol ist der längere Strich), an deren Klemmen ein Widerstand R angeschlossen ist.

Die Maßeinheit der elektrischen Spannung ist das **Volt** (V) und die Maßeinheit des Stromes das **Ampere** (A). In der Elektrotechnik werden i. allg. Spannungen mit den Buchstaben U (in englischsprachigen Ländern manchmal mit V) und Ströme mit I angeschrieben. Nicht veränderliche, konstante Größen sollen mit Großbuchstaben und veränderliche mit Kleinbuchstaben bezeichnet werden, denen eine Funktionalklammer mit der unabhängigen Veränderlichen (z. B. $i(t)$ für einen zeitabhängigen Strom) folgen kann.

Die Klemmenspannung U wird als **Spannungspfeil** und der Strom I durch R als **Strompfeil** gezeichnet. In Bild 1.1 sind die Pfeile in positiver Spannungs- bzw. Stromrichtung dargestellt. Wird der Verbrauchswiderstand R abgeschaltet (das entspricht $R = \infty$) so fließt kein Strom $I = 0$, und man mißt an den Klemmen $U = U_L$ die **Leerlaufspannung**. Werden die Klemmen kurzgeschlossen (d. h. $R = 0$), wird $U = 0$ und es fließt der **Kurzschlußstrom** $I = I_K$. Die Grenzwerte U_L und I_K werden im Normalbetrieb einer Batterie $0 < R < \infty$ nie erreicht, jedoch liegt die Betriebsspannung U meist nur wenig unter U_L. Die Begründung dafür folgt in Abschnitt 1.4. Innerhalb der Batterie sorgt der chemische Prozeß immer für den Transport der positiven Ladung zum Pluspol (bzw. der negativen zum Minuspol), womit der Gleichstrom im Stromkreis aufrechterhalten wird. Die von der Batterie durch den Strom $i(t)$ innerhalb des Zeitabschnittes $0 < t < T$ abgegebene Ladung q ist durch

$$q(T) = \int_0^T i(t)\, dt \qquad \text{bzw.} \qquad i(t) = dq/dt \qquad (1.1)$$

gegeben. Für zeitlich konstanten Strom geht die Gl. (1.1) in $q = I \cdot T$ über. Als Merkhilfe : Die Gl. (1.1) beschreibt die Füllung eines Gefäßes mit der Wassermenge q durch einen Wasserstrom i !

Die Maßeinheit der elektrischen Ladung ist das **Coulomb** oder die **Amperesekunde:**

$$1\text{C} = 1\text{As}.$$

Ein Gleichstrom der Stärke 1A transportiert in einer Sekunde (s) 1 Coulomb.

Unser heutiges physikalisches Bild der elektrischen Ladung ist ein teilchenhaftes: Jede Ladungsmenge setzt sich aus Vielfachen von kleinen, nicht weiter teilbaren elektrischen Elementarladungen zusammen, die wir uns an Elektronen als Ladungsträger gebunden vorstellen. In vielen, sehr sorgfältigen Experimenten wurde die **Elektronenladung** mit $q_e \doteq -1{,}602 \cdot 10^{-19}$As bestimmt ($\doteq$ bedeutet „etwa gleich").

Heute in der Informationsverarbeitung, der Nachrichten- sowie Energietechnik verwendete Bauelemente nützen i. allg. Möglichkeiten zur Steuerung und Speicherung von Elektronen aus. Deshalb hat sich für das weitgespannte Gebiet der Ablaufsteuerung elektrischer Vorgänge in Transistoren, Dioden, Elektronenröhren usw. der Begriff **„Elektronik"** eingebürgert.

Die quantisierte Struktur der Ladung führt zu einer unteren Grenze der eindeutig erkennbaren und verarbeitbaren elektrischen Signale: Wird ein Signal nur mehr von einem „Paket" mit wenigen Elektronen gebildet, so verschwindet es im Rauschen, das durch die „Teilchensprünge" im Stromtransport entsteht. In bestimmten elektronischen Halbleiterbauelementen werden diese Quantengrenzen heute schon berührt.

Unsere Modellvorstellung des Ladungstransports durch Elektronen führt zu einer Bewegung der negativ geladenen Elektronen vom negativen zum positiven Pol der Batterie, also zu einem (positiven Ladungs-) Strom in der Pfeilrichtung in Bild 1.1. In Metallen übernehmen nur die Elektronen den Stromtransport, in Halbleitern findet man auch bewegliche Ladungsträger, die positiv mit der Elementarladung $-q_e$ geladen erscheinen (sogenannte Löcher). Unabhängig von der Ladungsträgerart nimmt der Techniker den Strom immer als vom positiven zum negativen Batteriepol gerichtet an.

Dem Anwender ist heute eine große Vielfalt von Batterien verfügbar, die nach ihrer Funktionsweise den zwei Gruppen: **Primärelemente** und wieder aufladbare Sekundärelemente (**Akkumulatoren** oder Sammler) zuzuordnen sind.

Das Primärelement ist nach dem Ablauf des durch seine Konstruktion vorgegebenen chemischen Prozesses, der während der Ladungsabgabe und auch während zu langer Lagerung stattfindet, verbraucht. Seine auf das Zellengewicht M bezogene, insgesamt verfügbare elektrische Ladung (Q/M) ist ein Maß für die Brauchbarkeit der Zelle in elektronischen Geräten mit möglichst geringem Gewicht. Ein grober Vergleich von Q/M für die Qualität verschiedener Zellentypen ist möglich, wenn für die meist verwendete (und billigste) Kohle-Zink-Zelle $Q/M = 1$ und etwa gleiche Spannung der verschiedenen Zellen angenommen wird (Tabelle 1.1).

Die heute meist verwendeten Sekundärelemente sind der Blei- und der Nickel-Cadmium-Akkumulator. Ersterer findet z. B. Anwendung in Starterbatterien von Kraftfahrzeugen, in Notstromaggregaten von Schaltanlagen, Krankenhäusern, Telephonvermittlungsämtern usw. Ni-Cd Batterien werden in vielen elektronischen Geräten verwendet. Die Zellenspannung des Bleiakkus ist etwa $U_L = 2$V, die des Ni-Cd Sammlers etwa $U_L = 1,3$V.

Tabelle 1.1

Zellentyp	Q/M	Anwendungen
Kohle-Zink	1	Taschenlampen
Magnesium	4,3	Walkman
Mangan	6	Taschenrechner
Quecksilber	7,5	Armbanduhren, Hörgeräte
Lithium	30	Herzschrittmacher, Satelliten

(Zellenspannung etwa 1,5V)

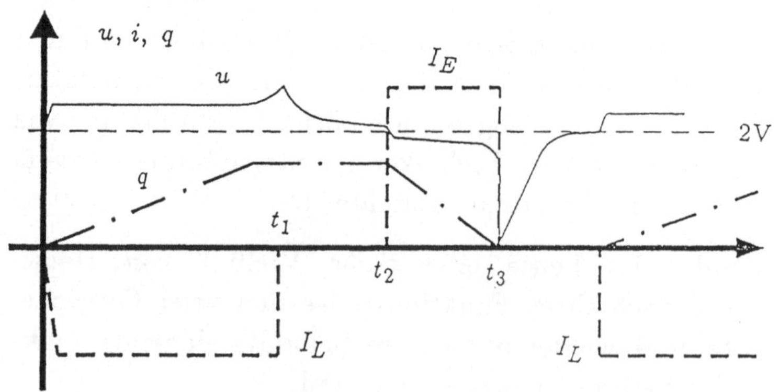

Bild 1.2: Ladevorgang und Entladung

In Bild 1.2 ist ein Ladevorgang ($0 < t < t_1$) und eine Entladung ($t_2 < t < t_3$) einer Bleizelle mit den in Bild 1.1 angegebenen Strom- und Spannungsrichtungen skizziert. Für die Ladung wird eine Konstantstromquelle angenommen, die elektrische Ladung an die Bleiplatten des Akkus abgibt und damit die aktiven Oberflächen der positiven und negativen Platte chemisch verändert. Im geladenen Zustand besteht die positive Platte aus reinem Blei, die negative aus Bleidioxid, der Elektrolyt ist verdünnte Schwefelsäure. Nach dem Ionenaustausch durch Entladung bestehen beide Platten aus Bleisulfat, und die Säuredichte ist gesunken.

Bei den in Bild 1.2 skizzierten Vorgängen steuert die Klemmenspannung U die Stromrichtung und damit den Ladungstransport: Wird U durch Anschluß einer Stromquelle größer als die Leerlaufspannung $U_L = 2\text{V}$ der Zelle, so wird elektrische Ladung in der Batterie so lange gespeichert, bis die verfügbare aktive Plattenoberfläche ganz umgewandelt ist. Der Anschluß eines Verbrauchers an die Batterie bewirkt ein Absinken auf $U < U_L$ und eine Ladungsabgabe bis zur vollen Entladung.

Batterien, insbesondere aus Primärzellen aufgebaute, **dürfen nicht parallel geschaltet werden**, auch wenn ihre Nennspannungen übereinstimmen, denn immer vorhandene kleine Unterschiede in den Zellenspannungen führen zu Ausgleichsströmen zwischen den Batterien, die zu ihrem vorzeitigen Verbrauch führen.

Die **übliche Serienschaltung** von n Zellen hingegen ergibt eine n-fache Batteriespannung und kann nicht zu einer Selbstentladung der Batterien führen. Wird eine solche Kette von Zellen an einen Verbraucher angeschlossen, so wird von jeder Zelle der gleiche Strom geliefert; Schwankungen in den Zellenspannungen äußern sich in Änderungen der Klemmenspannung der Batterie, da diese die Summe der Zellenspannungen ist.

Tabelle 1.2

Bezeichnung von Zehnerpotenzen								
Potenz	1	2	3	6	9	12	15	18
Bezeichnung	da	h	k	M	G	T	P	E
sprich	Deka	Hekto	Kilo	Mega	Giga	Tera	Peta	Exa
Potenz	-1	-2	-3	-6	-9	-12	-15	-18
Bezeichnung	d	c	m	μ	n	p	f	a
sprich	Dezi	Centi	Milli	Mikro	Nano	Pico	Femto	Atto

1.2 Das Ohmsche Gesetz und der elektrische Widerstand

Bei der Definition der Leerlaufspannung U_L und des Kurzschlußstromes I_K wurde ohne nähere Erklärung und im Vertrauen auf das Mittelschulwissen ein elektrischer Widerstand in Bild 1.1 als Verbraucher angenommen. Dieser Widerstand R bestimmt nach dem Ohmschen Gesetz den Zusammenhang zwischen der an R wirksamen (in elektrotechnischer Ausdrucksweise: abfallenden) Spannung U und den durch R fließenden Strom I:

$$I = U/R = U \cdot G. \tag{1.2}$$

Die Maßeinheit für den elektrischen Widerstand R ist das Ohm (Ω), für den Leitwert $G = R^{-1}$ das Siemens (S) (in englischen Texten findet man statt S auch Ω^{-1} oder Ohm verkehrt geschrieben: mho). Mit der Gl. (1.2) bestimmt man I aus der anliegenden Spannung U und dem Widerstand R. Genauso findet das Ohmsche Gesetz in der Form $R = U/I$ und $U = R \cdot I$ Anwendung. Der lineare Zusammenhang in Gl. (1.2) wird in den heute üblichen Widerständen in einem weiten Bereich von U und I beobachtet; erst bei Werten von U und I, die weit über den für den betreffenden Widerstand zugelassenen und im Normalfall eingehaltenen Grenzen liegen, ergeben sich nichtlineare Abweichungen, d. h. Gl. (1.2) wäre z. B. als Polynom mit additiven U^3, U^5... Termen zu schreiben. Jedoch sei schon hier darauf hingewiesen, daß es in der Elektronik nichtlineare Bauelemente (wie Diode, Röhre, Transistor, usw.) gibt, auf die das Ohmsche Gesetz nicht anwendbar ist.

Das Ohmsche Gesetz legt eine einfache Modellvorstellung für die Wirkung des elektrischen Widerstandes nahe: Ähnlich wie eine viskose Flüssigkeit, die sich in einem Rohr von einer Stelle hohen Druckes zu einer Stelle niedrigeren Druckes bewegt und deren „Strom" (d. h. die pro Zeiteinheit transportierte Flüssigkeitsmenge) proportional zum Druckunterschied und zum Rohrquerschnitt (A) und verkehrt proportional zu Rohrlänge (l) und Viskosität ist, bewegen sich die elektrisch geladenen Elektronen unter „Reibung" im elektrischen Leiter. Sie führen dabei eine thermische Wimmelbewegung aus und geben durch Zusammenstöße mit den Gitterbausteinen ihre aus dem „Druckunterschied", d. h. dem elektrischen Spannungsabfall, gewonnene Bewegungsenergie an Gitterschwingungen ab, wodurch sich der Leiter erwärmt. Diese Energieumsetzung in Wärme wird mit **Dissipation** bezeichnet.

Aus dieser Modellvorstellung findet man für den Strom I durch einen zylindrischen Leiter (z. B. einen Draht) des Querschnittes A und der Länge l, an dem die Spannung U abfällt,

$$I = U \cdot G \qquad (1.2\text{ a}),$$

wobei

$$G = \kappa \cdot A/l$$

ist und κ die spezifische Leitfähigkeit mit der Maßeinheit S/m eine im wesentlichen temperaturabhängige Materialkonstante bezeichnet. In Supraleitern verschwindet der elektrische Widerstand durch Kühlung. Bestimmte Metalle sind unter der Temperatur des flüssigen Heliums (−260°C) supraleitend. 1987 fand man Keramiken, die schon in flüssigem Stickstoff (−190°C) $\kappa = \infty$ haben. Bei Raumtemperatur ist κ für Silber, Kupfer, Gold, Aluminium am größten und in anderen Metallen etwas kleiner. Für Isolatoren ist $\kappa = 0$. Die Leitfähigkeit von Halbleitern ist stark temperaturabhängig und liegt weit unter der von Metallen. Aus der Beziehung $R = 1/G$ ergibt sich

$$R = \rho \cdot l/A,$$

wobei $\rho = 1/\kappa$ der spezifische Widerstand in Ωm ist.(Als Maßeinheit für Halbleiter wird für ρ jedoch oft Ωcm und für Drähte $\Omega\text{mm}^2/\text{m}$ verwendet.)

Für Kupfer (Cu), Konstantan (K), Kohle (C) und Halbleiter (H) seien Richtwerte von ρ angegeben:

$$\begin{aligned}
\rho_{\mathrm{Cu}} &= 0{,}019 \cdot 10^{-6}\ \Omega\mathrm{m},\\
\rho_{\mathrm{K}} &= 0{,}4 \cdot 10^{-6}\ \Omega\mathrm{m},\\
\rho_{C} &= 60 \cdot 10^{-6}\ \Omega\mathrm{m},\\
10^{-4}\ \Omega\mathrm{m} < \rho_{\mathrm{H}} &< 10^{2}\ \Omega\mathrm{m}.
\end{aligned}$$

Typische technische Widerstände haben die Form drehzylindrischer Stäbchen mit Durchmessern von 1 bis mehreren mm und Längen von wenigen mm bis einigen cm. Ihr Wert ist als Farbcode (siehe Tabelle 1.3) aufgedruckt.

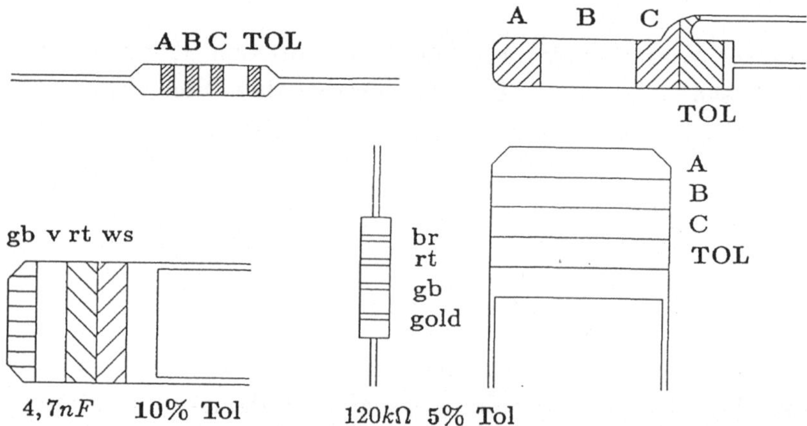

Bild 1.3: Widerstände, Röhrchenkondensatoren, Flachkondensatoren, Standkondensatoren

Nach den Bauformen der Widerstände kann eine grobe Einteilung bezüglich Rauschfreiheit, herstellbarer Toleranz, Temperaturbeständigkeit und Preis getroffen werden:

1. Klasse: Metallfilm- und Drahtwiderstände
2. Klasse: Kohleschichtwiderstände
3. Klasse: Massewiderstände

Bei den Schichtwiderständen (1. + 2.) wird das Widerstandsmaterial dünn auf ein Porzellanstäbchen aufgebracht und durch Einbrennen einer Spirale mittels eines Lasers abgeglichen. Massewiderstände sind in Stäbchenform gepreßtes Widerstandsmaterial (meist Graphit) und Füllstoffe.

Tabelle 1.3
Farbcode für Widerstände und Kondensatoren

Zahlenwert		Multiplikator		Toleranz	
Code	A B	(C) Code	C (Ω, pF)	Code	
schwarz	0	sw	× 1	sw	± 20%
braun	1	br	× 10	ws,silber	± 10%
rot	2	rt	× 10^2	gn,gold	± 5%
orange	3	or	× 10^3	rt	± 2%
gelb	4	gb	× 10^4	br	± 1%
grün	5	gn	× 10^5		
blau	6	bl	× 10^6		
violett	7	v	× 10^7 Ω		
grau	8	gr	× 10^8 Ω		
weiß	9	ws	× 0.1 Ω		

1.3 Elektrische Netzwerke – die Kirchhoff–Regeln

Unter einem elektrischen Netzwerk (einer Schaltung) versteht man irgendeine Zusammenstellung beliebiger elektrischer Bauelemente, die elektrische Energie erzeugen, leiten, speichern oder dissipieren können. Die Punkte des Zusammentreffens von mindestens drei Netzwerkzweigen bzw. Bauelementen nennt man die Netzwerkknoten. Ein Weg, der nach Durchlaufen von mindestens zwei Zweigen an den Ausgangspunkt zurückführt, ist eine geschlossene Schleife (Netzwerkmasche).

Die Kirchhoff–Regeln ermöglichen die Berechnungen aller Spannungen und Ströme in elektrischen Schaltungen. Ihre plausible

Erklärung kann aus einer Erweiterung der oben skizzierten Modellvorstellung des Stromkreises auf ein System von verschiedenen Rohren und Pumpen (entsprechend eingeprägten Druckunterschieden, d. h. Spannungen) gewonnen werden, durch das der „Strom“ als viskose Flüssigkeit fließt.

Zur Vereinfachung werden die Regeln zunächst nur mit idealen Spannungsquellen und ohmschen Widerständen dargestellt, aber ihre Gültigkeit in beliebigen Netzwerken sei betont.

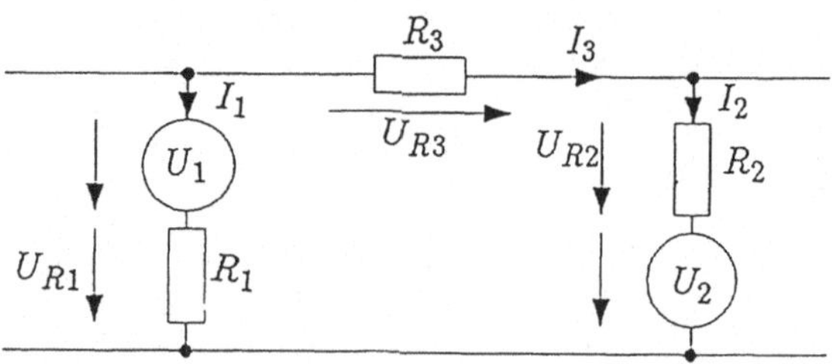

Bild 1.4: Netzwerk

Die **erste Kirchhoff–Regel** lautet:
In einer geschlossenen Schleife (Masche) eines Netzwerkes verschwindet die Summe der eingeprägten Spannungen und der Spannungsabfälle an den Netzwerkzweigen. Bei der Summation ist ein Umlaufsinn festzulegen und das Vorzeichen der Spannungen dementsprechend festzusetzen. Die (Pfeil-)Richtung der Spannungsabfälle wird durch die Stromrichtung bestimmt.

$$\begin{gathered} U_{R1} = I_1 R_1, \qquad U_{R2} = I_2 R_2, \qquad U_{R3} = I_3 R_3, \\ I_3 R_3 + I_2 R_2 + U_2 - I_1 R_1 - U_1 = 0. \end{gathered} \tag{1.3}$$

Das Beispiel in Bild 1.4 zeigt eine Masche mit 3 Zweigen, 2 eingeprägten Spannungen und 3 Widerständen. Zur Aufstellung von Gl. (1.3) wird die Umlaufrichtung im Uhrzeigersinn angenommen. Das Symbol für die eingeprägte Spannung stellt eine ideale Spannungsquelle dar, deren Klemmenspannung unabhängig von der Belastung die Leerlaufspannung U_L ist.

Man erkennt aus Bild 1.4 und Gl. (1.3), daß vom gleichen Strom durchflossene Widerstände ohne Änderung der Verhältnisse durch ihre Summe R_s ersetzt werden können (z. B. wenn $I_2 = I_3$ ist $R_s =$

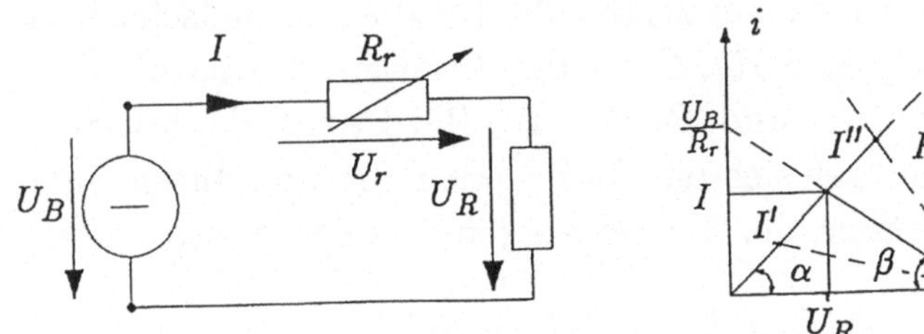

Bild 1.5: Serienschaltung von Widerständen

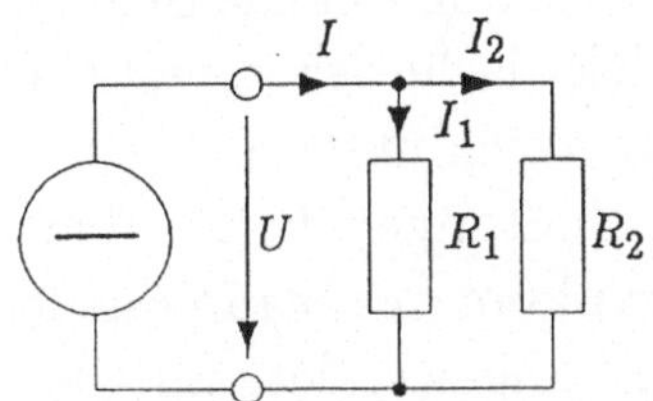

Bild 1.6: Parallelschaltung von Widerständen

$R_2 + R_3$). Merke: Die **Serienschaltung** von Widerständen ergibt einen Widerstand mit der **Summe** der Einzelwerte.

In Bild 1.5 ist ein graphisches Lösungsverfahren für die Serienschaltung von R (Abfall U_R) mit dem veränderlichen R_r (Abfall U_r) dargestellt. Mit Änderung von R_r ändert sich der Neigungswinkel β und damit die Spannung U_r am **Spannungsteiler:**

$$U_R = IR = \frac{U_B R}{(R + R_r)} \,. \tag{1.4}$$

Für $R_r = 0$ wird $U_R = U_B$.

$$U_r = U_B - U_R, \qquad \tan\alpha = I/U_R = R^{-1},$$
$$\tan\beta = I/U_r = R_r^{-1}, \qquad I = U_B/(R + R_r).$$

Die **zweite Kirchhoff–Regel** lautet:
Die Summe aller in einen Knoten hinein fließenden Ströme ist Null. Unter Beachtung der angenommenen Stromrichtungen ergibt sich daraus die Stromkontinuität: Der ganze in einen Knoten einfließende Strom muß auch aus diesem wieder abfließen.

$$\begin{aligned} I = I_1 + I_2 = U/R_1 + U/R_2 = U \cdot G, \\ G = 1/R_1 + 1/R_2 = G_1 + G_2. \end{aligned} \tag{1.5}$$

Als Demonstrationsbeispiel zeigt Bild 1.6 die Parallelschaltung zweier Widerstände R_1 und R_2. G ist der Leitwert der parallel geschalteten Widerstände R_1 und R_2. Merke: Bei **Parallelschaltung** von Widerständen addieren sich ihre **Leitwerte**. Sie sind durch einen Widerstand R zu ersetzen, der kleiner als jeder einzelne ist:

$$R = 1/G = R_1 R_2/(R_1 + R_2). \tag{1.6}$$

In das Schema der Kirchhoff–Gesetze passen auch ideale Stromquellen. Ihr Symbol in Bild 1.7 stellt eine elektrische Energiequelle dar, die unabhängig von der Belastung den Kurzschlußstrom I_K liefert. Solche Quellen sind als elektronische Schaltungen herstellbar. Der Strom I_K wird in den beiden Anschlußpunkten der Stromquelle eingeführt bzw. abgezogen, was, auf Bild 1.7 angewendet, mit der 2. Kirchhoff–Regel zur angegebenen graphischen Lösung führt.

$$I_v = I_K - I_R, \qquad \tan\alpha = U_0/I_R = R, \qquad \tan\beta = U_0/I_v = R_v.$$

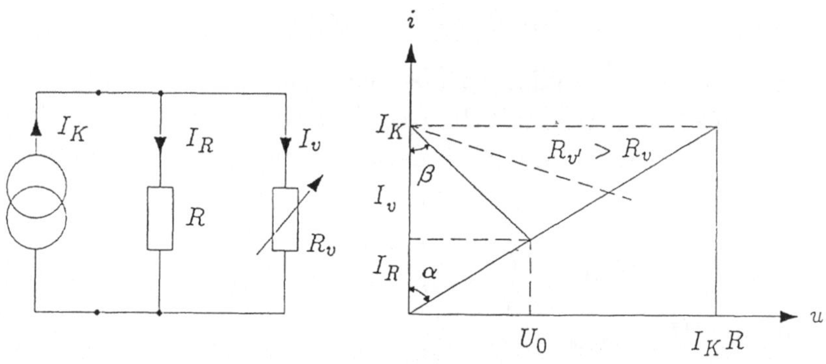

Bild 1.7: Netzwerk mit Stromquelle

Analog zum Spannungsteiler findet man damit und aus Gl. (1.2) für den Stromteiler:

$$\frac{I_R}{I_K} = \frac{R^{-1}}{R^{-1} + R_v^{-1}} = \frac{R_v}{R_v + R}.$$

1.4 Ersatzschaltbilder für elektrische Energiequellen

Wird eine nicht stabilisierte elektrische Quelle (z. B. eine Batterie, ein Transistor, ein Verstärker, eine Datenleitung oder auch eine Netzsteckdose) durch Entnahme von Strom belastet, so sinkt ihre Ausgangsspannung. Dieses Sinken der Ausgangsspannung ist um so störender, je größer die Leistung ist, die aus dieser Quelle entnommen wird. Beispielsweise soll eine Steckdose, egal ob sie mit einer kleinen Lampe oder mit einem Elektroheizofen belastet wird, immer die Spannung von 220 Volt liefern. Da aber alle Elektrizitätserzeugungs- und Versorgungseinrichtungen mit ohmschen Widerständen behaftet sind, beobachtet man die oben erwähnte Spannungsabnahme. Diese Spannungsabnahme kann unter der Annahme einer linearen Abhängigkeit des Spannungsabfalles vom entnommenen Strom durch Ersatzschaltbilder beschrieben werden.

Das Bild 1.8 zeigt zwei gleichwertige Ersatzschaltbilder. Auf der linken Seite ist das von **Thévenin** und auf der rechten Seite das von **Norton** dargestellt. Das Théveninsche Ersatzschaltbild führt die reale elektrische Energiequelle auf eine ideale Spannungsquelle U_L mit einem inneren Widerstand R_i zurück. Dieser Innenwiderstand wird bei Verstärkern und anderen Signalquellen oft auch als Ausgangswiderstand oder als Quellwiderstand bezeichnet. Das Norton-Ersatzschaltbild nimmt eine ideale Stromquelle an, die unabhängig von der zu liefernden Spannung immer den gleichen Quellstrom I_K abgibt, der gleichzeitig der Kurzschlußstrom ist. Die an den Quellklemmen auftretende Quellspannung ergibt sich aus dem Quellstrom und einem inneren Leitwert G_i.

Im vorigen Kapitel haben wir die graphische Darstellung des Ohmschen Gesetzes in Stromkreisen gelernt. Diese graphische Darstellung kann auch einfach auf die Ersatzschaltbilder nach Norton und Thévenin angewendet werden. Ihr Vorteil ist ein unmittelbares Bild der Spannungs- bzw. Stromaufteilung auf Energiequelle und Lastwiderstand (vgl. Bilder 1.5, 1.7).

Aus diesen Betrachtungen erkennt man, daß bei Aufgaben der Energieversorgung Spannungsquellen mit verschwindend kleinem Innenwiderstand anzustreben sind, während für Datenübertragungen oder Anwendungen in der Nachrichten– oder Informationstechnik durchaus ein Spannungsabfall an der Signalquelle in Kauf genommen werden kann, wenn nur das Signal beim Empfänger (d. h. bei der Informationssenke) noch eindeutig erkennbar ist.

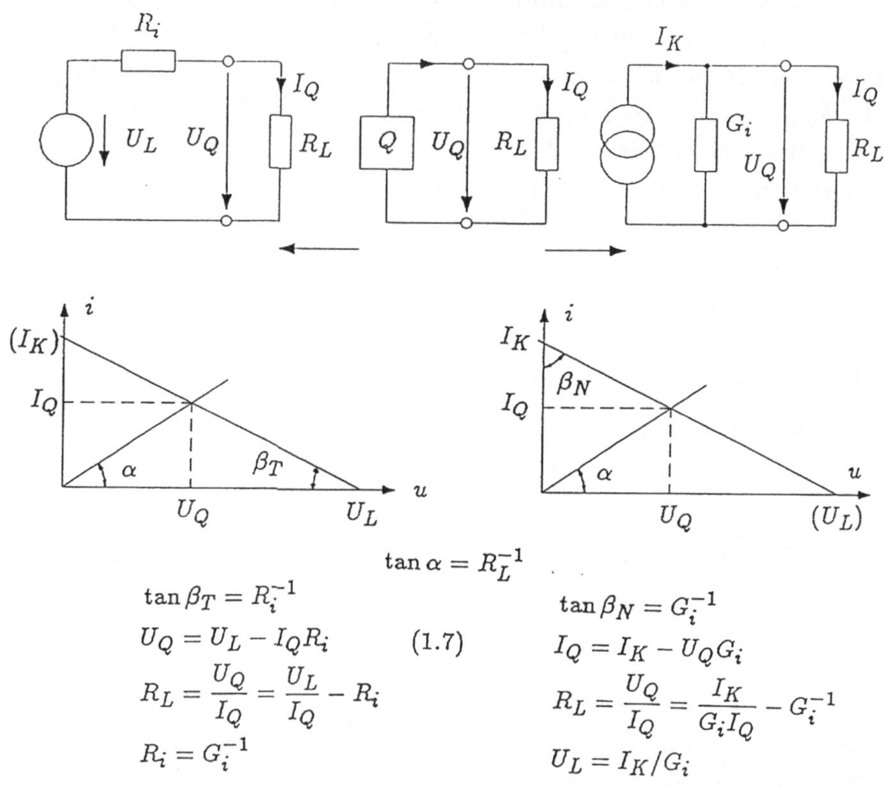

Bild 1.8: Ersatzschaltbilder von Thévenin und Norton

In Ergänzung zu den bereits besprochenen Batterien sollen hier die Quellen elektrischer Gleichstromenergie kurz besprochen werden. **Gleichrichternetzgeräte** haben eine einstellbare Spannung, typisch von wenigen Volt bis 500 Volt, oder einen einstellbaren Strom von wenigen Mikroampere (μA) bis einigen 10 Ampere und stellen netzgespeiste ideale Spannungsquellen bzw. Stromquellen dar. Zum Schutz des Gerätes und auch des Verbrauchers ist meist eine elektronische Sicherung eingebaut, die eine Überlastung durch zu hohe Stromentnahme bei Spannungsquellen bzw. zu hohe Ausgangsspannungen bei Stromquellen verhindert. In Bild 1.9 sind typische Belastungskennlinien von Gleichrichternetzgeräten dargestellt, die bis zum Abschaltpunkt als ideale Spannungsquelle bzw. ideale Stromquelle wirken.

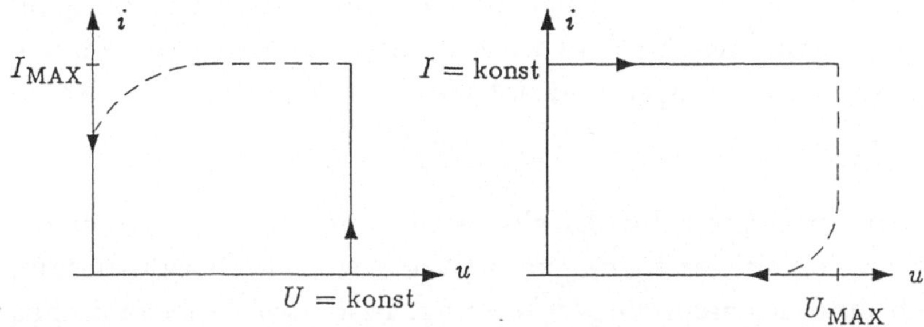

Bild 1.9: (Ideale) Spannungsquelle, (ideale) Stromquelle

Gleichstromgeneratoren waren die ersten elektrischen Energieerzeugungsmaschinen und wurden in den Anfängen der Elektrotechnik vor etwa 100 Jahren häufig verwendet. Bei ihnen wird ein Kommutator verwendet, der den im rotierenden Anker entstehenden Wechselstrom durch Polwendung in Gleichstrom umwandelt. In Kraftfahrzeugen wurde bis vor einigen Jahren noch eine sog. Gleichstromlichtmaschine verwendet, die heute jedoch durch eine Drehstromlichtmaschine mit Gleichrichtdioden ersetzt ist. Gleichstrommaschinen sind heute bei der Energieversorgung weitgehend durch Drehstromgeneratoren ersetzt worden.

Das **Photoelement** (oder die **Solarzelle**) nützt die Lichtenergie aus, um elektrische Energieversorgungen zu ermöglichen oder um als Sensor für Lichteinfall eine elektrische Spannung abzugeben. Diese Photoelemente oder Solarzellen werden bei der Besprechung der Halbleiterdiode genauer dargestellt werden. In ihnen erzeugt ein einfallendes Lichtquant, dessen Energie größer ist als die Bindungsenergie der Elektronen im Halbleitergitter, freie Ladungsträger in Form von Elektronen und Löchern. Diese Elektronen und Löcher werden von einem in der Photozelle eingebauten elektrischen Kraftfeld getrennt und führen zu einer Photospannung bzw. einem Photostrom. Dieser Effekt wird verwendet, um Satelliten, Richtfunkstationen und Häuser ohne Netzanschluß über sogenannte Sonnensegel, das sind große Flächen von Solarzellen, mit Energie zu versorgen.

Im **Thermoelement** wird die Temperaturdifferenz zwischen zwei Kontaktstellen von verschiedenen Metallen oder Metallen und Halbleitern dazu ausgenützt, einen Stromfluß bzw. eine Thermospannung zu erzeugen. Dieser Effekt wird hauptsächlich nur zur Temperaturmessung herangezogen und hat als Energiequelle keine Bedeutung.

Der **piezoelektrische Effekt** wird u. a. für die Erzeugung sehr kleiner elektrischer Ladungen herangezogen. Er beruht darauf, daß durch eine mechanische Verformung, bzw. einen mechanischen Druck auf ein Kristallgitter eine Verschiebung der geladenen Atome in diesem Kristallgitter erfolgt, so daß am Kristall eine Polarisationsspannung beobachtet werden kann. Der piezoelektrische Effekt wird heute z. B. für Feuerzeuge und Gasanzünder verwendet, bei denen ein kleiner Hammer auf eine piezoelektrische Keramik fällt, die dann sehr hohe Spannungen in der Größenordnung von mehreren Kilovolt erzeugt, wodurch ein Funke entsteht. Eine weitere Anwendung des piezoelektrischen Effektes finden wir in wichtigen neuen Bauelementen der Informationstechnik.

1.5 Das elektrische Feld

In diesem Abschnitt wird der Versuch unternommen, die wesentlichen Gleichungen des elektrischen Feldes so einfach wie möglich abzuleiten und darzustellen. Diese Gleichungen sind später für das Verständnis des Kondensators und fast aller Halbleiterbauelemente sehr wichtig.

Wir gehen vom **Coulombschen Gesetz** aus, das die Anziehungskraft $\vec{F}_{12}$ zwischen zwei Punktladungen Q_1 und Q_2 beschreibt:

$$\vec{F}_{12} = \frac{Q_1 Q_2}{4\pi\epsilon_0 r^2}\vec{e_r}.$$

Mit dem Pfeil sind Vektorgrößen gekennzeichnet, d. h. es ist durch ihre drei achsenparallelen Komponenten auch eine Richtung festgelegt; $\vec{e_r}$ ist der von Q_1 nach Q_2 gerichtete Einheitsvektor in der Richtung des Abstandes r zwischen Q_1 und Q_2. Im Nenner des Coulombschen Gesetzes erscheint die elektrische Feldkonstante

$$\epsilon_0 = \mathbf{0,885 \cdot 10^{-11}} \; (\doteq \mathbf{10^{-9}/36\pi}) \frac{\mathrm{As}}{\mathrm{Vm}} ,$$

die auch die Dielektrizitätskonstante des Vakuums genannt wird. Sie paßt unser Maßsystem an die Gegebenheiten in der Natur an.

Die **elektrische Feldstärke** $\vec{E}$ ist als die Kraft auf die elektrische Einheitsladung definiert. D. h. wir bekommen $\vec{E}$ aus der obigen Gleichung, wenn wir durch Q_2 dividieren. Es folgt damit:

$$\vec{E} = \frac{\vec{F}_{12}}{Q_2} = \frac{Q_1}{4\pi\epsilon_0 r^2}\vec{e}_r .$$

Man könnte also die elektrische Feldstärke $\vec{E}$ messen, wenn man die Einheitsladung etwa an einer Federwaage im Raum bewegt und die Kraft auf diese Einheitsladung an dieser Federwaage abliest. Da aber die Ladungseinheit 1 As sehr groß ist, können solche Feldmessungen nur mit kleinen Ladungen Q_2 durchgeführt werden, wobei dann die Kraft mit dem entsprechenden Faktor zu multiplizieren ist. Anschaulich können wir uns das elektrische Feld so ähnlich wie das Gravitations- oder Schwerefeld als genauso wirkende Kraft auf eine elektrische Ladung vorstellen.

Wenn man nun eine Ladung in einem solchen elektrischen Kraftfeld vom Punkt 1 zum Punkt 2 bewegt, so muß man an dieser Ladung eine mechanische Arbeit W_m leisten, und diese mechanische Arbeit ist durch das Wegintegral $1 \rightarrow 2$ über das innere Produkt von Kraftvektor $\vec{F}$ und Wegelement $d\vec{s}$ gegeben:

$$\int_1^2 \vec{F} d\vec{s} = W_m = Q \int_1^2 \vec{E}\, d\vec{s}.$$

Umgekehrt steckt in jedem elektrischen Feld ein mechanisches Arbeitsvermögen, und wir bezeichnen die an der Ladung Q vom Feld geleistete mechanische Arbeit als **elektrische Energie** $W = -W_m$. Die elektrische Spannung oder **Potentialdifferenz** U in Volt ist nun die Differenz des Arbeitsvermögens des elektrischen Feldes an der Einheitsladung in den Punkten 1 und 2. Das heißt:

$$-\int_1^2 \vec{E}d\vec{s} = U; \quad \underline{\vec{E} = -\text{grad}\, U, \quad E_i = -\frac{\partial U}{\partial x_i}} \tag{1.8}$$

Der zweite Teil der Gl. (1.8) ist nichts anderes als die vektorielle Ableitung ihres ersten Teiles. Dabei zieht sich der Integrationsweg $1 \to 2$ auf einen Punkt zusammen. Das heißt,wenn jedem Punkt im Raum eine bestimmte elektrische Spannung, oder gleichbedeutend ein bestimmtes elektrostatisches Potential, zugeordnet ist, so finden wir dort die Feldstärke aus dem Gradienten dieser Potentialverteilung oder der Ableitung der elektrischen Spannung nach den Ortskoordinaten x_i $(i = 1,2,3)$. Dementsprechend wird die elektrische Feldstärke in V/m gemessen.

In bestimmten Teilen von Halbleiterbauelementen sind nun sehr viele einzelne Ladungen über den Raum verteilt. D. h. wir haben in den sogenannten Raumladungszonen nicht eine punktförmige Ladungsanordnung, wie sie das Coulombsche Gesetz beschreibt, sondern eine über den Raum verschmierte Ladung. Zur analytischen Erfassung dieser **Raumladung** ρ gehen wir zunächst von einer endlichen Zahl von k diskreten Ladungen im Raum aus und finden für die Feldstärke $\vec{E}$

$$\vec{E} = \sum_k \vec{E}_k = \sum_k \frac{Q_k}{4\pi\epsilon_0 r^2}\vec{e}_{rk} \to \int_V \frac{\rho dV}{4\pi\epsilon_0 r^2}\vec{e}_r,$$

wobei sich das Integral über das Volumen V aus dem Übergang von der Summe über alle k Ladungen Q_k auf die Raumladungsdichte ρ ergibt, die in As/m^3 angegeben wird. Bei der obigen Darstellung haben wir noch die in fast allen Raumladungszonen von Halbleitern erfüllte Annahme getroffen, daß das elektrische Feld wirbelfrei ist. Das heißt, daß es keine in sich geschlossenen Feldlinien des elektrischen Feldes gibt, sondern daß alle Feldlinien ihren Ursprung (ihren Ausgangspunkt) in Ladungen haben. Unter dieser Voraussetzung ergibt sich die später sehr wichtige Gl. (1.9) aus obiger Formel durch Vergleich mit der Felddefinition in der Potentialtheorie:

$$\underline{\text{div}\epsilon_0\vec{E} = \rho} \quad \left(\frac{\partial E_i}{\partial x_i} = \rho/\epsilon_0\right). \tag{1.9}$$

Die Gl. (1.9) heißt 3. Maxwellsche Gleichung und besagt, daß die räumliche Änderung des Feldvektors $\vec{E}$ (seine Divergenz) gleich ist ρ/ϵ_0, und sie folgt aus der Tatsache, daß alle Quellen von $\vec{E}$ die Raumladungen sind. Wird in Gl. (1.9) $\vec{E}$ als Gradient eines statischen Potentialfeldes gemäß Gl. (1.8) eingesetzt, dann entsteht die **Poisson Gleichung**, mit der aus ρ das Potential U berechnet werden kann.

1.6 Die elektrische Arbeit und Leistung

Im vorangegangenen Kapitel haben wir die elektrische Energie W aus der mechanischen Arbeit eines elektrischen Feldes $\vec{E}$ an einer elektrischen Ladung Q definiert. Daraus und aus Gl. (1.8) folgt:

$$W = -W_m = Q \cdot \int_2^1 \vec{E}\vec{ds} = Q \cdot U. \tag{1.10}$$

Für das Integral haben wir die zwischen den Punkten 1 und 2 auftretende Potentialdifferenz, d. h. elektrische Spannung U, eingesetzt. Die Ladung möge nun gemäß Gl. (1.1) aus einem Strom I aufgebaut werden, der zwischen den Punkten 1 und 2 fließt. Die transportierte Ladung muß dabei im elektrostatischen Feld die Potentialdifferenz $U_2 - U_1 = U$ überwinden. Aus der Definition der Leistung P als Arbeit pro Zeiteinheit und Gl. (1.1) ergibt sich hier :

$$P = \frac{dW(t)}{dt} = \frac{dQ}{dt} \cdot U = I \cdot U. \tag{1.11}$$

Einfachheitshalber wurde die Leistung für Gleichgrößen U und I abgeleitet. Gl. (1.11) gilt jedoch auch für zeitvariable Ströme und Spannungen, allerdings treten dabei außer dieser „Wirkleistung“ noch Wechselwirkungen mit dem elektromagnetischen Feld auf.

Die Maßeinheit der Leistung ist das **Watt** (W) oder die im Alltagsleben häufig gebrauchte tausendfache Einheit; das **Kilowatt** (kW). Im alten Meter-Kilopond (kp)-Sekunde-Maßystem wurde als Einheit von P auch noch die Pferdestärke verwendet, wobei

$$1\text{PS} = 75\text{kp m/s} = 0,736\text{kW}$$

ist. Das neue Maßsystem **Système International d'Unités (SI)** führt für alle Energieformen als Leistungseinheit das Watt ein.

Die Maßeinheit der Arbeit (Energie) ist die **Wattsekunde** (Ws) oder das **Joule** (J) (sprich: dschuhl). Mit der bekannten mechanischen Definition der Arbeit als Produkt von Kraft mal Weg wird auch hier die anschauliche Einheit, das **Newtonmeter** (1Nm = 1J = 1Ws) verwendet.

Aus dem Ohmschen Gesetz finden wir für die in einem Widerstand in Wärme umgesetzte Leistung:

$$P = U \cdot I = U^2/R = I^2 \cdot R. \tag{1.11 a}$$

Die elektrische Energie kann außer in Wärme auch noch in elektromagnetische Strahlung (z. B. Licht), mechanische oder chemische Energie umgesetzt werden und auch in bestimmten Bauelementen zum Wärmetransport (Kühlung) Verwendung finden.

Für den Informatiker, Regelungs- und Informationstechniker ist nur die Steuerbarkeit aller elektrischen Größen bzw. die Signalübertragung interessant. Die dabei unvermeidlich auftretende Wärme ist ein unerwünschter Effekt. Deshalb wird heute in allen Bauelementen der Elektronik die (manchmal durch Kühlung abzuführende) Verlustleistung möglichst klein gehalten.

1.7 Die Kapazität und ihr Aufladungsvorgang

In der Elektrotechnik versteht man unter Kapazität die Speicherfähigkeit leitender Körper – meist sind dies speziell gebaute Kondensatoren – für elektrische Ladungen. Befindet sich ein Körper auf der Potentialdifferenz U gegenüber seiner Umgebung und sitzt auf ihm die Ladung Q, so ist seine Kapazität C definiert durch:

$$C = Q/U. \tag{1.12}$$

Nach dem Pionier der Elektrotechnik *Michael Faraday* wurde die Kapazitätseinheit 1As/V mit **Farad** (F) benannt. Zur Veranschaulichung der Abmessung einer Kapazität gegenüber dem Unendlichen werden durch die Formel

$$C = 4\pi\epsilon_0 R \tag{1.13}$$

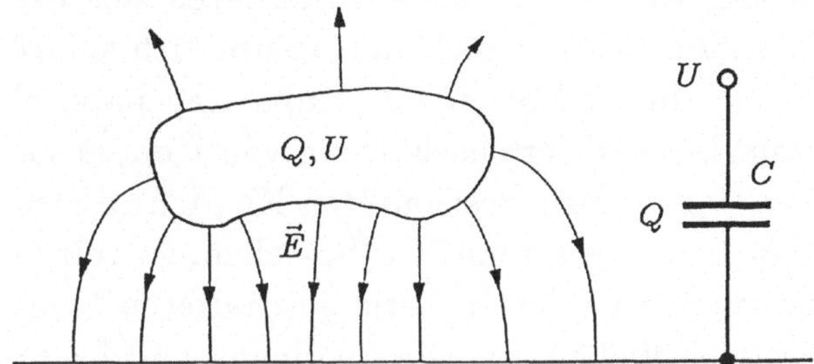

Bild 1.10: Speicherfähigkeit leitender Körper: Elektrisches Feld eines geladenen Körpers über einer leitenden Ebene

die Kapazitäten von leitenden Kugeln mit dem Radius R angegeben. Man erhält daraus, daß eine Kugel von 1,8cm Durchmesser ein Picofarad Kapazität hat, ein nF hätte $2R = 18$m, und eine Kugel von 1Farad einen Durchmesser von 18 Millionen Kilometern.

Aus der Kapazitätsdefinition als Speicherfähigkeit für Ladungen finden wir die Kapazitäten von Parallelschaltung und Serienschaltung von Kondensatoren (Bild 1.11):

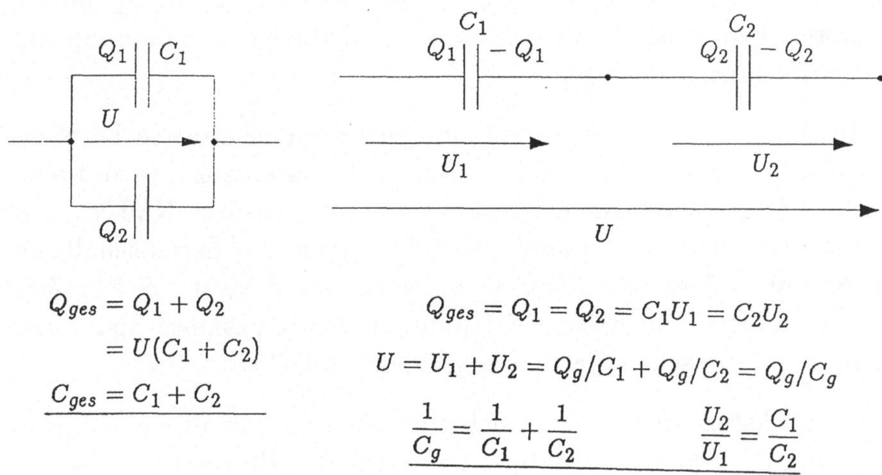

$$Q_{ges} = Q_1 + Q_2 = U(C_1 + C_2)$$

$$C_{ges} = C_1 + C_2$$

$$Q_{ges} = Q_1 = Q_2 = C_1U_1 = C_2U_2$$

$$U = U_1 + U_2 = Q_g/C_1 + Q_g/C_2 = Q_g/C_g$$

$$\frac{1}{C_g} = \frac{1}{C_1} + \frac{1}{C_2} \qquad \frac{U_2}{U_1} = \frac{C_1}{C_2}$$

Bild 1.11: Parallel- und Serienschaltung von Kondensatoren

Bei der Parallelschaltung von Kondensatoren addieren sich die in den Kondensatoren sitzenden Ladungen. Damit ergibt sich sofort aus der Kapazitätsdefinition eine Addition der Kapazität parallel geschalteter Kondensatoren. Bei der Serienschaltung von Kondensatoren müssen die Ladungen der in Serie geschalteten Kondensatoren ganz gleich sein. Würde ein Ladungsunterschied bestehen, so würde zwischen den inneren Platten der beiden in Serie geschalteten Kondensatoren ein Ausgleichsstrom fließen, der die Ladungen ausgleicht und wieder für gleiche Ladung auf den Kondensatoren C_1 und C_2 sorgt. Damit ergibt sich als reziproke Kapazität der Serienschaltung die Summe der reziproken Kapazitäten der Einzelkondensatoren.

In der Praxis muß bei einer Serienschaltung von Kondensatoren darauf Bedacht genommen werden, daß gewisse Kondensatoren, insbesondere Elektrolytkondensatoren, einen Leckstrom zeigen, so daß sich die Spannungen U_1 und U_2 an den Kondensatoren nicht dem reziproken Verhältnis der Kapazitäten gemäß einstellen, sondern ihre Spannungen durch Leckströme bedingt sind. Das heißt, in der Praxis muß man durch Parallelschaltung von hochohmigen Widerständen zu den Kondensatoren einen Spannungsausgleich für Gleichspannungen herstellen. Denn sonst würde, wenn ein Kondensator einen Leckstrom hat und der andere gar keinen, die Spannung am ersten Kondensator verschwinden und die volle Spannung am zweiten Kondensator liegen.

In Bild 1.12 wird die Aufladung eines Kondensators in Form eines Struktogrammes dargestellt. Man geht von einem Zustand aus, in dem die Spannung (d. h. Ladung) am Kondensator Null ist und der Schalter, der die Spannungsquelle U_0 an die Serienschaltung von R und C legt, offen ist. Dann wird der Schalter S zur Zeit $t = 0$ geschlossen. In diesem Zeitpunkt fällt die gesamte Spannung gemäß dem Ohmschen Gesetz am Widerstand R ab.

Im nächsten Schritt bildet sich durch den Ladestrom i eine kleine Aufladung Δq des Kondensators, die durch das Produkt $i \cdot \Delta t$ gegeben ist. Aus der Definitionsformel für die Kapazität finden wir damit eine Spannungserhöhung Δu_c am Kondensator, die durch den Quotienten $\Delta q/C$ gegeben ist. Als nächster Schritt wird die Wirkung dieser Kondensatorspannung auf die Spannung am Widerstand be-

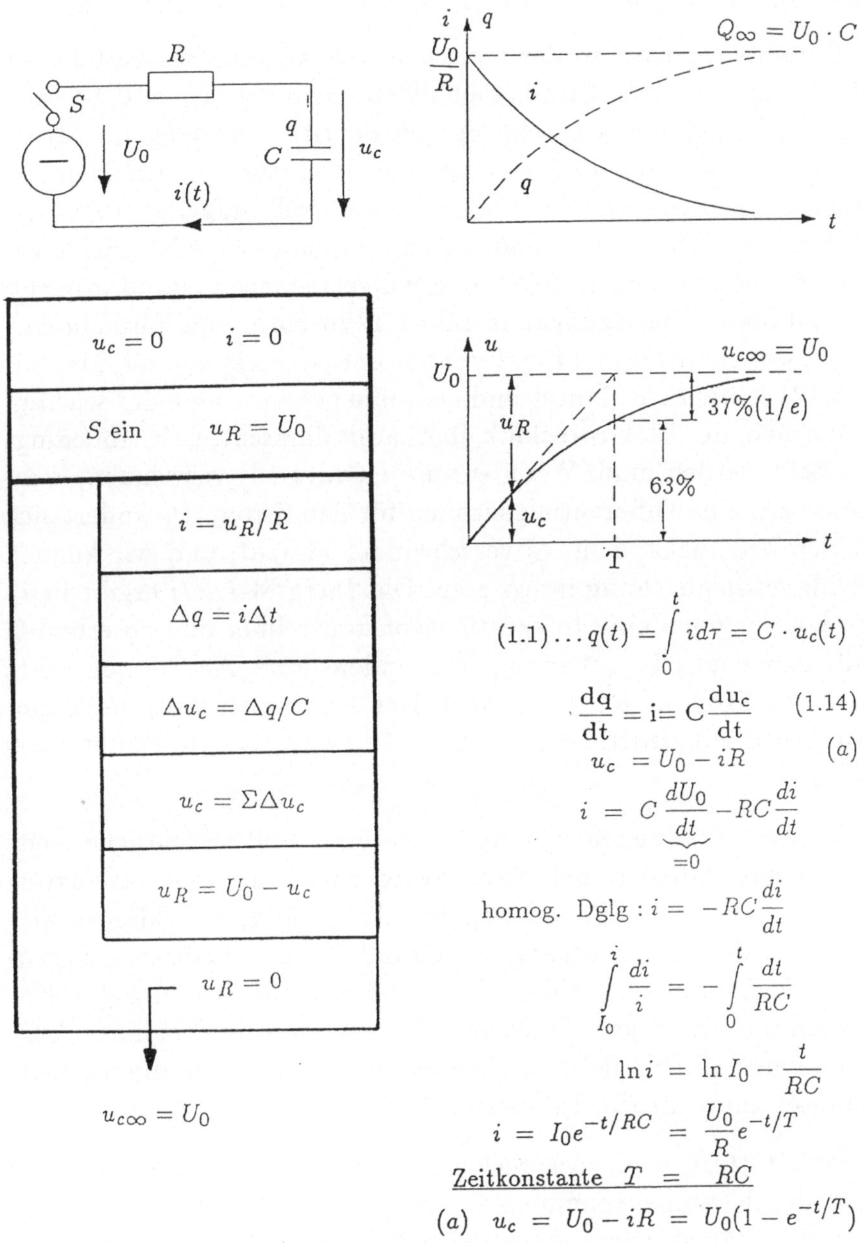

Bild 1.12: Die Aufladung eines Kondensators

rechnet, indem wir die Spannungszunahme am Kondensator von der Spannung U_0 abziehen.

Damit wird jetzt in der logischen Verzweigung festgestellt, ob noch Strom oder kein Strom mehr fließt. Solange $u_R \neq 0$ ist, also Strom fließt, müssen wir beim dritten Schritt wieder in das Struktogramm hineingehen und so lange den Kondensator aufladen, bis er die Spannung U_0 erreicht hat und damit voll aufgeladen ist. Wir sind dann am Ende der Aufladung und haben dann – in einer theoretisch unendlich langen Zeit – den vollgeladenen Zustand erreicht. Nun sind diese Überlegungen in Bild 1.12 in Form von Formeln dargestellt, wobei die Formel $i = dq/dt$ aus der Gl. (1.1) kommt, hier mit Gl. (1.12) $i = Cdu/dt$ lautet und als Influenzgesetz eine der wichtigsten Formeln der Elektrotechnik überhaupt darstellt, d. h. unbedingt beherrscht werden muß. Wenn wir diese Gl. (1.14) verwenden, kommen wir auf eine Differentialgleichung für den Strom. U_0 ändert sich über der Zeit nicht, d. h. es verschwindet dU_0/dt, und wir können die Differentialgleichung integrieren. Das Integral $\int di/i$ ergibt $\ln|i|$. Dazu kommt noch eine Integrationskonstante $\ln I_0$ und so erhalten wir die exponentielle Aufladung des Kondensators. Als Zeitkonstante T wird das Produkt RC bezeichnet. Der Anstieg (Abfall) der Exponentialkurve mit einem Endwert $U_0 = 1$ bzw. $I_0 = 1$ im Punkt $t = 0$ ist $\frac{1}{T}$.

Solche Aufladungen von Kondensatoren sind wesentliche, zeitbestimmende Glieder bei Rechenvorgängen in Informationsverarbeitungsmaschinen. Es ist deshalb sehr wichtig, sich klar zu machen, daß jeder Schaltvorgang auf Grund der physikalischen Eigenschaften Zeit braucht (Widerstände sind genauso wie einzelne Kapazitäten, Leitungs- und Transistorkapazitäten unvermeidlich). Deshalb kommen wir bei jeder Rechenmaschine auf eine minimale Zeitkonstante, unter die die Taktzeit nicht fallen darf.

Eine Batterie kann entsprechend der in ihr gespeicherten Ladung Q und der Klemmenspannung U eine bestimmte Arbeit abgeben. Wie in Bild 1.10 skizziert, steckt im elektrischen Feld eines geladenen Körpers (C) Arbeitsvermögen. Es erhebt sich nun die Frage, wie groß die in einem aufgeladenen Kondensator C gespeicherte Energie W_C bzw. die in Wärme im Widerstand R während der Aufladung umgesetzte Energie W_R ist. Zu diesem Zweck gehen wir von der Gl. (1.10) für die elektrische Arbeit aus und integrieren von der Zeit Null bis Unendlich oder, wenn wir für $i_C dt = dq = C du$ einsetzen, von der Spannung $u = 0$ bis U_0 und finden für die im Kondensator gespeicherte elektrische Energie:

$$W_C = \int_0^\infty u_C i_C dt = C \int_0^{U_0} u_C du_C = \frac{1}{2} C U_0^2. \qquad (1.15)$$

Zur Berechnung der im Widerstand R dissipierten elektrischen Energie W_R müssen wir die Spannung am Widerstand mit dem Strom multiplizieren und über die Zeit integrieren:

$$W_R = \int_0^\infty u_R i_C dt = C \int_0^{U_0} (U_0 - u_c) du_C = C(U_0^2 - \frac{U_0^2}{2}) = \frac{1}{2} C U_0^2.$$

Hier wurde für $u_R = U_0 - u_c$ und wieder für $i_c dt = C du_c$ eingesetzt. Die Batterie hat also bei der Aufladung des Kondensators auf die Spannung U_0 die elektrische Arbeit $C \cdot U_0^2$ geleistet. Davon wurde die Hälfte im Widerstand verbraucht (in Wärme umgesetzt), während die andere Hälfte in C gespeichert ist und durch Entladung wieder gewonnen werden kann. Viele der derzeit verwendeten Bausteine der digitalen Signalverarbeitung (z. B. eine Art von Schreib- Lesespeicher: **RAM: Random Access Memory**) sind integrierte Schaltungen **(IC: Integrated Circuits)**, die Datenbits in winzigen Kondensatoren abspeichern bzw. daraus auslesen. Die dabei auftretenden Energieverhältnisse, insbesondere die dabei auftretende Erwärmung des IC, wird durch die obigen Gleichungen beschrieben.

Die im Kondensator gespeicherte Energie kann während einer sehr kurzen Zeit, der Entladezeit, mit sehr hoher Leistung wieder gewonnen werden. Das wird bei den Elektronenblitzgeräten ausgenützt, bei denen während einer Zeit von wenigen Sekunden ein Kondensator aufgeladen und dann, bei der Blitzaufnahme, innerhalb von Tausendstelsekunden entladen wird. Der Entladestrom kann sehr große Werte erreichen, wenn der Entladewiderstand sehr klein ist, und es kann bei der Entladung eines Kondensators zu Zerstörungen von Leiterbahnen (z. B. dünnen Folien) und zu sehr starken Schmelzerscheinungen im Lichtbogen kommen.

1.7.1 Bauformen von Kondensatoren

Die einfachste Bauform eines Kondensators ist der **Plattenkondensator.** Wir betrachten einen Kondensator, der aus zwei parallelen Platten mit der Fläche A im Abstand d aufgebaut ist. Wenn wir äußere Streufelder vernachlässigen, so sitzt die gesamte Ladung des Kondensators an den Innenflächen der Platten und bildet zwischen diesen Platten ein homogenes elektrisches Feld aus.

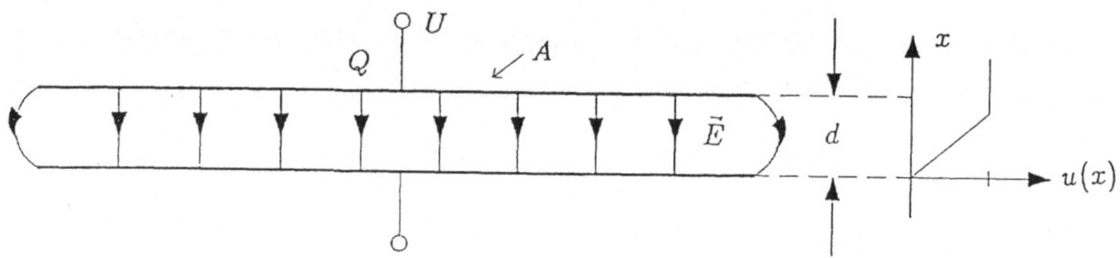

Bild 1.13: Plattenkondensator

Wir definieren zunächst die Flächenladungsdichte $\rho' = Q/A$ auf den Platten (Q.... Gesamtladung des Kondensators). Die Änderung der elektrischen Feldstärke an der Innenfläche der Platten ist die Differenz zwischen der Feldstärke im Dielektrikum und der im Metall. Da die Feldstärke im Metall verschwindet, lautet die Poissongleichung (1.9)

$$\epsilon_0 E = \rho' = Q/A$$

für die Innenfläche der Kondensatorplatten.

Wenn wir nun in die Definition der Kapazität $C = Q/U$ und $\epsilon_0 E = \rho' = Q/A$ einsetzen, bekommen wir Gl. (1.16):

$$\begin{aligned} U &= \int_d^0 \vec{E} d\vec{s} = Ed, \\ \underline{C} &= Q/U = (Q/A) \cdot (A/U) = \underline{\epsilon_0 A/d}. \end{aligned} \tag{1.16}$$

Fast alle technischen Ausführungen von Kondensatoren besitzen ein polarisierbares Dielektrikum zwischen den Platten. Dieses polarisierbare Dielektrikum besteht aus einem Isolator (z. B. Papier oder Keramik), der in einem elektrischen Feld auf Grund des molekularen Aufbaues zusätzliche elektrische Dipole ausbildet, womit im Kondensator um den Faktor ϵ_r mehr Ladung gebunden werden kann, so daß als Formel für die Kapazität des Plattenkondensators sich

$$C = \frac{\epsilon_0 \epsilon_r A}{d} \tag{1.16 a}$$

ergibt.

Die relative Dielektrizitätskonstante ϵ_r ist bei Luft und anderen Gasen nahezu 1, das heißt, für die gleiche Anordnung der Quelle–Ladungen zeigt das elektrische Feld in Luft gegenüber dem im Vakuum kaum eine Änderung. In stark polarisierbaren Materialien, z. B. Keramik und bestimmten Flüssigkeiten, kann ϵ_r sehr große Werte erreichen.

Wir kommen nun zu Bauformen des Kondensators, die alle auf dem Prinzip des Plattenkondensators beruhen.

Der **Röhrchen- oder Scheibenkondensator** verwendet als Dielektrikum Keramik mit einer relativen Dielektrizitätskonstante von zwei bis zehntausend. Der Nachteil dieses Dielektrikums ist seine hohe Temperaturabhängigkeit. Röhrchenkondensatoren sind in der Größenordnung von 0,5pF bis 100nF lieferbar. Als Keramik finden Bariumtitanat, Titanoxid, Magnesium, Siliziumdioxid, Quarz, Magnesium-Titanoxid usw. Verwendung, die alle verschiedene Temperaturkoeffizienten haben.

Der **Wickelkondensator** verwendet als Dielektrikum Papier oder Kunststoff, auf das beidseitig Aluminiumfolien aufgebracht sind. Die relative Dielektrizitätskonstante beträgt 2 bis 5, und eine neue interessante Entwicklung des Wickelkondensators ist der „selbstheilende Kondensator": Bei Durchschlag verbrennt nicht nur das Papier zwischen den Metallfolien, sondern auch die Metallfolie selbst. Damit führt dieser Durchschlag nicht mehr so wie früher zum Kurzschluß des Kondensators, sondern nur zu einer geringen Verringerung der Kapazität. Wickelkondensatoren sind in der Größe von 100pF bis 10μF zu haben.

Ein sehr wichtiges Bauelement sind die **Elektrolytkondensatoren**. Bei diesen Kondensatoren wird die Oberfläche der Platten (meist gewickelte Folien) durch Aufätzen bzw., Aufrauhung erhöht, und das Dielektrikum wird durch elektrochemische Formierung gebildet: Zwischen zwei Aluminiumfolien wird ein ätzendes Gel eingebracht, und dann wird eine Spannung angelegt, die zur Ausbildung von starken Ätzrauhigkeiten und zu einer Sperrschicht aus Aluminiumoxid führt, die typisch $1\mu m$ stark ist. Diese Aluminiumoxidschicht hat eine Durchbruchsfeldstärke von etwa $10^9 V/m$ (im Vergleich dazu hat Luft eine Durchbruchsfeldstärke von etwa $10^6 V/m$) und eine relative Dielektrizitätskonstante $\epsilon_r = 7,5$. Die üblichen Kapazitäten von Elektrolytkondensatoren liegen im Bereich von $0,1\mu F$ bis $5000\mu F$. Der Nachteil solcher Elektrolytkondensatoren ist ein unvermeidlicher Leckstrom und eine Veränderung der Kapazität und Durchbruchsfestigkeit mit der Alterung des Bauelementes.

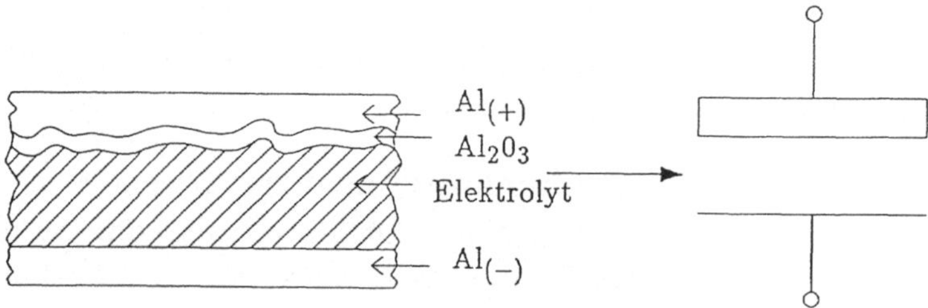

Bild 1.14: Elektrolytkondensator

Die **Tantal-Elektrolytkondensatoren** vermeiden diese Nachteile fast vollständig. Ihre Anode besteht aus gesintertem Tantalpulver und hat damit eine sehr große poröse Oberfläche. Das Dielektrikum wird von elektrochemisch erzeugtem Tantaloxid (Ta_2O_5) mit $\epsilon_r = 25$ gebildet. Die Katode besteht aus festem Manganoxid (MnO_2) mit einer Leitsilberkontaktierung. Solche Tantal-Elkos sind für höhere Kapazitäten als Aluminium-Elkos erhältlich, haben kleineren Leckstrom, bessere zeitliche und Temperaturstabilität und eine längere Lebensdauer.

Bild 1.15: Schaltzeichen für Trimmer und Drehkondensator

Ein wichtiges Bauelement sind die **veränderlichen Kondensatoren**. Es gibt zwei Typen: die **Trimmer** und die **Drehkonden-**

satoren. Der Trimmer ist meist ein Platten- oder Zylinderkondensator, der durch einmaliges Verstellen auf eine bestimmte Kapazität eingestellt wird und während der Lebensdauer des Gerätes i. allg. nicht verändert wird. Der Drehkondensator besteht aus Scheibenpaketen, die ineinander durch Drehung eingeführt werden können, und die Kapazität verändert sich mit dem Drehwinkel. Solche Drehkondensatoren wurden früher in Radios und anderen Geräten eingebaut, bei denen Schwingkreise in ihrer Resonanzfrequenz verändert werden mußten. Heute werden die Drehkondensatoren im zunehmenden Maße von Varaktoren oder Kapazitätsdioden abgelöst, bei denen die Kapazität durch Veränderung der anliegenden Gleichspannung verstellt wird.

1.8 Das magnetische Feld

Der in der Lehre ergraute Elektrotechniker glaubt, daß er wißbegierigen Studenten das elektrische Feld und sein Zustandekommen aus den Kraftwirkungen auf elektrische Ladungen ohne Schwierigkeiten anschaulich darstellen kann, während das beim Magnetfeld viel umständlicher ist. Deshalb kommt in allen Lehrbüchern (und so auch hier) das magnetische Feld erst nach dem elektrischen vor, obwohl unsere ganze technische Umwelt erst durch die Ausnützung magnetischer Wirkungen möglich wurde. Würden wir die magnetischen Effekte im Elektromotor, im elektrischen Generator, Transformator, der Zündspule, dem Lautsprecher und Mikrofon, in allen elektromagnetischen Stelleinrichtungen usw. nicht beherrschen, so wäre die Technik der letzten 200 Jahre nicht passiert. Anstatt in Tastaturen einzutippen, wären Zahnräderrechenautomaten mit Kurbeln zu betätigen.

Magnetische Wirkungen waren schon den alten Griechen bekannt, gefinkelte Seeleute sollen schon damals magnetische Kompasse verwendet haben: Wieso hat der erfinderische Mensch noch über 2000 Jahre zur heutigen Technik gebraucht?

Der Auslöser der oben erwähnten Fortschrittslawine war die Entdeckung von Ampére, daß jeder elektrische Strom, d. h. jede Bewegung von Ladungen, eine magnetische Kraftwirkung zur Folge hat. Diese Erkenntnis hat sich in unseren Modellvorstellungen bis heute so weit entwickelt, daß wir z. B. nicht mehr den materiellen Magneten, sondern in Elementarzellen kreisende elektrische Ströme als Quellen des Magnetismus ansehen. Zur Beschreibung des Magnetfeldes gehen wir von der Geometrie in Bild 1.16 aus, die von Versuchen mit Eisenfeilspänen aus der Mittelschule bekannt ist:

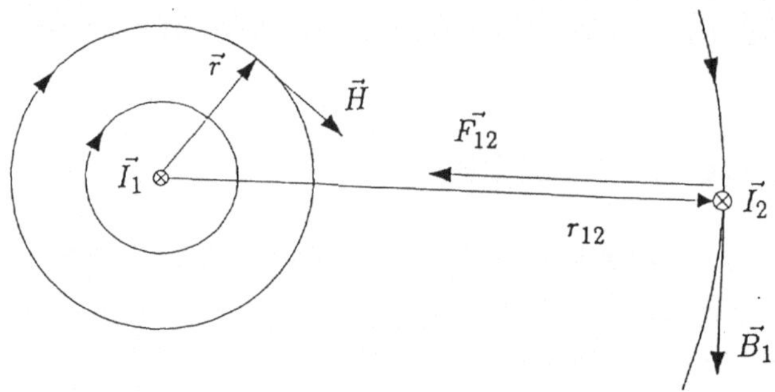

Bild 1.16: Magnetische Feldlinien des Stromes I_1 und Anziehung zweier stromdurchflossener Drähte I_1 und I_2

$$\vec{H} = \frac{I_1}{2\pi r}[\vec{e}_1 \times \vec{e}_r]. \tag{1.17}$$

Die Gl. (1.17) stellt die magnetische Feldstärke $\vec{H}$ vektoriell dar. Der Ausdruck in der eckigen Klammer, das sogenannte äußere oder vektorielle Produkt, besagt, daß die magnetische Feldstärke normal steht auf die Richtung des Stromes $\vec{e}_1$ und normal auf den Radiusvektor $\vec{e}_r$ vom Stromleiter zum Aufpunkt. Damit ergeben sich konzentrische Kreise für $\vec{H}$ durch den senkrecht in die Zeichenebene fließenden Strom I_1. Die Maßeinheit der magnetischen **Feldstärke** gemäß Gl. (1.17) ist **A/m**.

$$\underline{\vec{B} = \mu_0 \vec{H}}. \tag{1.18}$$

Für die im folgenden behandelte Kraftwirkung des Magnetfeldes ist die magnetische Induktion $\vec{B}$ nach Gl. (1.18) bestimmend. Dabei ist μ_0 genauso wie ϵ_0 eine Naturkonstante, die unsere Definition des Maßsystems an die von der Natur vorgegebenen Verhältnisse anpaßt. Diese Konstante μ_0 wird als Permeabilität des leeren Raumes oder magnetische Feldkonstante bezeichnet und hat den Wert

$$\mu_0 = 4\pi \cdot 10^{-7} \frac{\mathrm{Vs}}{\mathrm{Am}}. \tag{1.19}$$

Die Maßeinheit für die magnetische Induktion B ist das Tesla, wobei $\mathbf{1T = 1Vs/m^2}$ ist.

Zur Bestimmung und Messung der magnetischen Kräfte ist die Definition von magnetischen Dipolen (etwa analog zu elektrischen Ladungen) sehr problematisch. Man geht deshalb von der Kraftwirkung auf bewegte elektrische Ladungen durch das magnetische Feld aus, der sogenannten „Lorentzkraft". Diese Lorentzkraft ist definiert durch

$$\vec{F} = Q[\vec{v} \times \vec{B}]. \tag{1.20}$$

In dieser Gleichung ist $\vec{v}$ der Vektor der Geschwindigkeit, mit der sich die Ladung Q bewegt. Die Lorentzkraft ist am besten meßbar als Anziehungskraft zweier paralleler stromdurchflossener Drähte. Wir finden die magnetische Induktion B_1 am Ort des Drahtes, der von I_2 durchflossen ist, sowie in Bild 1.16 aus den Gln. (1.17) und (1.18) mit $B_1 = \mu_0 \frac{I_1}{2\pi r_{12}}$. Damit ergibt sich aus der Lorentzkraft (Gl. (1.20)) die Anziehungskraft zwischen den Drähten, wenn wir den Strom $\vec{I}_2$ als Produkt der pro Einheitslänge bewegten Ladung und ihrer Geschwindigkeit $\vec{v}$ ausdrücken:

$$\vec{F}_{12} = I_2 \int_L d\vec{e}_2 \times \vec{B}_1.$$

Also gilt für parallele Drähte der Länge L

$$\vec{F}_{12} = \mu_0 \frac{I_1 I_2 L}{2\pi r_{12}} (-\vec{e}_{r12}), \tag{1.21}$$

wobei $\vec{e}_{r12}$ der Richtungsvektor zwischen diesen beiden Drähten ist (siehe Bild 1.16).

Diese meßbare Kraftwirkung zwischen zwei parallelen, stromdurchflossenen Drähten stellt eine Grundlage unseres heute verwendeten SI-Maßsystems, des MKSA-Systems, dar (Längendefinition: das **M**eter, Masse definiert als **K**ilogramm, Zeit als **S**ekunde,

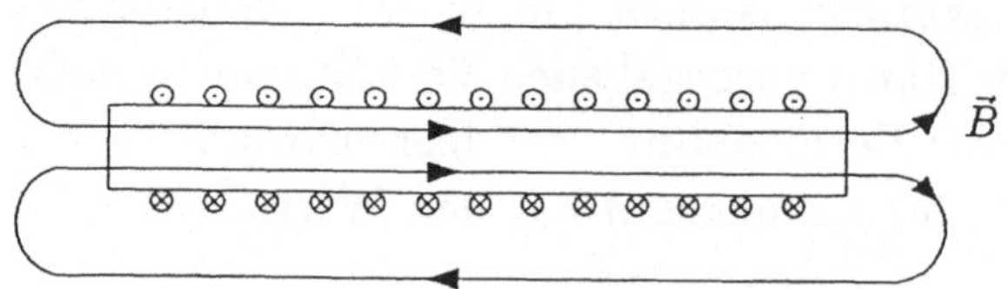

Bild 1.17: Querschnitt durch eine Spule mit 13 Windungen und Skizze des $\vec{B}$-Feldes

und Stromstärke definiert als **Ampere**). Die Definition des Ampere wird aus Gl. (1.19) und den anderen Maßeinheiten, insbesondere der Krafteinheit „Newton“, abgeleitet. Der Einheitsmasse von einem Kilogramm wird eine Beschleunigung von einem Meter pro Sekundenquadrat durch die Kraft 1N erteilt. In Mitteleuropa wirkt eine Erdbeschleunigung von $g \doteq 9.81\ m/s^2$ damit drückt hier 1 kg mit der Kraft von 9.81 N auf eine Unterlage, es hat ein „Gewicht“ von 9.81 Newton, das früher als 1 Kilopond bezeichnet wurde.

Zur Definition des Ampere betrachten wir zwei unendlich lange und dünne, parallele Drähte, die im Abstand von einem Meter gespannt sind, wobei jeder Draht von einem Ampere durchflossen wird. Aus der obigen Formel (1.21) ergibt sich eine Kraft von $2 \cdot 10^{-7}$N pro Meter, die diese beiden Drähte aufeinander ausüben. Erst aus dieser Definition erfolgt dann die Festlegung der magnetischen Feldkonstante μ_0 mit dem in Gl. (1.19) angegebenen Wert.

Um die magnetische Kraftwirkung in einem Querschnitt A zu erfassen, wird die magnetische Induktion B über

$$\Phi = \int_A \vec{B} d\vec{A} \qquad (1.22)$$

zum magnetischen Fluß Φ zusammengefaßt. Das Flächenintegral über das Innenprodukt in Gl. (1.22) schreibt vor, alle Normalkomponenten der Induktion $\vec{B}$ über die ganze Querschnittsfläche A zu integrieren. Die Maßeinheit des magnetischen Flusses ist Tm^2 oder die **Voltsekunde Vs** oder das **Weber (Wb)**.

Stellt man sich in Bild 1.16 vor, daß nicht mehr ein Draht, sondern N Drähte, die eng beieinander liegen, den Strom I_1 führen, dann sieht man, daß sich das magnetische Feld und damit auch die Induktion im Außenraum der Drähte ver N-fachen wird.

In allen technischen Geräten werden die magnetischen Kraftwirkungen über Spulen bewirkt. Die Geometrie einer Spule (Bild 1.17) läßt die Konzentration des magnetischen Flusses im Inneren des Wickelkörpers erkennen. Die magnetischen Feldlinien sind ja hier durch eine Addition der konzentrischen Kreise um jede einzelne Windung zustande gekommen. Wir sprechen dann vom verketteten Fluß Ψ einer Spule mit N Windungen, der durch Gl. (1.23) gegeben ist,

$$\Psi = N\Phi. \tag{1.23}$$

Als Maßzahl für die Speicherfähigkeit eines Kondensators für die elektrische Ladung Q, die durch eine anliegende Spannung U entsteht, wurde mit Gl. (1.12) die Kapazität definiert. Wir suchen nun ein Maß für die magnetische Speicherfähigkeit einer Spule, genauer für die Speicherung eines verketteten magnetischen Flusses Ψ, der durch einen die Spule durchfließenden Strom I zustande kommt. Ähnlich wie die Kapazität eines Kondensators wird nun die **Selbstinduktivität** einer Spule durch den Quotienten von magnetischem Fluß Ψ und durchfließendem Strom I definiert,

$$L = \Psi/I = N\Phi/I. \tag{1.24}$$

Die Maßeinheit der Induktivität ist das **Henry**, wobei gilt: **1H = 1Wb/A = 1Vs/A = 1Ωs.** Aus dem später behandelten Induktionsgesetz wird die Definition Vs/A besser verständlich.

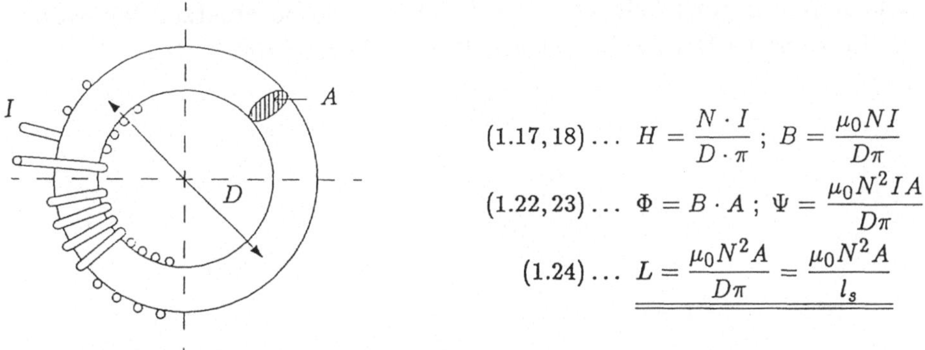

Bild 1.18: Induktivität einer Toroidspule mit N Windungen

An der **Toroidspule** (Bild 1.18) soll nun die Berechnung der Induktivität dargestellt werden, wobei auf die Analogie zum Plattenkondensator verwiesen sei. Die Toroidspule bestehe aus N Windungen, die auf einer Torusfläche aufgewickelt sind; sie ist also eine in sich geschlossene Ringfläche von Windungen. Diese Anordnung der Drahtwindungen bewirkt, daß die magnetische Induktion und damit der magnetische Fluß im Inneren der Torusfläche gehalten wird; man spricht von einer fast streuungsfreien Anordnung und meint damit, daß fast keine Feldlinien in das Äußere der Spule austreten. Das wird plausibel, wenn man eine Überlagerung der kreisförmigen Feldlinien aller Windungen des Torus betrachtet. In Bild 1.18 und den nebenstehenden Formeln ist die Berechnung einer Toroidspule mit dem mittleren Ringdurchmesser D und dem Querschnitt des Torus A angegeben. Die Endformel für die Induktivität ähnelt der Formel für die Kapazität eines Plattenkondensators. Es geht hier jedoch die Windungszahl zum Quadrat in die Induktivität ein. Diese quadratische Abhängigkeit kommt dadurch zustande, daß erstens das magnetische Feld mit dem Faktor N im Querschnitt A der Torusfläche erscheint und zweitens dieses Magnetfeld über den verketteten Fluß Ψ wiederum auf N Windungen wirkt. Diese Formel für die Toroidspule stellt auch eine gute Näherung für eine lange, dünne Spule der Länge l_s dar.

Die Gl. (1.24) gibt die Induktion einer Toroidspule im Vakuum oder, allgemein, in einem nicht magnetisch „polarisierbaren" Medium an. Im Abschnitt 1.10 wird erklärt, wie für Spulen, die auf einen (Eisen-)Kern gewickelt sind, μ_0 durch $\mu_0 \cdot \mu_r$ zu ersetzen ist, wobei μ_r die relative Permeabilität des Kernes bezeichnet.

1.9 Das Induktionsgesetz – Magnetisierung einer Spule

Im Abschnitt 1.7 wurde der Ladevorgang eines Kondensators dargestellt. Der Kondensator hat im ungeladenen Zustand die Spannung 0V. Erst wenn Ladung über einen Strom i dem Kondensator zugeführt wird, steigt die Spannung des Kondensators. Die im elektrischen Feld des Kondensators gespeicherte Energie ist seiner Ladung mal seiner Spannung proportional (Gl. (1.15)).

Der Magnetisierungsvorgang einer Spule verläuft dual zum Aufladevorgang eines Kondensators. Bei der Spule steckt die gespeicherte Energie im Magnetfeld. Gegenüber der Kondensatorladung sind hier Spannung und Strom miteinander vertauscht, und an die Stelle der elektrischen Ladung Q tritt der verkettete magnetische Fluß Ψ. Analog zu Gl. (1.1) wird dieser Vorgang durch das von *Michael Faraday (1831)* entdeckte **Induktionsgesetz**

$$e = -\frac{d\Psi}{dt}, \quad \Psi(T) = -\int_0^T e\,dt, \tag{1.25}$$

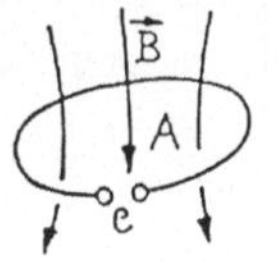

beschrieben.

An den Klemmen der Spule entsteht die Spannung e dadurch, daß sich der in der Spule vorhandene magnetische, verkettete Fluß Ψ ändert. Wird eine Spule magnetisiert, z. B. durch Anlegen einer Spannung U_0, so kann der Aufbau der magnetischen Energie, d. h. des Stromes $i(t)$, nicht in unendlich kurzer Zeit erfolgen. Im Einschaltzeitpunkt ist $i(0) = 0$, die gesamte Spannung U_0 fällt an der Spule ab, die durch Induktion gemäß Gl. (1.25) entstehende Gegenspannung ist $e(0) = -U_0$: Mit wachsender Magnetisierung $t > 0$ wird $d\Psi/dt$ kleiner, und es nimmt die an der Spule anliegende Spannung $u(t) = -e(t)$ ab. Damit ergibt sich aus den Gln. (1.24), (1.25) die **für Anwendungen wichtigste Form des Induktionsgesetzes** :

$$u(t) = \frac{d\Psi}{dt} = L\frac{di}{dt}. \tag{1.25 a}$$

Bild 1.19 zeigt den Magnetisierungsvorgang einer Spule (das Schaltzeichen für L kann auch eine Spirale sein) anhand des Flußdia-

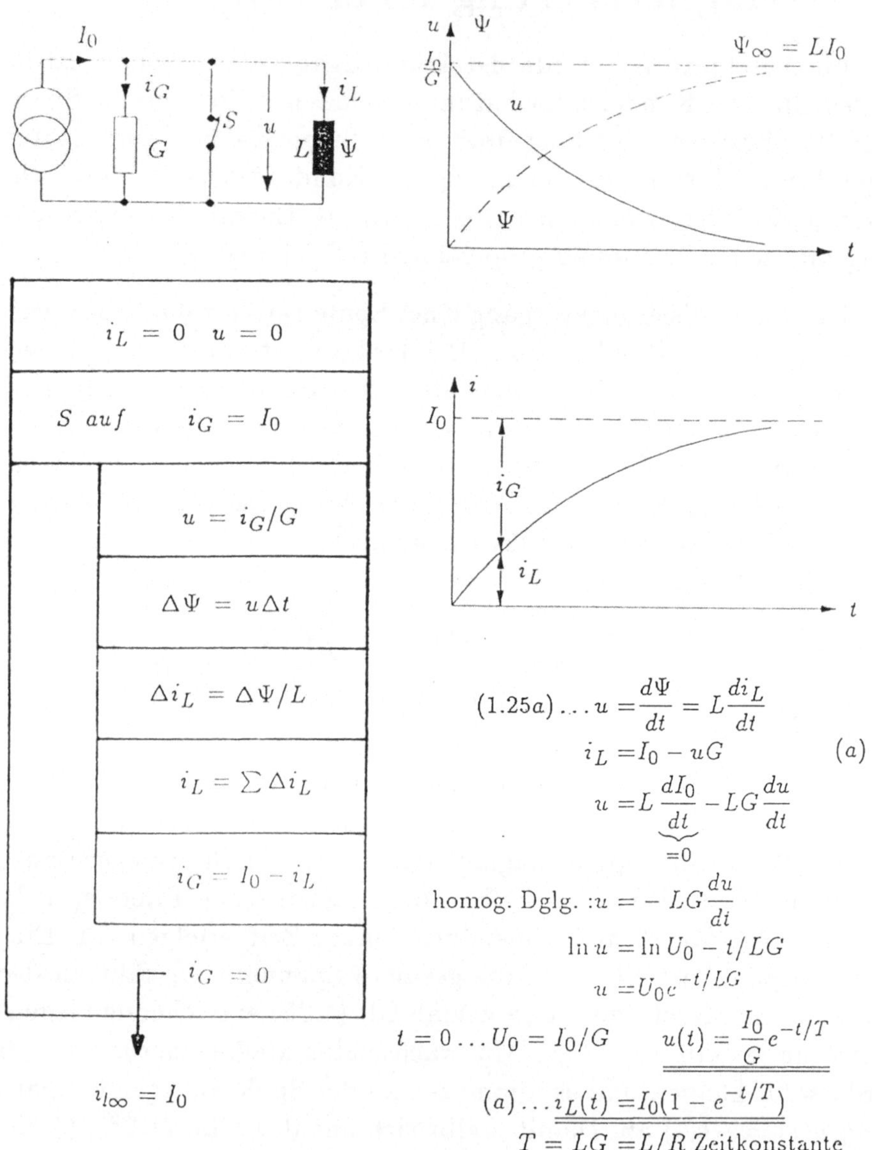

Bild 1.19: Magnetisierung einer Spule

grammes und der mathematischen Beschreibung mit Hilfe des Induktionsgesetzes (Gl. (1.25 a)). Genauso wie in Bild 1.12 muß die Differentialgleichung des Aufladevorganges gelöst werden, und man findet hier einen exponentiellen Anstieg des Stromes, so wie man beim Kondensator einen exponentiellen Anstieg der Spannung beobachtet. Um die Dualität des Ladevorgangs zum Kondensator zu demonstrieren, wurde hier für die Energiequelle nicht das Théveninsche Ersatzschaltbild, sondern das von Norton gewählt: Wenn die Spule voll magnetisiert ist, fließt durch sie der Kurzschlußstrom I_0. Es sei jedoch erwähnt, daß die Aufladung einer Spule aus einer realen Spannungsquelle nach demselben Gesetz erfolgt wie die Aufladung aus einer Stromquelle. Es entsteht dann nur eine Aufteilung der Spannung zwischen dem Vorwiderstand und der an der Spule zeitlich abnehmenden Spannung. Jedoch zeigt sich die Dualität mit der Kondensatoraufladung nur in der Darstellungsart der Magnetisierung durch eine Stromquelle perfekt. Die Zeitkonstante $T = LG = L/R$ ist dual zur Zeitkonstante RC der Kondensatoraufladung, wobei für die Ersatzschaltbilder Gl. (1.7): $R = 1/G$ gilt.

Auch hier können wir die im magnetischen Feld der Spule gespeicherte Energie berechnen. Genauso wie beim Kondensator integrieren wir zunächst die elektrische Leistung über die Zeit, setzen dann für $udt = Ldi_L$ gemäß dem Induktionsgesetz ein und finden die Formel

$$W_L = \int_0^\infty u_L i_L dt = L \int_0^{I_0} i_L di_L = \frac{L}{2} I_0^2. \tag{1.26}$$

Genauso wie bei der Aufladung des Kondensators geht auch bei der Magnetisierung der Spule die gleiche Energie als Wärme im inneren Leitwert der Stromquelle bzw. im Vorschaltwiderstand der von einer Spannungsquelle versorgten Spule verloren.

Wenn der Strom, der durch eine Spule fließt, plötzlich abgeschaltet wird, so entsteht in sehr kurzer Zeit eine sehr große Änderung des magnetischen Feldes und an der Spule eine sehr hohe Gegenspannung, die zunächst zu einem Lichtbogen am Schalter (bzw. zu einem Durchschlagen elektronischer Schalter) und dann auch zu einer Zerstörung der Spulenisolation führen kann. Induktivitäten in der Stromversorgung gestalten den Tod von Glühlampen und Schaltern oft dramatisch: Es kommt zu Lichtbögen und explosionsartigen Erscheinungen. Gemäß dem Induktionsgesetz ist bei Abschalten, d.h. Abnahme ($di/dt < 0$) des Stromes die an der Spule entstehende Spannung der Richtung des magnetisierenden Stromes entgegengesetzt, d. h. die an der Spule bzw. dem Schalter entstehende Spannung trachtet, den Stromfluß aufrechtzuerhalten. Man kann deshalb diese Spannung über eine sogenannte Rückschlagdiode ableiten, die nur in der Abschaltspannungsrichtung Strom leitet. Der Rückstrom wird beim Abschalten durch die unvermeidlich vorhandenen oder zusätzlich eingebauten ohmschen Widerstände R_s begrenzt (siehe Bild 1.20). Mit Hilfe der Rückschlagdiode werden also die oben angeführten Zerstörungseffekte hintangehalten. Solche Rückschlagdioden findet man z. B. bei Zündspulen elektronischer Kraftfahrzeugzündungen oder bei sog. Zeilentransformatoren für die Horizontalablenkung des Elektronenstrahles, der die Schirme der Bildröhren von TV-Geräten und Monitoren beschreibt.

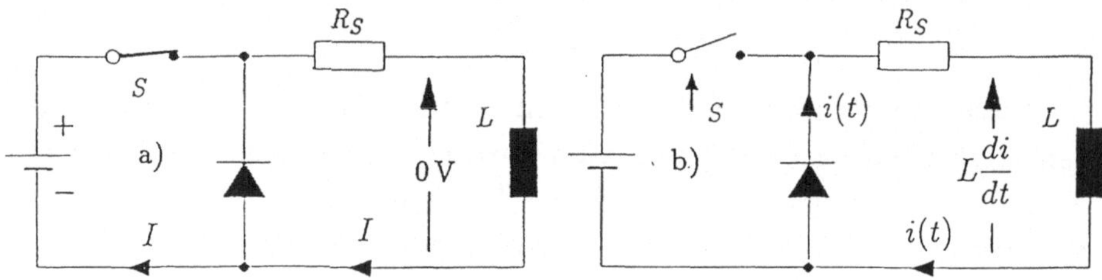

Bild 1.20: Rückschlagdiode: (a) Schaltung stromdurchflossen, (b) kurz nach dem Abschalten.

1.10 Ferromagnetismus – magnetische Datenspeicher

Aus dem Alltagsleben ist uns der Magnetismus permanenter Magnete bekannt. Dieser Magnetismus beruht auf einem in diesen Magneten sozusagen „eingefrorenen" Magnetfeld, das nach außen wirkt und alle ferromagnetischen Körper anzieht.

Der Ferromagnetismus beruht nach den heutigen Modellvorstellungen auf molekularen magnetischen Dipolen, die man im Material dadurch zustande gekommen denkt, daß ständig fließende elektrische

Kreisströme in sogenannten „Weißschen Bezirken“ wirksam sind, die durch „Blochwände“ von den benachbarten Weißschen Bezirken getrennt sind. Diese magnetischen Dipole sind im unmagnetisierten Eisen vollkommen regellos ausgerichtet, so daß nach außen hin kein magnetisches Feld beobachtet wird. Durch Magnetisierung, das heißt durch das Anlegen eines magnetischen Feldes $\vec{H}$, werden diese Elementarmagnete genauso wie Eisenfeilspäne in der Richtung des Magnetfeldes ausgerichtet. Dieser Drehvorgang erfolgt sprungweise; ein Elementarmagnet nach dem andern klappt in die Richtung des Magnetfeldes, so daß nach außen eine sprungweise Zunahme der Induktion beobachtet wird. Der Verstärkungsfaktor der magnetischen Induktion im magnetisierbaren Material gegenüber der Induktion im freien Raum wird mit relativer Permeabilität μ_r bezeichnet. μ_r kann bei ferromagnetischen Materialien Werte bis 15 000 annehmen.

In Bild 1.21 ist die Magnetisierung von Eisen durch eine das Eisen umschließende Spule, deren Strom I geregelt wird, schematisch dargestellt. Man beobachtet zunächst durch das Anlegen von $\vec{H}$ (bzw. Aufregeln von I) eine starke Zunahme der magnetischen Induktion, die so lange anhält, bis alle Elementardipole in der Richtung des Magnetfeldes ausgerichtet sind. Ab diesem Zeitpunkt kann die Induktion nur mehr um das zusätzliche äußere Magnetfeld wachsen, das heißt z. B. mit dem in der Spule zunehmenden Strom. Wird das Magnetfeld verringert, dann klappen diese ausgerichteten Dipole teilweise wieder in die Ruhelage zurück: Bei hartmagnetischen Materialien geht die Induktion nicht auf Null zurück, wenn das Magnetfeld, d. h. der Erregerstrom I, auf Null reduziert wird. Vielmehr bleibt eine remanente Induktion, die sogenannte **Remanenz** B_r. Das ist der in Permanentmagneten beobachtete Magnetismus .

Wird nun das Magnetfeld (d. h. die Stromrichtung durch die magnetisierende Spule) umgekehrt, dann dreht sich der Ausrichtungseinfluß des Magnetfeldes um, und mit Stromerhöhung werden alle magnetischen Elementardipole wiederum unregelmäßig ausgerichtet. Der Wert der Magnetisierung, der die Remanenz vollständig zum Verschwinden bringt, heißt **Koerzitivfeldstärke** H_c. Wird nun weiter magnetisiert, so durchläuft die Induktion die in Bild 1.21 angegebene Hysterese.

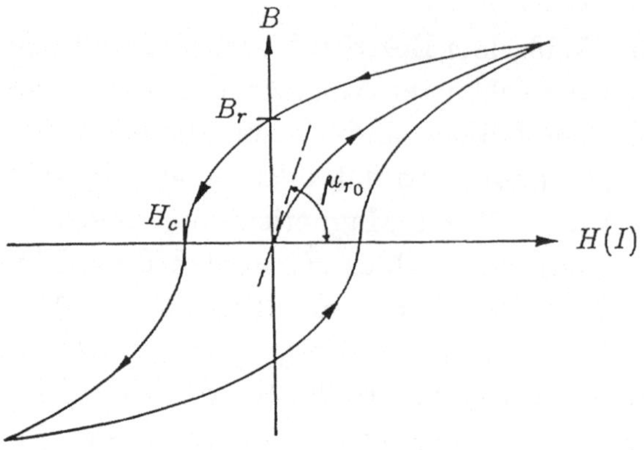

Bild 1.21: Hysterese ferromagnetischer Materialien

Die Entmagnetisierung von ferromagnetischem Material wird durch Anlegen von abklingendem Wechselstrom an die Magnetisierungsspule bewerkstelligt. Mit der Wechselmagnetisierung wird die Hysterese durchlaufen, dann wird der Wechselstrom stetig verkleinert, so daß sich die Hysterese auf den Nullpunkt $B = H = 0$ zusammenzieht. Die dissipative Magnetisierungsarbeit ist proportional zur Fläche der Hysterese.

Für bestimmte elektrotechnische Anwendungen sind **weichmagnetische** Stoffe erwünscht, bei denen die Hysterese möglichst klein ist und bei denen eine Ummagnetisierung zu sehr geringer Erwärmung führt (z. B. in Transformatoren, elektrischen Maschinen). Für Permanentmagnete sind **hartmagnetische** Stoffe erforderlich. Bei diesen sind Remanenz sowie Koerzitivkraft groß. Permanentmagnete werden heute aus Verbindungen mit Aluminium, Nickel, Kobalt und verschiedenen seltenen Erden erzeugt.

In den Anfängen der Rechnertechnik wurden Schreib-Lesespeicher (RAM) mit hartmagnetischen Ferritkernen aufgebaut, deren Magnetisierungszustand der logischen Null oder Eins entsprach.

Ferritkernspeicher: Obwohl diese Speicherkerne heute nicht mehr Verwendung finden, soll doch zur Veranschaulichung magnetischer Speicher ihr Prinzip besprochen werden. Die Speicherringe bestehen aus Eisenoxid-Mangan- und Magnesium-Mischungen und haben eine fast rechteckförmige Hysterese. Jeder Ring speichert ein

Bit. Wie in Bild 1.22 gezeigt, sind insgesamt drei Drähte durch diese Ringe durchgefädelt. Die Drähte x und y dienen zum adressierten Einschreiben und zum Adressieren beim Auslesen eines bestimmten Kernes, der Draht r zeigt beim Auslesen, ob Null oder Eins in diesem Kern eingeschrieben war.

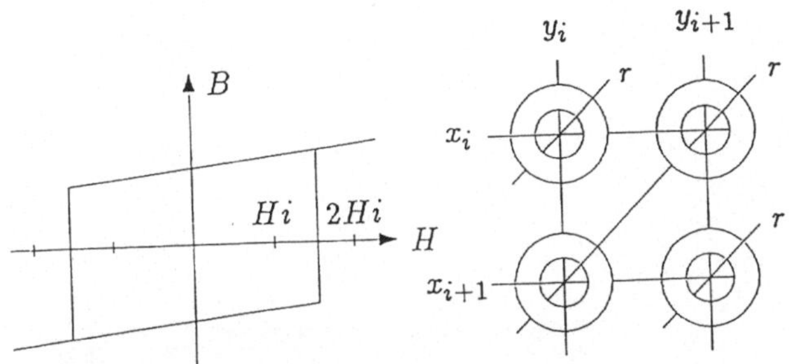

Bild 1.22: Ferritkern-Speicher

Zunächst sei das Einschreiben einer Eins in einen solchen Ferritkern erklärt. Es wird durch den x-Draht einer bestimmten Zeile von Ferritkernen ein so großer Strom durchgeschickt, daß alle im negativen Remanenzpunkt befindlichen Kerne gerade erst etwas über die Hälfte der Koerzitivkraft magnetisiert sind. Das heißt, es wird z. B. bei allen Kernen einer bestimmten Zeile das Magnetfeld H_i erreicht. Ein bestimmter Kern wird so adressiert und eine Eins eingespeichert, daß auch durch seinen y-Draht ein gleich großer Strom geschickt wird. Damit bewirkt $2H_i$ das Umklappen der magnetischen Induktion im Kern von $-B_r$ auf $+B_r$. Wird nun diese Zeile und diese Spalte abgeschaltet, dann bleibt in dem adressierten Kern die Remanenz $+B_r$. Alle anderen Kerne gehen wieder auf $-B_r$ zurück.

Beim Auslesen wird ein Kern mit entgegengerichteten Strömen im x- und y-Draht addressiert. Alle Kerne im Zustand $-B_r$, bei denen die remanente Induktion nicht umgeschaltet wird, ergeben im Lesedraht keinen Impuls. Erst wenn ein Kern getroffen wird, der auf $+B_r$ magnetisiert war, und hier die Ströme durch x-und y-Draht bewirken, daß die Remanenz von $+B_r$ auf $-B_r$ springt, entsteht entsprechend dem Induktionsgesetz ein Spannungsimpuls im r-Draht (Read-Draht). Damit ist die gespeicherte Eins erkannt. Um die Information in dem Speicherkern wieder herzustellen, muß wieder für

x und y der Strom umgekehrt werden und damit $+B_r$ eingestellt werden. Der Vorteil der hartmagnetischen Speicher ist ihre Persistenz. Selbst wenn das Netz ausfällt, bleibt die Information in diesen Magneten gespeichert.

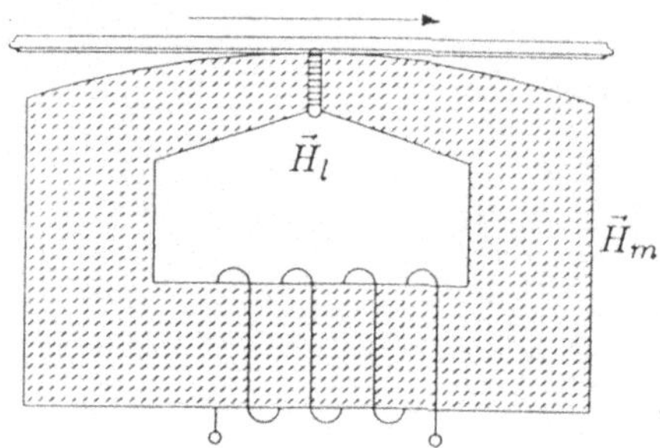

Bild 1.23: Schreib- und Lesekopf für eine hartmagnetische Pulverschicht

Auf dem gleichen Prinzip beruhen die heute weitgehend verwendeten digitalen und analogen hartmagnetischen Pulverspeicher, wie z. B. das Magnetband (die Kassette), die Harddisk (Magnetplatte) und die Floppy Disk. In Bild 1.23 ist ein Schreib- und Lesekopf für ein Magnetschicht skizziert. Dieser Schreib- und Lesekopf besteht aus einem lamellierten ringförmigen weichmagnetischen Eisenkern, der durch einen sehr dünnen „Luftspalt" unterbrochen wird, der meist mit Aluminium oder Kupfer ausgefüllt ist. Die relative Permeabilität im Luftspalt ist nahezu Eins. Damit treten die im Eisenkern geführten magnetischen Feldlinien im Luftspalt als Streufeld aus und erzeugen hier eine sehr hohe magnetische Feldstärke. Die Konzentration der Feldlinien kann man abschätzen: Der dünne Luftspalt bewirkt keine wesentliche Änderung des Querschnitts des magnetischen Flusses, der im Magnetkern überall gleich ist. Damit ist die Induktion B im Luftspalt (l) und Eisenkörper (m) gleich, und es gilt $B_l = \mu_l H_l = B_m = \mu_m H_m$. Es ist also H_l um den Faktor μ_m/μ_l ($= 10^4$) größer als H_m. In einer anschaulichen Modellvorstellung gehen sehr viele magnetische Feldlinien von den Elementardipolen der Eisenflächen des Luftspaltes aus, die auf einem kleinen Bereich des magnetischen Speichers, dessen speichernde Schicht aus hartmagnetischen Körnchen besteht, konzentriert sind.

Der magnetische Fluß im Schreibkopf wird beim Einschreiben durch einen durch die Spule fließenden Strom erzeugt. Je nachdem, welche Richtung der Strom hat, wird entweder Null oder Eins auf der Magnetschicht aufmagnetisiert, so daß die kleinen in der Pulverschicht fein verteilen Elementardipole, Null und Eins entsprechend, entgegengerichtet magnetisiert sind.

Beim Auslesen der Information bewegt sich die Magnetschicht an dem Luftspalt vorbei. Die verschieden magnetisierten Körnchen erzeugen im Luftspalt eine Änderung des magnetischen Flusses. Diese Änderung des magnetischen Flusses bewirkt in der Spule gemäß dem Induktionsgesetz eine Spannungsschwankung, die wieder elektrisch weiterverarbeitet wird. Wir sehen also: Das Schreiben entspricht einem Magnetisieren permanenter Domänen, das Lesen ist ihre Feststellung durch das Vorbeibewegen am Luftspalt und Induzieren einer elektrischen Spannung in der Spule.

Die Anfänge der magnetischen Signalaufzeichnung liegen schon 50 Jahre zurück. Es waren damals und bis in die 60-er Jahre analoge Audiosignale mit Grenzfrequenzen unter 20 kHz, die als Magnetisierungsschwankungen auf relativ dicke und grobkörnige Bänder geschrieben wurden. Vor der analogen Aufzeichnung müssen die Magnetschichten durch ein schnelles Wechselfeld entmagnetisiert werden (siehe Bild 1.21).

Seit etwa 20 Jahren wurden Magnetbänder professionell für die analoge Aufzeichnung von Videosignalen mit Bandbreiten von mehreren MHz und in Rechnermeßsystemen als Datenspeicher verwendet. Der Videorecorder (Bandbreite 4-5 MHz) eroberte den Konsumelektronikmarkt in den 80-er Jahren. Die digitale magnetische Tonaufzeichnung für den Konsumenten beginnt 1980. Dadurch kann die Dynamik (d. h. das Verhältnis des schwächsten, gerade noch vom Rauschen unterscheidbaren Signals zum stärksten) von 60dB auf mehr als 90dB (das dB-Maß wird im nächsten Kapitel erklärt) und die Verzerrungsfreiheit der Wiedergabe gegenüber der analogen Aufzeichnung enorm gesteigert werden. Die Bitrate liegt hier schon bei 2 Mbit/s.

Im Rechner sind die Magnetplatte bzw. die Floppy disk für die Datenaufzeichnung wegen der schnelleren Zugriffsmöglichkeit gebräuchlicher als Kassetten. Die schnelle Zugriffsmöglichkeit bei Floppy und Harddisk ist durch ihre **Formatierung** möglich: die räumliche Einteilung der Scheibe mit einem bestimmten magnetischen Muster. Durch Adressierung kann damit ein bestimmter Datenblock sehr schnell vom Schreib-Lesekopf (Floppy) aufgefunden werden.

Auf der Magnetplatte kann eine sehr große Datenmenge, z.B. 660 Mbyte (1 byte = 8 bit) für mittlere Rechner und 40 Mbyte im **PC (Personal Computer)** gespeichert werden. Die Floppy disk erreicht etwa nur ein Zwanzigstel dieser Speicherkapazität. Die enormen Bitdichten auf der Harddisk können nur durch äußerste mechanische Präzision erzielt werden. Z.B. darf der Magnetkopf (Bild 1.23) die Platte nicht berühren, sondern muß auf einem Luftpolster einige Mikrometer (μ) über der rotierenden Schicht schweben. Kommt es durch abgenutzte Lager- und Führungselemente, mechanische Erschütterungen oder elektrische Fehler zur Schichtberührung, so muß nach einem solchen „head crash“ meist das ganze Laufwerk mit der Platte (dem „Winchester drive“) ausgetauscht werden. Man sollte sich daher von den Daten auf der Magnetplatte stets Kopien (back ups) auf den viel robusteren Floppys aufheben.

Viel größere Speicherkapazitäten sind mit optischen Speichern erzielbar, die im Abschnitt 5.8 skizziert werden.

1.11 Die Messung der elektrischen Grundgrößen

In der konventionellen Technik wurden Meßgeräte verwendet, die Strom, Spannung, Leistung, Widerstand usw. in Form eines Zeigerausschlages anzeigten. Heute werden weitgehend digitale Meßgeräte eingesetzt, die zur Meßwerterfassung und -auswertung einfach anschließbar sind, jedoch den Nachteil haben, für den Menschen nicht so unmittelbar und schnell ablesbar zu sein wie ein Zeigermeßwerk.

In Bild 1.24 ist ein Drehspulmeßwerk skizziert. Es besteht aus einem Permanentmagneten mit zeitlich konstanter Remanenz. An dem Süd- und Nordpol des Permanentmagneten (S, N) ist ein weichmagnetischer Eisenkreis angeschlossen, der genauso wie der Schreib-

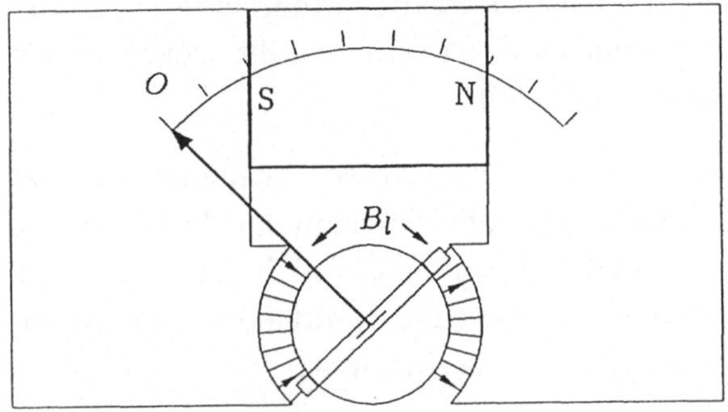

Bild 1.24: Drehspulmeßwerk

Lesekopf beim Magnetbandgerät den magnetischen Fluß führt, so daß in dem zylindrischen Luftspalt zwischen einem runden Weicheisenkern und den runden Polschuhen dieses magnetischen Kreises magnetische Feldlinien B_l entstehen, die im wesentlichen in radialer Richtung zur Drehachse des runden, weichmagnetischen Körpers auftreten. In diesem Luftspalt bewegt sich eine elastisch aufgehängte Drehspule, die mit einem Zeiger verbunden ist, dessen Ausschlag im Ruhezustand den Skalenwert Null anzeigt. Die elastische Kraft von Spiralfedern oder Spannbandfedern hält den Zeiger in dieser Ruhelage, solange kein Strom durch die Drehspule fließt. Wird ein Strom durch die Drehspule geschickt, so wirkt die Lorentzkraft Gl. (1.20) auf die Spule, die sich damit aus ihrer Ruhelage gegen die Federkraft dreht. Der Drehwinkel stellt sich ein durch das Gleichgewicht der magnetischen Kraft auf die Spule, die dem Strom und dem Magnetfeld im Luftspalt proportional ist, mit der mechanischen Gegenkraft durch die Feder. Wenn das Magnetfeld über den von der Drehspule überstrichenen Luftspalt gleichmäßig verteilt ist, dann ist die Skala dieses Drehspulmeßwerkes linear.

Man wird den Verbrauch elektrischer Energie durch dieses Meßwerk möglichst gering halten. Dazu muß man für die Messung von Spannungen sehr viele Windungen aus dünnem Draht auf der Drehspule aufbringen, so daß durch die zahlreichen Windungen ein kleiner Strom eine so große magnetische Kraft auf die Spule bewirkt, daß das Drehmoment für den Zeigerausschlag erreicht wird. Ein genügend großer Widerstand der Spule wird aber i. allg. bei

Spannungsmeßgeräten nicht erreicht, so daß der Innenwiderstand des Spannungsmessers durch Vorschaltwiderstände erhöht werden muß, um den kleinen Spulenstrom zu erzielen.

Wird ein Drehspulmeßwerk als Strommesser ausgelegt, so hat die Drehspule wenige Windungen aus sehr dickem Draht, denn ein Strommesser sollte sehr geringen Spannungsabfall haben, da er in Serie zum Stromkreis eingeschaltet wird und damit eine seinem Widerstand proportionale Leistung $I^2 \cdot R$ verbraucht.

Bei Vielfachmeßgeräten wird ein Kompromiß zwischen diesen beiden Meßwerken getroffen, indem ein einziges Meßwerk durch Vorschalten von Widerständen als Spannungsmesser und durch Parallelschalten als Strommesser Verwendung findet.

Wir haben gesehen, daß der Zeigerausschlag des Drehspulmeßwerkes proportional ist der Induktion, die durch den Permanentmagneten entsteht, und dem Strom, der durch die Spule fließt. Es liegt nun der Gedanke nahe, ein Meßwerk für die elektrische **Leistung** so aufzubauen, daß man an Stelle des permanenten Magneten eine Spule anbringt, die stromdurchflossen eine magnetische Induktion hervorruft, so daß der Zeigerausschlag das Produkt aus diesem Spulenstrom und dem Strom in der Drehspule ist. Damit hat man die Möglichkeit, das Produkt von Spannung und Strom, d. h. eine Leistung, zu messen: Im **elektrodynamischen Meßwerk** ist der Weicheisenkörper aus lamellierten Blechen aufgebaut und die feststehende Spule mit einer relativ geringen Induktivität ausgeführt, um auch Wechselgrößen direkt messen zu können.

Die **Messung des Widerstandes** kann gemäß dem Ohmschen Gesetz durch die Messung des Spannungsabfalles an einem Widerstand und des Stromes durch diesen Widerstand erfolgen. In Bild 1.25 sind drei Meßanordnungen gezeichnet. In der linken Meßanordnung wird eine ideale Spannungsquelle angenommen, die die Spannung U_0 hat. Ein Amperemeter mißt den Strom durch den zu messenden Widerstand R_x. Als Fehler dieser Messung ergibt sich der Spannungsabfall am Innenwiderstand R_i' des Amperemeters.

Im mittleren Bild ist die Verwendung einer idealen Stromquelle skizziert, die den Strom I_0 liefert. Hier muß der Spannungsabfall am

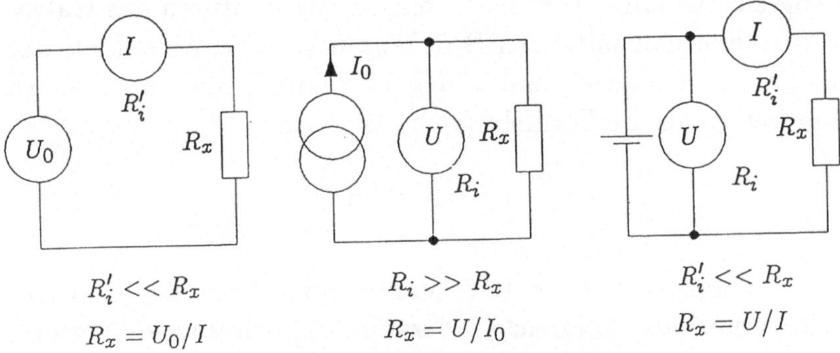

Bild 1.25: Drei Schaltungen zur Widerstandsmessung

Widerstand R_x durch ein sehr hochohmiges Voltmeter mit einem großen Innenwiderstand R_i gemessen werden. Da $R_i \neq \infty$ ist, wird der Strom durch das Voltmeter die Messung verfälschen.

Im rechten Bild ist die Messung eines Widerstandes R_x durch ein Volt- und ein Amperemeter angedeutet. Genauso wie im linken Bild ist hier der Innenwiderstand des Amperemeters eine Fehlerquelle und muß bei genauen Messungen berücksichtigt werden. Selbstverständlich kann man auch die Schaltung des Amperemeters vor dem Voltmeter vornehmen, und dann ist, wie im mittleren Bild, der Querstrom durch das Voltmeter die Fehlerquelle.

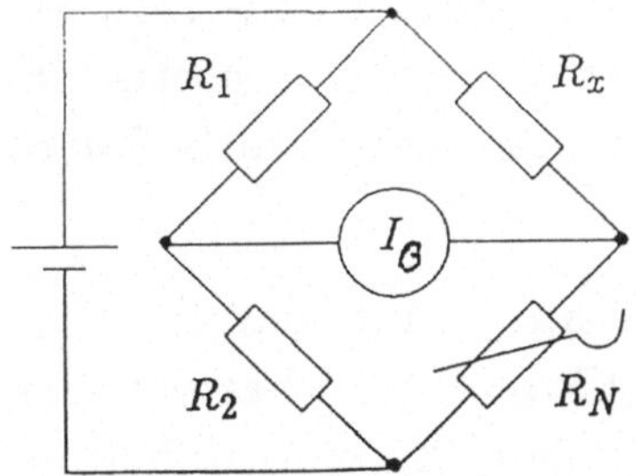

Bild 1.26: Wheatstone-Meßbrücke

Eine sehr genaue Bestimmung von Widerständen erlaubt die **WHEATSTONE-Meßbrücke**. Sie beruht auf dem Vergleich eines unbekannten Widerstandes R_x mit bekannten Widerständen R_1, R_2 und R_N, wobei R_N ein einstellbarer Widerstand ist. Er wird zum

Brückenabgleich so lange verändert, bis der Strom durch das Galvanometer zwischen den mittleren Brückenpunkten verschwindet, das heißt die Spannungen an R_2 und an R_N bzw. an R_1 und an R_x gleich sind. Es gelten dann die Formeln (siehe Bild 1.26):

$$\frac{R_1}{R_2} = \frac{R_x}{R_N}, \quad R_x = R_N \frac{R_1}{R_2}.$$

Die Genauigkeit solcher Brückenmessungen ist dann besonders hoch, wenn als Vergleichswiderstände hochpräzise Normalwiderstände Verwendung finden. Allerdings können sich die Kontaktwiderstände, die im veränderlichen Widerstand ja unvermeidlich sind, als Fehler auswirken.

Digitale Meßgeräte zeigen die zu messende Größe (z. B. Strom, Spannung, Widerstand) in Form einer Reihe von dezimalen Ziffern auf einem sogenannten „Display" an. Dieses Display kennt jeder von seinem Taschenrechner. Es kann aus Leuchtdioden oder Flüssigkristallen (LCD – Liquid Crystal Display) bestehen und ermöglicht eine wesentlich höhere Genauigkeit der Ablesung als ein Zeigermeßgerät. Allerdings kann bei veränderlichen Vorgängen der Mensch den Meßwerten nicht mehr folgen; vielmehr konzentriert sich die Aufmerksamkeit des Ablesers auf jene Ziffer, die sich rasch ändert, während die Dezimalstellen höchster Wertigkeit, die sich nur langsam ändern, nicht beachtet werden. Der Vorteil dieses digitalen Multimeters ist bei anspruchsvolleren Geräten eine direkte Verwertbarkeit der Meßwerte durch einen Rechner über eine Schnittstelle (Interface), für deren Hardware (Verbindungsstecker) und Software (z. B. Bussysteme) Normen bestehen.

Digitale Meßgeräte sind prinzipiell so aufgebaut, daß ihr Eingang aus einem **ADC (Analog Digital Converter)** besteht, der den Meßwert in binäre Darstellung umwandelt. Es wird dabei die sich kontinuierlich mit der Zeit verändernde Spannung (das Analogsignal) zu bestimmten Zeitpunkten (im Takt) abgetastet und auf bestimmte feste Werte, je nach der Zahl der Binärstellen, reduziert. Man erhält ein **wert– und zeitdiskretes Signal**. Eine sehr hohe Genauigkeit wird dadurch erreicht, daß das prozessorgesteuerte digitale Meßwerk ständig mit einer eingebauten hochkonstanten Eichspannung vergleicht, die z. B. an einer sog. Z-Diode liegt, die später besprochen wird. Durch sehr verlustarme ADC kann ein sehr hoher Eingangswiderstand digitaler Voltmeter erzielt werden. Ein weiterer Vorteil digitaler Geräte ist die Möglichkeit der direkten Signalverarbeitung in digitalen Prozessoren. Diese spielt heute bei allen Regelungen, Steuerungen und registrierenden Systemen eine dominierende Rolle. Anspruchsvolle digitale Meßwertverarbeitungen wären mit konventionellen analogen Geräten auch durch eine emsige Schar gedrillter Heinzelmännchen mit flinken Augen, Händen und Beinen nur fehlerhaft zu bewältigen.

Das **Oszilloskop** ermöglicht die Darstellung dynamischer Vorgänge auf einem ein- oder mehrfarbigen Leuchtschirm. Der Leuchtschirm wird von einem dünnen Elektronenstrahl (genauso wie der Bildschirm des TV-Gerätes) zum Leuchten gebracht, der i. allg. durch elektrische Felder abgelenkt wird. Die horizontale Achse dieser **Oszillogramme** ist meist die Zeitachse, während vertikal die Amplitude des Signals die Ablenkung des Strahls bewirkt. So entsteht ein Bild der Zeitabhängigkeit des zu messenden Signals. Hier kann der Mensch seine Überlegenheit in der schnellen Erfassung von Bildern gegenüber Rechnern ausnützen, die in der Bilder- und Mustererkennung (pattern recognition) in absehbarer Zeit die Fähigkeiten des menschlichen Gehirnes nicht erreichen werden. (Es ist eine für den Computer unlösbare Aufgabe, aus verschiedenen Gruppenfotos eine bestimmte Person herauszufinden.)

1.12 SI-Basiseinheiten des MKSA-Maßsystems

Unter Napoleon wurde das Meter als ein Vierzigmillionstel des Erdumfangs definiert. Seither war man bestrebt, immer genauer meßbare Eichnormale festzulegen. Den heute am genauesten bestimmbaren Größen angepaßt sind die Basiseinheiten des SI-Systems.

Masse: 1kg Masse hat der gleichseitige Platinzylinder, der in Paris aufbewahrt wird (Kopien davon befinden sich in allen Eichämtern).

Zeit: Der Übergang zwischen den zwei Hyperfeinstrukturniveaus des Grundzustandes des Atoms Cäsium (Cs) 133 hat eine

Frequenz von:

$$f_{CS} = 9\,172\,631\,770 \text{ Hz}.$$

C_S Uhren gehen im Tag um höchstens 3 ns (Fehler $\sim \doteq 3 \cdot 10^{-14}$) falsch !

Länge: Die Lichtgeschwindigkeit im leeren Raum ist seit 1983 folgendermaßen definiert:

$$c = 299\,792\,458 \text{m/s}.$$

Damit hat eine elektromagnetische Mikrowelle der Frequenz f_{CS} die Wellenlänge $\lambda_{CS} = c/f_{CS} \doteq 32,68336...$ mm Mit c und f ist die Längeneinheit bestimmt:

$$1\text{m} = 1/\lambda_{CS} = f_{CS}/c \doteq 30,5966..\text{Cs-Wellenlängen}.$$

In der Praxis wird jedoch die im μm–Bereich liegende Wellenlänge des Rubidiumlasers (dessen Frequenz von C_S–Normal abgeleitet wird) zur Längeneichung verwendet. Das Meter ist somit die Wellenlänge einer ebenen elektromagnetischen Welle der Frequenz 299,792 458 MHz im Vakuum. Im Eichamt könnte diese Frequenz von der C_S–Uhr abgeleitet werden. In der praktischen Längenmessung verwendet man jedoch bestimmte Molekül–Absorptionslinien bei infraroter oder sichtbarer He–Ne Laser– oder Spektrallampen–Strahlung, deren Wellenlänge mit einer Genauigkeit von $\pm 10^{-10}$ bis $\pm 10^{-8}$ angegeben werden kann, als Teilung des Längenmeßstabs.

Strom: Zwei unendlich lange, parallele Drähte, von 1A durchflossen, ziehen sich über eine Länge von 1 m mit der Kraft:

$$F = 2 \cdot 10^{-7}\text{N} \quad \text{an.}$$

(Dabei ist $\mu_0 = 4\pi \cdot 10^{-7}$Vs/Am definiert.)

Auch das Ω ist heute aus dem Quantenhalleffekt definierbar, womit das **Volt** aus dem Strom bestimmbar ist.

2 Wechselstrom

Noch vor etwa hundert Jahren gab es fast keine Anwendungen der Elektrizität in Industrie und Alltag. Nur das Interesse weniger Forscher galt ihren Wirkungen und Gesetzen. Die Zähmung vieler Abkömmlinge des Blitzes zu Arbeitstieren und schnellen und dressierbaren Boten des Menschen begann erst mit der Verfügbarkeit großer elektrischer Leistungen durch den Übergang von der elektrochemischen Energiequelle zur Energieerzeugung mit Hilfe elektrischer Maschinen. Es war das von **Faraday** entdeckte und von **W. v. Siemens** zur technischen Anwendung entwickelte Induktionsgesetz, das diesen Einbruch ermöglichte, der seither das Leben der zivilisierten Menschheit drastisch verändert hat.

In einer elektrischen Maschine wirken hohe statische Magnetfelder; durch Bewegung dieser Felder entsteht in Spulen der Wechselstrom mit möglichst sinusförmiger Zeitabhängigkeit. Riesige Generatoren liefern diesen Strom an das öffentliche Stromversorgungsnetz. Der Polaritätswechsel pro Sekunde, die Frequenz f, ist in Europa mit 50Hz (Hertz) festgelegt.

An dieser Stelle erhebt sich beim geplagten Informatikstudenten in Anbetracht des folgenden, mathematisch belasteten Abschnittes, die Frage: Schön, ich habe die Steckdose mit 220V Wechselstrom, an die ich meine Datenverarbeitungsgeräte anstecke. Aber was hat dieser Strom mit Informationsverarbeitung und -übertragung zu tun? Den kann man doch nur ein- und ausschalten und mühsam gerade nur ein Bit übertragen?

Es ist ein Ziel dieses Textes, auf diese Fragen die Antwort zu liefern. Tatsächlich sind die Gesetze des Wechselstromes nicht nur die

Grundlagen der elektrischen Energietechnik, sondern auch die jeglicher Signalverarbeitung in Nachrichtentechnik und Datenverarbeitung. Meßtechnisch und rechnerisch kann man beliebige elektrische Signale und die Auswirkung von irgendwelchen Übertragungssystemen auf sie am einfachsten dadurch erfassen, daß man die Signale in einzelne Sinusschwingungen - ihre spektralen Komponenten - zerlegt und die Wirkung des Systems zunächst nur auf diese einzelnen Spektralanteile feststellt. Das Ausgangssignal des Systems ergibt sich aus einer Zusammensetzung aller übertragenen Sinuskomponenten. Es wäre viel schwieriger und unübersichtlicher, Veränderungen der Signalform selbst (im Zeitbereich) zu beobachten und zu berechnen.

2.1 Sinusförmige Vorgänge in reeller Darstellung

Wir betrachten in Bild 2.1 eine rechteckförmige, an einem Punkt unterbrochene Leiterschleife, die in einem homogenen statischen Magnetfeld $\vec{B}$ um ihre Mittelachse mit der Winkelgeschwindigkeit

$$\omega = 2\pi f = 2\pi / T \tag{2.1}$$

gedreht wird (f = Drehzahl pro Sekunde, T... Periodendauer in Sekunden).

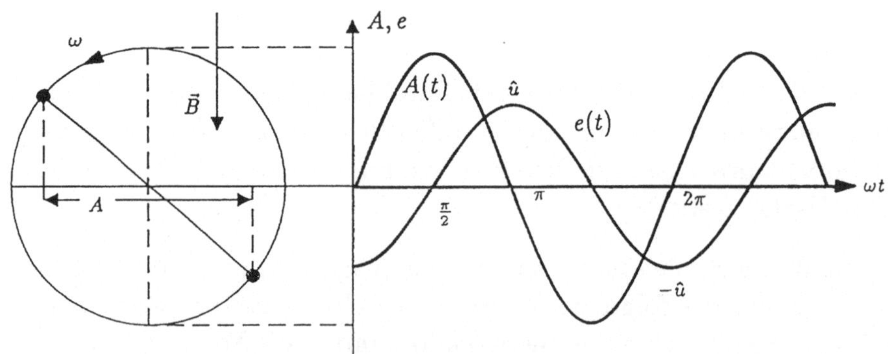

Bild 2.1: Induzierte Spannung in einer im Magnetfeld gedrehten Drahtschleife

Die Leiterschleife umschlingt gemäß Gl. (1.22) einen magnetischen Fluß $\varphi(t) = B \cdot A(t)$, der gemäß der durch die Rotation hervorgerufenen zeitlichen Änderung der Projektion der Schleifenfläche A_0

auf die Normalebene des Magnetfeldes $A(t) = A_0 \sin \omega t$ sinusförmig schwankt. Hier lautet also das Induktionsgesetz (1.25):

$$e = -d\varphi/dt = -BdA/dt.$$

Durch die Drehung entsteht diese induzierte elektromotorische Kraft e bzw. an den offenen Klemmen der Schleife eine Spannung

$$u(t) = \hat{u}\cos(\omega t - \varphi). \tag{2.2}$$

Mit $\hat{u}$ wird die Amplitude, mit $\omega = 2\pi f$ die Kreisfrequenz und mit φ die Phase der Wechselspannung bezeichnet. Für $t = 0$ ist $u(0) = \hat{u}\cos\varphi$, d. h. der Phasenwinkel φ ergibt sich aus der Wahl des zeitlichen Nullpunktes. In unserem Bild ist dies die Ausgangslage der Flächennormalen der Schleife relativ zu ihrer Normalstellung auf $\vec{B}$.

2.2 Der Effektivwert

Genauso wie es im Abschnitt 1.6 für Gleichstrom abgeleitet wurde, leistet auch Wechselstrom elektrische Arbeit, die z. B. als mechanische Arbeit, Joulesche Wärme, elektromagnetische Abstrahlung, Licht usw. ausgenützt wird. Zur Berechnung der elektrischen Leistung im Zeitpunkt t ist auch hier das Produkt von Spannung $u(t)$ und Strom $i(t)$ gemäß Gl. (1.11) zu bilden.

In einem ohmschen Widerstand R wird keine elektromagnetische Energie gespeichert, sondern die elektrische sofort in thermische Energie umgesetzt (dissipiert). Damit tritt an R keine zeitliche Verschiebung (d. h. keine Phasenverschiebung) zwischen Wechselspannung u und Wechselstrom i auf (u und i wechseln im selben Zeitpunkt ihr Vorzeichen, und es gilt zu jedem Zeitpunkt das Ohmsche Gesetz $u = i \cdot R$). Damit wird die über eine Periode T gemittelte elektrische Leistung, d. h. die in R pro Zeiteinheit dissipierte Energie, mit Gl. (1.10) und Gl. (2.2)

$$P_{AC} = \frac{1}{T}\int_0^T uidt = \frac{R}{T}\int_0^T i^2 dt = \frac{1}{TR}\int_0^T u^2 dt = \frac{1}{TR}\int_0^T \hat{u}^2\cos^2\omega t\, dt = \frac{\hat{u}^2}{2R}.$$

Zur Berechnung des Integrals wurde $\varphi = 0$ und die Formel $\cos^2\alpha = (\cos 2\alpha + 1)/2$ eingesetzt.

Man definiert nun den Effektivwert der Wechselspannung:

$$U_{\text{eff}} = \sqrt{P_{AC} \cdot R} = \hat{u}/\sqrt{2}\,. \qquad (2.3)$$

Damit ist eine Wechselgröße festgelegt, welche die gleiche mittlere elektrische Leistung (z. B. Erwärmung, mechan. Arbeit usw.) $P_{AC} = U_{\text{eff}}^2/R$ wie eine gleich große Gleichgröße $P_{DC} = U^2/R$ liefert (*DC*: **Direct Current,** *AC*: **Alternating Current**). Genauso ist der Effektivwert des Wechselstromes $I_{\text{eff}} = \hat{\imath}/\sqrt{2}$.

Für nicht sinusförmige Vorgänge gilt der Faktor $1/\sqrt{2}$ in Gl. (2.3) nicht. Die Effektivwerte solcher Signale können entweder nur mit speziellen Effektivwertmeßgeräten („true **RMS**“ [root mean square]) gemessen werden oder sind mit dem Spitzenwert und dem aus der zeitlichen Mittelung der Quadrate erhaltenen Formfaktor der Kurvenform berechenbar.

Da der Anwender hauptsächlich Interesse an der elektrischen Leistung bzw. Arbeit hat, werden alle Wechselgrößen üblicherweise in Effektivwerten angegeben und häufig der Index „eff“ weggelassen (z. B. U = 220V Netzspannung in Europa, U = 117V in USA). Für physiologische und andere zerstörende Wirkungen der Elektrizität ist jedoch immer zu bedenken, daß die Amplitude von Sinusschwingungen um das $\sqrt{2}$-fache größer als der angegebene Effektivwert ist und mit beiden Polaritäten auftritt.

2.3 Die Zeigerdarstellung von Wechselgrößen

In der Elektrotechnik werden die in der Natur reell ablaufenden sinusförmigen Vorgänge (siehe Bild 2.1) durch komplexe Zeiger in der **Gaußschen Zahlenebene** beschrieben. Diese Ebene wird durch kartesische Koordinaten aufgespannt; die Maßeinheit auf der horizontalen, reellen Achse ist 1 und die auf der vertikalen, imaginären $j = \sqrt{-1}$. Eine komplexe Zahl (ein Vektor) $\underline{z} = x + jy$ hat den Realteil $Re(\underline{z}) = x$, den Imaginärteil $Im(\underline{z}) = y$ und den Ursprungsabstand $|\underline{z}| = \sqrt{x^2 + y^2}$ und schließt in der Gaußebene mit der reellen Achse den Winkel $\alpha = \arctan(y/x)$ ein. $|\underline{z}|$ wird als Betrag von $\underline{z}$ bezeichnet, sein Quadrat ergibt sich auch durch Multiplikation mit der konjugiert komplexen Zahl $\underline{z}^* = x - jy$, die durch Spiegelung von $\underline{z}$ an der reellen Achse entsteht: $|\underline{z}|^2 = \underline{z}\underline{z}^* = x^2 + y^2$. Auf der Darstellungsmöglichkeit

$$\underline{z} = x + jy = |\underline{z}|e^{j\alpha} = |\underline{z}|(\cos\alpha + j\sin\alpha) \tag{2.4}$$

beruht die Zeigerdarstellung in der Elektrotechnik.

Eine lineare Zunahme von α dreht $\underline{z}$ in der komplexen Ebene entgegen dem Uhrzeigersinn ohne Betragsänderung um den Ursprung. Dabei ändern sich die Komponenten x und y von $\underline{z}$ sinusförmig.

Spätestens an diesem Punkt stellt der aufmerksam lesende, geplagte Informatikstudent die Frage: „Wozu komplexe Zeiger, wenn es eh die anschauliche Sinusdarstellung gibt?“ Der folgende Text sollte ihm die Antwort geben: Ein System von Wechselgrößen wird durch Zeiger am einfachsten berechenbar und am anschaulichsten dargestellt.

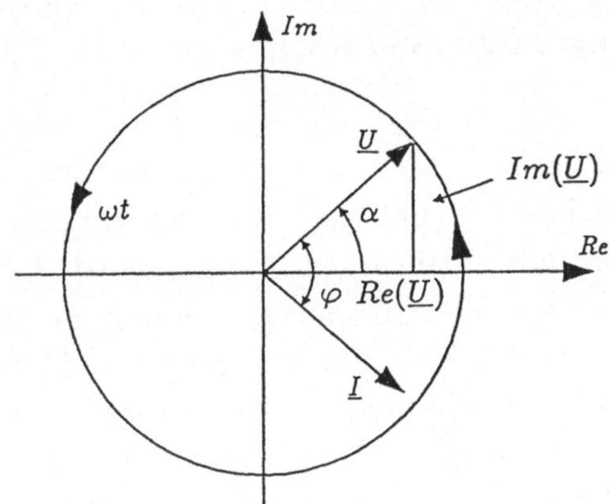

Bild 2.2: Zeigerdarstellung in der Gauß-Ebene

Im Bild 2.2 sind die Zeiger $\underline{U}$ und $\underline{I}$ einer Wechselspannung und eines um den Phasenwinkel φ verschobenen gleichfrequenten Wechselstromes gezeichnet:

$$\underline{U} = Ue^{j\omega t}, \qquad \underline{I} = Ie^{j(\omega t - \varphi)}. \tag{2.5}$$

Die Zeiger drehen sich mit der Kreisfrequenz ω in der komplexen Ebene um den Ursprung und behalten dabei immer die gegenseitige

Phasenverschiebung φ bei. Ihre Länge entspricht in einem geeignet gewählten Maßstab den Effektivwerten U und I.

Zur anschaulichen Darstellung der Drehung der Zeiger wurde für $\underline{U}$ in Bild 2.2 ein beliebiger Winkel α mit der reellen Achse gezeichnet, aber in Gl. (2.5) eine „Anfangsphase" $\varphi_u(t=0)=0$ vorgegeben. Zur einfacheren Auswertung von Zeigerdiagrammen wird wie in Gl. (2.5) meist ein „Bezugszeiger" (z. B. $\underline{U}$) als in der reellen Achse liegend angenommen. Die darauf bezogene Phasenlage $\varphi_{\underline{z}}$ anderer Zeiger $\underline{z}$ (z. B. $\underline{I}$) ergibt sich dann aus $\varphi_{\underline{z}} = \arctan\left[Im(\underline{z})/Re(\underline{z})\right]$.

Wie hängt nun die vertrackte Zeigerdarstellung mit den tatsächlich beobachteten Wechselgrößen, z. B. in Bild 2.1 und Gl. (2.1), zusammen? Gemäß Gl. (2.4) müssen wir den Realteil bilden und gemäß Gl. (2.3) den Effektivwert berücksichtigen, um die Zeitfunktionen zu bekommen:

$$\begin{aligned} u(t) &= Re(\sqrt{2}\,\underline{U}) = U\sqrt{2}\cos\omega t, \\ i(t) &= Re(\sqrt{2}\,\underline{I}) = I\sqrt{2}\cos(\omega t - \varphi). \end{aligned} \tag{2.6}$$

Wollten wir $i(t)$ in Bild 2.1 darstellen, so müßten wir eine zweite, um φ nacheilende (d. h. nach rechts verschobene) Sinusschwingung mit entsprechend anderer Amplitude einzeichnen. Damit wird der traditionelle Drang der Techniker nach Vereinfachung offenbar: Statt ornamentaler Sinusschwingungen zeichnen sie einfach Zeiger und erkennen aus ihrer Lage und Länge alle Elemente eines Systems von Wechselgrößen. Erst der mit der Zeigerdarstellung Vertraute kann sich ein anschauliches Bild komplizierter Schwingungsvorgänge (z. B. modulierter Signale) machen.

Welchen Fehler begeht nun die Zeigerdarstellung (2.5) gegenüber der „wahren" (reellen) Beschreibung sinusförmiger Vorgänge? Aus der Definition (2.4) für $e^{j\omega t}$ und $e^{-j\omega t}$ finden wir die Zeigerdarstellung

$$e^{j\omega t} = \cos\,\omega t + j\,\sin\,\omega t$$

$$e^{-j\omega t} = \cos\,\omega t - j\,\sin\,\omega t$$

$$\cos\,\omega t = \left(\frac{1}{2}\right)\left(e^{j\omega t} + e^{-\,j\omega t}\right) \qquad (2.4\ a)$$

$$\sin\,\omega t = \left(\frac{1}{2j}\right)\left(e^{j\omega t}\ -\ e^{-\,j\omega t}\right) \qquad (2.4\ b)$$

Das zeigt : Verwenden wir statt eines Zeigers zwei halb so große, von denen der eine sich mit ωt im Uhrzeigersinn ($e^{-\,j\omega t}$) und der andere sich dazu gegenläufig ($e^{j\omega t}$) dreht, dann ergibt das die reelle cos–Darstellung. Bezüglich einer Amplituden– und Phasenänderung des cos verhalten sich beiden Zeiger gleich. Man kann deshalb ohne Informationsverlust bei einfachen Wechselstromaufgaben einen Zeiger weglassen. Nur bei bestimmten Problemen der Informationstechnik darf man den zweiten Zeiger nicht unter den Tisch fallen lassen, sondern muß ihn gemäß Gl. (4.8 b) berücksichtigen.

2.4 Der komplexe Widerstand

Die im 1. Kapitel dargestellten Grundgesetze beschreiben den Zusammenhang zwischen Strom und Spannung an Kondensator und Spule auch für Wechselgrößen. Allerdings wird – abweichend von den Ladevorgängen in Bild 1.12 und Bild 1.19 – im Kondensator ein Pendeln der elektrischen Ladung mit dem Vorzeichenwechsel der Wechselspannung und in der Induktivität ein Pendeln der Magnetisierung mit der Umkehr des Wechselstromes erfolgen.

Für den Kondensator findet man durch die Anwendung des Gesetzes der Kondensatoraufladung Gl. (1.14) auf die Zeigerdarstellung Gl. (2.5)

$$\underline{I} = C\, d\underline{U}/dt = C\, d(Ue^{j\omega t})/dt = j\omega C\,\underline{U} = jB\underline{U}\,. \qquad (2.7)$$

Das Induktionsgesetz Gl. (1.25 a) liefert mit (2.5):

$$\underline{U} = L\, d\underline{I}/dt = j\omega L\underline{I} = jX\underline{I}\,. \qquad (2.8)$$

Auf der rechten Seite beider Gleichungen ist durch die Ableitung die imaginäre Einheit j aufgetaucht. Dies bedeutet, daß die linken Größen in der imaginären Achse liegen, wenn die rechten in der reellen liegend angesetzt werden: In Gln. (2.7) und (2.8) eilen die linken Größen um einen Phasenwinkel von 90° gegenüber den rechten vor.

Bild 2.3 skizziert diese Zusammenhänge, die auch physikalisch anschaulich gemacht werden können:

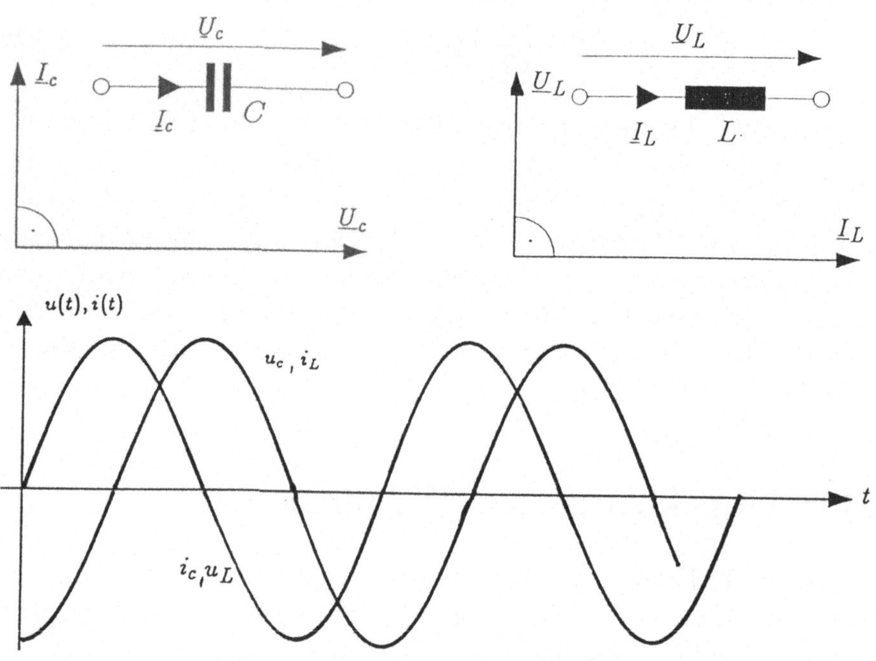

Bild 2.3: Strom und Spannung in L und C

Man denke sich eine Wechselspannung $\underline{U}$ anstelle von U_0 im Struktogramm der Kondensatorladung in Bild 1.12: Im „eingeschwungenen“ Zustand (mehrere Perioden nach dem Einschalten) ändert sich die Kondensatorladung wegen $\underline{Q} = C\underline{U}$ ohne Zeitverschiebung so wie die anliegende Spannung $\underline{U}$ sinusförmig. Der Strom $\underline{I}$ muß die Umladung von C gemäß Gl. (1.1) besorgen: Solange $\underline{Q}$ zunimmt (d. h. zwischen Minimum und Maximum von $\underline{U}$) muß ein positiver Strom in C hineinfließen, dabei hat $\underline{I}$ schon sein Maximum erreicht, wenn $\underline{U}$ bzw. $\underline{Q}$ erst ihren Nulldurchgang haben (in dem $d\underline{Q}/dt = \underline{I} = Cd\underline{U}/dt$ aber am größten ist): $\underline{I}$ eilt $\underline{U}$ um 90° vor.

Die Gln. (2.7) und (2.8) stellen das Ohmsche Gesetz (1.2) für Kondensator und Spule dar; an die Stelle des Widerstandes R bzw. Leitwertes $G = 1/R$ tritt jedoch in (2.7) der **Blindleitwert**, die sogenannte **Suszeptanz** B, und in (2.8) der **Blindwiderstand**, die sogenannte **Reaktanz** $X = -1/B$. Für Kapazität (C) und Spule

(L) ist also:

$$B_c = \omega C = -1/X_c \qquad \text{und} \qquad X_L = \omega L = -1/B_L.$$

Die Suszeptanz B_c beschreibt also die „Durchlässigkeit" von C und X_L die „Drosselung" durch L für Wechselstrom der Frequenz ω.

Wollen wir unser „Röhrenmodell" des Abschnittes 1.2 auf L und C erweitern, so sind für L und C Elemente vorzusehen, die keine „Flüssigkeitsreibung" (d. h. Wärmeverluste) haben. Für C nehmen wir ein Gefäß an, das Flüssigkeit durch Druck-(Spannungs-)anstieg speichert und sie bei Druckabfall wieder zurückpumpt. Ein solches Gefäß ist z. B. ein Rohr mit einer dichten Gummimembran oder mit einem zwischen Federn eingespannten Kolben. Für L brauchen wir einen Speicher für die Strömungsenergie (den Strom) der Flüssigkeit. Das ist z. B. eine freilaufende Turbine im Flüssigkeitsstrom, die wie ein Kreisel die Bewegungsenergie speichert. Diese anschaulichen Modellvorstellungen für B_c und X_L helfen auch beim Verständnis des später behandelten Schwingkreises.

In fast allen Anwendungen der Elektrizität sind ohmsche Widerstände R unvermeidbar. Wie schon erwähnt, wird in R elektrische (u) oder magnetische (i) Energie nicht gespeichert sondern sofort in Form von Wärme dissipiert. Zum Unterschied der „Blind"komponenten L und C, die aufgenommene elektrische Energie wieder abgeben können, ist also R ein „Wirk"widerstand ohne Phasenverschiebung zwischen $\underline{U}$ und $\underline{I}$. (Denke an das dünne, reibungsbehaftete Rohr unserer Modellvorstellung!)

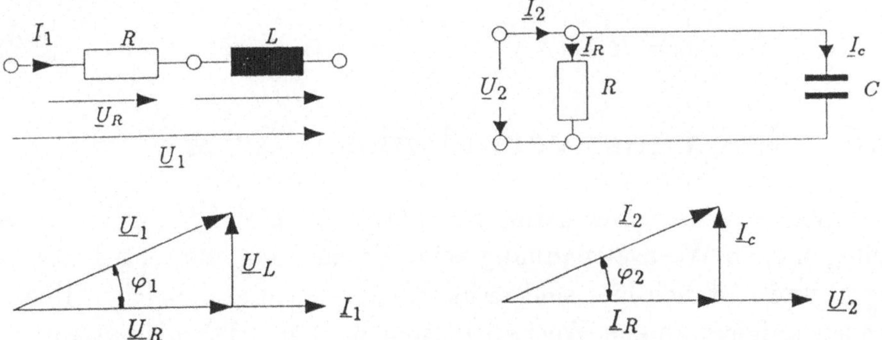

Bild 2.4: Konstruktion von Zeigerdiagrammen

Zusammenschaltungen aller linearen elektrischen Bauelemente lassen sich mit der komplexen Rechnung, d. h. mit dem durch die Gln. (2.7) und (2.8) erweiterten Ohmschen Gesetz (1.2), und den Kirchhoff-Regeln für Wechselstrom der Frequenz ω berechnen.

Für die Serienschaltung von L und R auf der linken Seite von Bild 2.4 finden wir:

$$\underline{U}_1 = \underline{U}_{R_1} + \underline{U}_L = \underline{I}_1 R_1 + j\omega L \underline{I}_1 .$$

Bei der Zeichnung des Zeigerdiagrammes, links unten, legen wir zuerst den Zeiger $\underline{I}_1$ des in R und L fließenden Stromes in die reelle Achse. Dazu parallel (gleichphasig) liegt $\underline{U}_R = \underline{I}_1 \cdot R_1$, senkrecht darauf steht $\underline{U}_L = j\omega L \underline{I}_1$ (um 90° voreilend). Die Vektoraddition von $\underline{U}_{R1}$ und $\underline{U}_L$ ergibt $\underline{U}_1$, das $\underline{I}_1$ um den Phasenwinkel φ_1 voreilt.

Für die in Bild 2.4 rechts gezeichnete Parallelschaltung von R und C gilt:

$$\underline{I}_2 = \underline{I}_{R_2} + \underline{I}_C = \underline{U}_2 / R_2 + j\omega C \underline{U}_2 .$$

Die Zeichnung des Zeigerdiagrammes geht von der an beiden Bauelementen liegenden Spannung $\underline{U}_2$ aus, deren Zeiger in die reelle Achse gelegt wird. $\underline{I}_2$ wird aus $\underline{I}_{R_2}(||\underline{U}_2)$ und $\underline{I}_C(\perp \underline{U}_2)$ zusammengesetzt. $\underline{I}_2$ eilt $\underline{U}_2$ um φ_2 vor.

Allgemein beschreibt man das elektrische Verhalten passiver Zweipole durch ihren komplexen Widerstand (ihre **Impedanz** $\underline{Z}$) oder durch ihren komplexen Leitwert (ihre **Admittanz** $\underline{Y} = 1/\underline{Z}$). $\underline{Z}$ setzt sich aus Wirkwiderstand R sowie Reaktanz X und $\underline{Y}$ aus Wirkleitwert (Konduktanz) G sowie Suszeptanz B zusammen:

$$\underline{Z} = R + jX , \qquad \underline{Y} = G + jB . \tag{2.9}$$

2.5 Leistungsverhältnisse für AC

Man spricht von verlustlosen Reaktanzen (L und C), wenn durch Anlegen einer Wechselspannung keine Erwärmung entsteht. Die Zeiger $\underline{U}$ und $\underline{I}$ stehen hier senkrecht aufeinander, die in solchen Reaktanzen aufgenommene Wechselleistung wird mit **Blindleistung** Q bezeichnet.

Zur Veranschaulichung von Q stellen wir uns einen Kondensator vor, der an einer Wechselspannungsquelle liegt: Der Wechselstrom baut in einer Halbperiode eine Kondensatorladung auf, die der Kondensator in der anderen Halbperiode an die Quelle zurückliefert: In etwas schlampiger Ausdrucksweise gesagt: Die Blindleistung pendelt zwischen Quelle und Verbraucher. Die Reaktanz speichert elektrische (C) bzw. magnetische (L) Energie und gibt sie voll an die Quelle zurück.

Die im Wirkwiderstand auftretende elektrische Leistung wird hingegen ganz in Wärme umgesetzt. Genauso verwandelt der Motor elektrische in mechanische Energie, und der Radiosender, die Glühlampe und die Leuchtstoffröhre setzen elektrische Energie z. T. in Strahlung um. Die so umgesetzte Leistung ist die **Wirkleistung** P. Die Zeiger von $\underline{U}$ und $\underline{I}$ sind hier parallel; die Quelle liefert die elektrische Wirkleistung an den Verbraucher, der sie als andere Energieform abgibt.

In allen elektrischen Systemen müssen wir jedoch mit Wirkwiderständen **und** Reaktanzen rechnen. Es tritt der Phasenwinkel φ zwischen $\underline{U}$ und $\underline{I}$ auf. Das Produkt der Effektivwerte $\underline{U} \cdot \underline{I}$ heißt **Scheinleistung** $\underline{S}$:

$$\underline{S} = P + jQ = UI(\cos\varphi + j\sin\varphi). \tag{2.10}$$

Die Wirkleistung $P = UI\cos\varphi$ wird in **W**, die Scheinleistung $\underline{S} = UI$ in **VA** und die Blindleistung $Q = UI\,\sin\varphi$ in $\mathbf{VA_r}$ (sprich Voltampere reaktiv) angegeben.

In der Leistungsdarstellung durch Gl. (2.10) zeigt sich wieder die mit der Zeigerdarstellung gewonnene Vereinfachung: Die Zeigerdiagramme in Bild 2.4 sind Darstellungen der im betreffenden Zweipol auftretenden Leistungskomponenten. Der gegenüber der reellen Achse gedrehte Zeiger (links $\underline{U}_1$, rechts $\underline{I}_2$) ist proportional zur Scheinleistung und seine reelle bzw. imaginäre Komponente im gleichen Maßstab proportional zur Wirk- und Blindleistung

$$|\underline{S}| = \sqrt{P^2 + Q^2}.$$

Wollte man diese Verhältnisse als Mittelwertsbildung der reellen „Augenblicksleistung“ $p(t) = u(t) \cdot i(t)$ darstellen, so müßte man zwei um φ phasenverschobene Sinusschwingungen miteinander multiplizieren, $p(t)$ über eine Periode integrieren und mitteln. Dabei sieht man zwar deutlich das Zeitverhalten von $p(t)$, insbesonder negative Bereiche von $p(t)$, d. h. Zeitabschnitte, in denen die Leistung zurückfließt (die Blindleistung, pendelt zwischen Generator und Verbraucher), jedoch greift der Bequeme zur Zeigerdarstellung – hat er doch mit der Effektivwertberechnung Gl. (2.3) weitere Integrationen nicht mehr nötig!

Auch für den Finanzdirektor des EVU (Elektrizitätsversorgungsunternehmens) ist die Leistungsdarstellung gemäß Gl. (2.10) und die Proportionalität zur Stromzeigerdarstellung in Bild 2.4 wichtig. Der Stromarbeitszähler des Verbrauchers registriert i. allg. nur die Wirkleistung ($\sim I_R^2, \sim U_R^2$). Die am ohmschen Widerstand R_v der Versorgungsleitungen, Transformatoren und Generatoren auftretenden Verluste P_v bewirkt jedoch der gesamte Strom: $P_v = I^2 R_v$. Das EVU verlangt deshalb, daß der Verbraucher den Blindstrom klein hält, oder es mißt und verrechnet bei Großkunden auch die Blindleistung.

2.6 Der RC-Spannungsteiler

Die frequenzabhängige Spannungsteilung an der Serienschaltung von Widerstand (R) und Kondensator (C) wird zur Formung von Signalen in elektronischen Schaltungen häufig angewendet. Bild 2.5 zeigt auf der linken Seite das Integrierglied oder den RC-Tiefpaß und rechts das Differenzierglied oder den RC-Hochpaß. Für beide Schaltungen ist im Zeigerdiagramm in der Mitte die Aufteilung der Spannung $\underline{U}_0$ auf $\underline{U}_R$ und $\underline{U}_C$ bei der „Grenzfrequenz" $\omega_G = 1/RC$ voll ausgezogen, für tiefe Frequenzen ($\omega < \omega_G$) gestrichelt und für hohe ($\omega > \omega_G$) strichpunktiert. Aus den Spannungsabfällen

$$\underline{U}_R = \underline{I} \cdot R, \quad \underline{U}_C = \underline{I}/j\omega C$$

und

$$\underline{U}_0 = \underline{U}_R + \underline{U}_C$$

werden die Spannungsteiler mit den in Abschnitt 2.3 angegebenen Formeln berechnet:

TIEFPASS:

$$\begin{aligned}\underline{U}_C/\underline{U}_0 &= 1/(1 + j\omega RC) = 1/(1 + j(\omega/\omega_G)),\\ |\underline{U}_C/\underline{U}_0| &= 1/\sqrt{1+(\omega/\omega_G)^2},\\ \varphi &= \arctan(-\omega/\omega_G).\end{aligned} \tag{2.11}$$

HOCHPASS:

$$\begin{aligned}\underline{U}_R/\underline{U}_0 &= j(\omega/\omega_G)/(1 + j(\omega/\omega_G)),\\ |\underline{U}_R/\underline{U}_0| &= (\omega/\omega_G)/\sqrt{1+(\omega/\omega_G)^2},\\ \varphi &= \arctan(\omega_G/\omega).\end{aligned} \tag{2.12}$$

In Bild 2.5 ist der den Schaltungen entsprechende Frequenzverlauf von Amplitude und Phase der Ausgangsspannungen bezogen auf die Eingangsspannung $\underline{U}_0$ skizziert. Merke: Bei der Grenzfrequenz $\omega_G = 1/RC$ ist die Ausgangsspannung auf das $1/\sqrt{2}$-fache des Maximalwertes gefallen und ihre Phasenverschiebung $\varphi = \pm 45°$!

Der RC-Tiefpaß wirkt als **Integrierglied** für Signale, deren Änderungen gegenüber der Grenzfrequenz $\omega_G = 1/RC$ sehr schnell erfolgen. Nehmen wir als Beispiel eine Rechteckfunktion als Eingangssignal an: Ist ein Rechteck sehr kurz gegen $T = RC$, so wird vom Ladevorgang in Bild 1.12 nur der fast lineare Spannungsanstieg, vom Nullpunkt beginnend, übertragen: das Rechteck wird integriert. Bei der Berechnung sei wieder die komplexe Darstellung verwendet: Für die Integration finden wir

$$\int_0^t \underline{U}(\tau)d\tau = U\int_0^t e^{j\omega\tau}d\tau = \underline{U}(t)/j\omega. \tag{2.13}$$

Das stimmt für $\omega/\omega_G >> 1$ mit dem Frequenzverlauf des RC-Tiefpasses näherungsweise überein: $\underline{U}_c \doteq \underline{U}_0/j\omega RC$.

Der RC-Hochpaß wirkt als **Differenzierglied** für Vorgänge, deren wesentliche Änderung (Grundperiode) gegenüber $1/\omega_G = RC$ sehr lange dauert. Betrachten wir wieder ein Rechtecksignal, so passiert der gesamte Aufladevorgang in Bild 1.12 nur während der kurzen, steilen Anstiege der Rechtecke, wenn ihre Dauer sehr lang gegenüber $T = RC$ ist. Die Berechnung verläuft analog wie oben:

$$d[\underline{U}(t)]/dt = d(Ue^{j\omega t})/dt = j\omega\underline{U}(t). \tag{2.14}$$

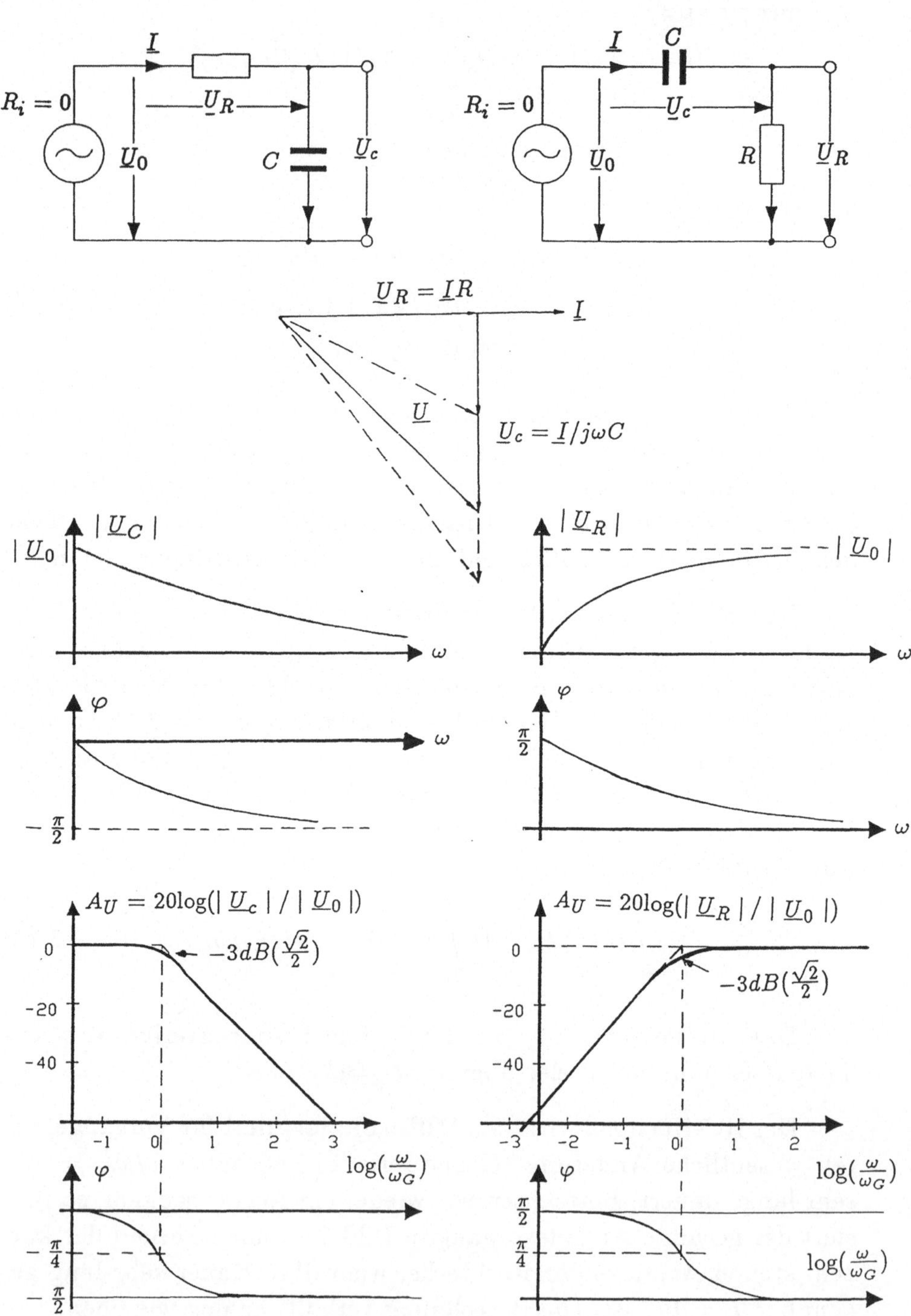

Bild 2.5: RC-Tief- und Hochpaß

Das entspricht wieder der Näherungsformel für den RC-Hochpaß für $\omega/\omega_G << 1 : \underline{U}_R \doteq \underline{U}_0 \cdot j\omega RC$.

Dem von der Zeigerrechnung noch nicht überzeugten Leser sei empfohlen, in reeller Darstellung mit Gl. (2.1) usf. Integrier- und Differenzierglied nachzurechnen: Er wird mit viel Mühe zum gleichen Ergebnis kommen. Hat ein Leser jedoch trotz Zeigerrechnung bis hierher mitgedacht, so wird er auf so vage Formulierungen wie „die wesentliche Änderung des Signals soll sehr lange gegenüber $T = RC$ dauern" mit Recht schimpfen. (Tatsächlich kommt von Signalen, die zusätzlich zu diesen wesentlichen, langsamen Änderungen keine Ecken und Sprünge haben, aus dem Differenzierglied fast nichts heraus!) Solche interessierte Studenten sollten schon hier nach der Spektralzerlegung von Signalen und der Funktionsbeschreibung elektrischer Filter lechzen, die in späteren Abschnitten ihren Unmut besänftigen sollen.

2.7 Übertragungsmaß und Bodediagramm

Es gab einmal eine Zeit ohne Taschenrechner. Da mußten alle Mittelschüler gründlich den Gebrauch von Logarithmentafeln und Rechenschiebern lernen, um das Multiplizieren und Dividieren durch Addieren und Subtrahieren und das Potenzieren durch Multiplizieren ersetzen zu können. Diese Bequemlichkeiten bietet uns der Logarithmus, und er macht sehr große Verhältniszahlen überschaubar, indem er sie als Potenzen darstellt.

Die Elektrotechnik, Schallmeßtechnik usw. bedienen sich dieser Vorteile durch Anwendung des logarithmischen Pegelmaßes A, das Verhältnisse als Vielfache des DEZIBEL (**dB**) ausdrückt (nach A.G. Bel, amerikanischer Pionier der Elektrotechnik). Durch den dekadischen Logarithmus definiert man ein Übertragungsmaß in dB (als Verstärkung positiv, als Abschwächung negativ) für Leistung A_P, Spannung A_U und Strom A_I:

$$A_P = 10 \log(P_2/P_1)[\text{dB}],$$
$$A_U = 20 \log(U_2/U_1)[\text{dB}],$$
$$A_I = 20 \log(I_2/I_1)[\text{dB}].$$

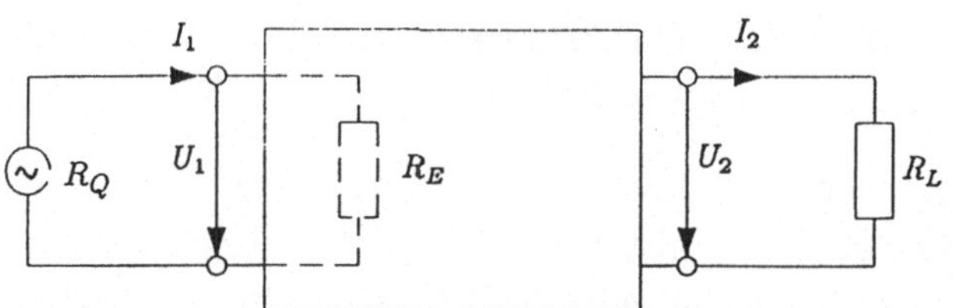

Bild 2.6: Messung des Übertragungsmaßes

Zur Festlegung des Übertragungsmaßes wird noch der Widerstand angegeben, an dem P oder die Effektivwerte U oder I gemessen werden. Dazu werden (gemäß Bild 2.6) für die Spannungsquelle der Innenwiderstand R_Q, für das zu messende Zweitor (die Schaltungen in Bild 2.5 sind z. B. solche) der Eingangswiderstand R_E und der Lastwiderstand R_L definiert. Zur A_U-Angabe wird meist, wie in Gl. (2.11) und Gl. (2.12) $R_Q = 0$, $R_L \to \infty$ angenommen; für A_I meist $R_Q \to \infty$, $R_L \to 0$ und für A_P oft $R_Q = R_E = R_L = Z_0$. Hier ist Z_0 der „Wellenwiderstand", d. h. jener Widerstand, den man in eine Leitung oder ein bestimmtes Zweitor hineinmißt, wenn diese mit Z_0 abgeschlossen sind (siehe auch Kapitel 5 und 6). Bei Koaxialkabeln ist typisch $Z_0 = 50\Omega$, bei Telephonsystemen $Z_0 = 600\Omega$. Ein 0dB-Wert wird meist durch eine bestimmte Leistung (z. B. 1mW an Z_0) definiert, womit aus dem Verhältnismaß ein Leistungsmaß wird.

In der Praxis ist oft $R_E = R_L$. Dann ergibt die Messung von A_U, A_I und A_P den gleichen dB-Wert, wenn der gleiche Signalgenerator ($R_Q =$ konst) verwendet wurde. Welchen Umrechnungsfaktor $A_U \to A_P \to A_I$ muß man bei $R_E \neq R_L$ verwenden?

Die graphische Darstellung des Spannungsverhältnisses im dB-Maßstab mit logarithmischer Frequenzachse bringt viele Vorteile. Sie wird als **BODEDIAGRAMM** bezeichnet. Die entsprechenden Bodediagramme der RC-Glieder sind in Bild 2.5 unten gezeichnet. Merke: Die $f^1(f^{-1})$-Abhängigkeit drückt sich als Anstieg (Abfall) einer Geraden mit 20dB/Dekade aus. Allgemein entspricht einer Funktion f^n ein Anstieg mit $n \cdot 20$dB/Dekade. Bei der Grenzfrequenz ($\varphi = 45°$) ist $A_U = 20\log(1/\sqrt{2}) \doteq -3$dB.

2.8 Resonanz: Der Schwingkreis

Mit Resonanz wird in der Physik ein Systemverhalten bezeichnet, das eine oder mehrere bestimmte Frequenzen bevorzugt. Erfolgt beispielsweise die Anregung des Systems durch sehr viele verschiedene Frequenzen oder impulsartig, so reagiert das System durch Schwingungen fast ausschließlich bei seinen Resonanzfrequenzen. Denke an: Stimmgabel, Saite, Pendel, Unruhe der mechanischen Uhr, Schwingquarz, Molekül- bzw. Atomresonanz, usw. Die elektrische Anregung eines L-C Kreises soll nun in Analogie zu einem mechanischen Feder-Masse-Schwingsystem und zu unserer strömungsdynamischen Modellvorstellung (dem „Röhrenmodell") behandelt werden.

Das Bild 2.7 zeigt auf der linken Seite die Skizze des mechanischen Schwingsystems MEC mit der Feder F, Masse M und Reibung r. Wird F ausgedehnt und dann losgelassen, so pendelt M so lange auf und ab, bis es durch die Dämpfung durch r zum Stillstand kommt. Die Energie pendelt hier zwischen der potentiellen, in F gespeicherten, die ihr Maximum im Zeitpunkt des Loslassens hat, und der kinetischen Energie von M, die ihr Maximum dann erreicht, wenn die Kraft in F Null ist, d. h. ihre Richtung wechselt..

In der Mitte des Bildes 2.7 ist unsere hydraulische Modellvorstellung HYD des L-C Kreises gezeichnet, mit einem an einer Feder aufgehängten Kolben C', einer als Schwungrad wirkenden Turbine L' und einem reibungsbehafteten Rohr R'. Wird C' durch Dehnen der Feder über seine Ruhelage hinaus vorgespannt und der Hahn S' geöffnet, so fließt in den Rohren des Kreises der Flüssigkeitsstrom durch R' und versetzt L' in Drehungen. Damit wird die Bewegungsenergie des Stromes in L' als Rotationsenergie gespeichert und der Kolben in C' über seine Ruhelage in die andere Richtung solange zusammengedrückt, bis die Drehung von L' zum Stillstand kommt. Dann preßt der Kolben C' den Flüssigkeitsstrom wieder zurück und dreht L' in der anderen Drehrichtung, womit C' ausgedehnt wird, und so fort. Durch R' gedämpft, pendelt die Schwingung aus.

Genauso entsteht das elektrische Ausschwingen des L-C-R-Kreises, rechts in Bild 2.7: C sei anfangs auf eine positive Spannung

$+U_0$ aufgeladen, dann wird S geschlossen und L durch den Strom i aufmagnetisiert. Damit sinkt die Spannung u_c an C. Ist C entladen, so fließt i gemäß dem Induktionsgesetz in der gleichen Richtung in L weiter und ladet C durch Abbau des Magnetfeldes in L auf eine negative Spannung $-u_c$ auf. Dabei nimmt i auf Null ab und wechselt seine Richtung, wenn die Entladung des nun negativ geladenen Kondensators C einsetzt. Durch R gedämpft (Dissipation!) klingt die Strom- und Spannungsschwingung ab.

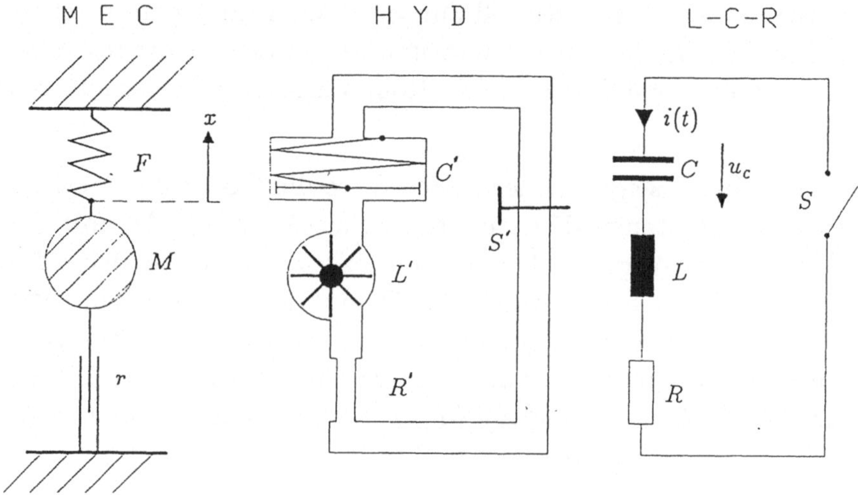

Bild 2.7: Resonanzsysteme

So wie in MEC und HYD die Energieformen potentielle (Feder-)Energie und kinetische Energie von M bzw. L' wechselweise ineinander übergehen, pendelt auch hier die Energie zwischen der im elektrischen Feld von $C(Cu_c^2/2)$ und der im magnetischen Fluß von $L(Li^2/2)$ gespeicherten hin und her.

Zur quantitativen Beschreibung des Abklingvorganges von MEC müssen alle auf M wirkenden Kräfte im Gleichgewicht sein:

a) die Newtonsche Massenträgheitskraft: $M\frac{d^2x}{dt^2}$;
b) die Reibungskraft (r = Reibungskoeffizient): $r\,dx/dt$;
c) die Federkraft (f = Federkonstante): $f \cdot x$.

Daraus folgt die **Schwingungsgleichung**:

$$\frac{Md^2x}{dt^2} + rdx/dt + fx = 0.$$

Das Rohrmodell HYD führt auf dieselbe Gleichung. In ihr ist der Druck am Kolben von C' bzw. die Federdehnung von C' die Veränderliche x. Anstelle von M tritt das Trägheitsmoment der Turbine L', f und r können genau wie oben definiert werden.

Für den elektrischen L-C-R Kreis liefert die Kirchhoffsche Schleifenregel

$$u_c + u_L + u_R = 0 \quad \rightarrow \quad \frac{1}{C}\int i\,dt + L\frac{di}{dt} + R \cdot i = 0$$

und nach Differentiation

$$L\frac{d^2i}{dt^2} + R\frac{di}{dt} + \frac{i}{C} = 0. \tag{2.16}$$

Die Form dieser homogenen Differentialgleichung 2. Ordnung stimmt mit jener der mechanischen Schwingungsgleichung überein, d. h. die Lösung von (2.16) ist auch für MEC und HYD eine Lösung, wenn wir $i \rightarrow x, L \rightarrow M, R \rightarrow r$ und $C \rightarrow 1/f$ setzen.

Solche Gleichungen werden mit einem „Ansatz“ gelöst, d. h. der Mathematiker probiert, ob eine lösungsverdächtige Funktion die Gleichung erfüllt. Da die Exponentialfunktion durch Ableitung in sich übergeht, setzt man an

$$i = I_K e^{pt} \rightarrow di/dt = pi,\ d^2i/dt^2 = p^2 i \tag{2.17}$$

und erhält aus Gl. (2.16) die in p quadratische, leicht lösbare Gleichung

$$\begin{aligned} p^2 + p \cdot R/L + 1/LC = 0, \\ p_{12} = -R/2L \pm \sqrt{(R/2L)^2 - 1/LC} = -d \pm j\sqrt{\omega_0^2 - d^2}, \end{aligned} \tag{2.18}$$

mit $d = R/2L$ **(Dämpfung)** und $\omega_0 = 1/\sqrt{LC}$ **(Resonanzfrequenz)**. Ist die Dämpfung schwach ($d < \omega_0$), d. h. die Diskriminante $D = d^2 - \omega_0^2$ ist negativ, so pendelt der Kreis nach beiden Richtungen aus. Die allgemeine Lösung folgt aus (2.17):

$$i(t) = e^{-dt}\big(I_1 e^{j\sqrt{D}\,t} + I_2 e^{-j\sqrt{D}\,t}\big).$$

Wegen $q_c = Cu_c = \int i\,dt$ und Gl. (2.17) erhalten wir für $u_c(t)$ die gleiche Form:

$$u_c(t) = e^{-dt}(U_1 e^{j\sqrt{D}\,t} + U_2 e^{-j\sqrt{D}\,t}).$$

Die Integrationskonstanten I_1, I_2 und U_1, U_2 sind voneinander abhängig. Mit einer einfachen Rechnung und Gl. (2.4) ergibt sich die reelle, physikalisch anschauliche Schreibweise obiger Ausdrücke mit cos- und sin-Funktionen anstelle von $\exp(j\sqrt{D}\,t)$ und $\exp(-j\sqrt{D}\,t)$. Um die spezielle Lösung zu finden, nehmen wir als Anfangsbedingung eine Kondensatorspannung U_0 an, die zum Zeitpunkt $t = 0$ über S an die Serienschaltung von R und L angelegt wird. So ergibt sich unter der Annahme sehr schwacher Dämpfung $d << \omega_0$

$$\begin{aligned} u_c(t) &= U_0 e^{-dt} \cos\omega_0 t, \\ i(t) &= -I_0 e^{-dt} \sin\omega_0 t, \end{aligned} \tag{2.19}$$

mit $I_0 = U_0\sqrt{C/L}$. Dieser Ausschwingvorgang von u_c und i ist in Bild 2.8 dargestellt.

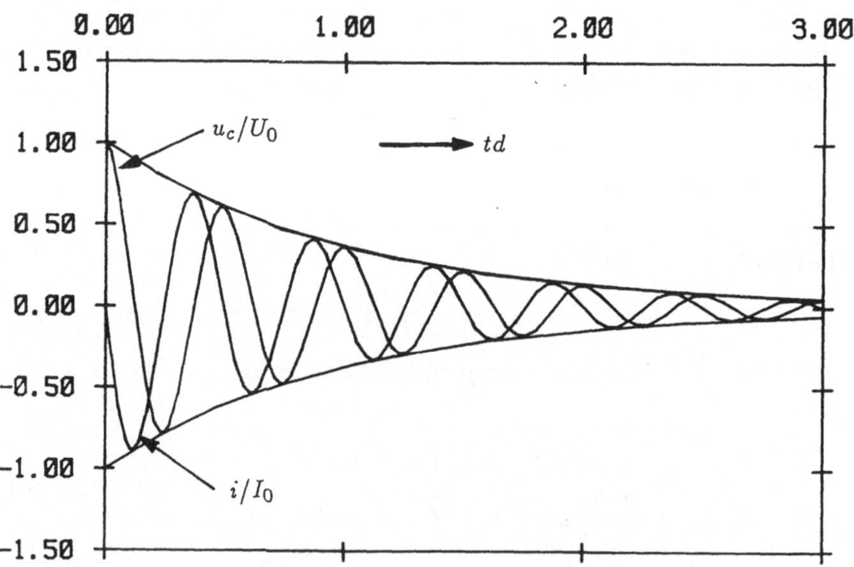

Bild 2.8: Entladung von C über L und R

Genauso wie bei rein harmonischen Vorgängen eilt auch hier der Strom (bzw. die Spannung an R) um „90°“ der Kondensatorspannung u_c vor. (Man sieht diese „Phasenverschiebung“ im Abstand der Nulldurchgänge von i und u_c.) Die Kurven zeigen das Pendeln der Energie zwischen der elektrischen ($Cu_c^2/2$) und der magnetischen ($Li^2/2$) bzw. zwischen Feder- und Massenkraft in MEC und HYD.

Alle Schwingungsvorgänge in der Natur können nur durch derartige dynamische Vorgänge entstehen. Für den Informatiker ist die Erkenntnis wichtig, daß er **nicht mit einem eindeutigen „Bit-Impuls"** als Antwort rechnen darf, wenn ein schwach gedämpftes Resonanzsystem durch einen Impuls angeregt wird. Auch an den Enden reflektierende Leitungen (z. B. Orgelpfeifen) sind resonanzfähig!

Die obige, für den Studenten im 2. Semester qualvolle Differentialgleichungs-Mathematik (die ihm später aber nicht erspart bleibt!) soll nun durch eine einfachere Untersuchung der Frequenzabhängigkeit mit Hilfe der Wechselstromzeigerrechnung ergänzt werden. In Bild 2.9 ist auf der linken Seite ein L-C-R Serienkreis gezeichnet, welcher an einer idealen Spannungsquelle mit konstanter Amplitude liegt, deren Frequenz verändert (gewobbelt) wird. Auf der rechten Seite ist der (in der Praxis häufiger verwendete) Parallelkreis dargestellt, der von einer idealen, wobbelbaren Stromquelle versorgt wird.

Aus der Anwendung der Kirchhoffschen Schleifenregel ergibt sich für die frequenzabhängige Impedanz $\underline{Z_S}$ und den Strom $\underline{I_S}$, der den **Serienkreis** durchfließt,

$$\underline{U}_G = \underline{U}_R + \underline{U}_L + \underline{U}_C,$$
$$\underline{Z_S} = R + j\omega L + 1/j\omega C = R + j(L/\omega)(\omega^2 - 1/LC),$$
$$\underline{I}_S = \underline{U}_G/\underline{Z}_S = \underline{U}_G/[R + j(L/\omega)(\omega^2 - \omega_0^2)],$$

mit der Resonanzfrequenz $\omega_0 = 1/\sqrt{LC}$, wie oben.

Die Kirchhoffsche Knotenregel liefert für den **Parallelkreis** dessen Admittanz $\underline{Y_P}$ und die Spannung $\underline{U_P}$, die an diesem liegt:

$$\underline{I}_Q = \underline{I}_G + \underline{I}_L + \underline{I}_C,$$
$$\underline{Y_P} = G + j\omega C - j/\omega L = G + j(C/\omega)(\omega^2 - 1/LC),$$
$$\underline{U}_P = \underline{I}_Q/\underline{Y_P} = \underline{I}_Q/[G + j(C/\omega)(\omega^2 - \omega_0^2)].$$

Unter den Schaltungen in Bild 2.9 sind die dazugehörigen Zeigerdiagramme bei Resonanzfrequenz gezeichnet: Beide Schaltungen erscheinen als ohmsche Widerstände, da die 180° phasenversetzten Blindkomponenten in L und C bei $\omega = \omega_0$ gleich groß sind. Ist $\omega < \omega_0$ so wirkt der Serienkreis kapazitiv und der Parallelkreis induktiv; für $\omega > \omega_0$ kehrt sich das um. Da wir durch unsere Annahme der Quellen $\underline{U}_G$ bzw. $\underline{I}_Q$ für Serien- und Parallelkreis zu gleichen Formeln für $\underline{I}_S$ bzw. $\underline{U}_P$ kommen, wird der Frequenzverlauf des Betrages $\mid \underline{I}_S \mid$ und der Phase φ beider Größen durch gleiche Kurven in Bild 2.9 beschrieben, wenn man die gleiche „Resonanzschärfe" voraussetzt. Für den Serienkreis wird $\mid \underline{I}_S \mid$ auf $I_0 = U_G/R$ normiert und der Phasenwinkel φ zwischen $\underline{I}_S$ und $\underline{U}_G$ dargestellt. Beim Parallelkreis ist $\mid \underline{U}_P \mid$ auf $U_0 = I_Q/G$ bezogen und φ zwischen $\underline{U}_P$ und $\underline{I}_Q$ gezeichnet.

Angesichts des harmlos wirkenden Amplitudenverlaufs der Resonanz sei eine Warnung an alle beherzten Experimentatoren ausgesprochen, die L und C leichtfertig zusammenschalten: Bei Resonanz tritt im Serienkreis an L und C eine um den Faktor $\omega_0 L/R$ größere Spannung als U_0 auf, und im Parallelkreis fließt durch L und C ein um den Faktor $\omega_0 C/G$ größerer Strom als I_Q (siehe Zeigerdiagramme)! Durch solch eine Resonanzüberhöhung haben schon etliche Kondensatoren und Spulen den Durchschlags- bzw. Durchschmortod erlitten.

Der Faktor $\omega_0 L/R$ bzw. $\omega_0 C/G$ beschreibt bei schwach gedämpften Kreisen nicht nur die Überhöhung, sondern auch die „Schärfe" der Resonanz. In Bild 2.9 sind in die Amplitudenkurve die $1/\sqrt{2}$-Werte bei den Frequenzen ω_H und ω_T eingezeichnet. Der $1/\sqrt{2}$-Wert stellt sich dann ein, wenn die Real- und Imaginärteile von $\underline{Z_s}$ bzw. $\underline{Y_p}$ gleich groß, d. h. die Seiten eines Quadrates, sind. Zwischen ω_H und ω_T liegt die sogenannte 3-dB (Frequenz-)Bandbreite $B_{3\mathrm{dB}} = (\omega_H - \omega_T)/2\pi$. Das Verhältnis der Resonanzfrequenz zu dieser Bandbreite wird mit **GÜTE**

$$Q = \omega_0/(\omega_H - \omega_T) \tag{2.20}$$

bezeichnet. Für sehr schmalbandige Resonanzkreise: $(\omega_H - \omega_T) << \omega_0$ findet man durch Faktorisierung und aus der Symmetrie von ω_H und ω_T bezüglich ω_0:

$$\omega_H^2 - \omega_0^2 = (\omega_H + \omega_0)(\omega_H - \omega_0) \doteq \omega_0(\omega_H - \omega_T).$$

Aus der Bedingung für die Bandgrenzen:

$$Re(\underline{Z}_S(\omega_H)) = Im(\underline{Z}_S(\omega_H))$$

ergibt sich mit der vorigen Gleichung für den Serienkreis:

$$R = (L/\omega_H)(\omega_H^2 - \omega_0^2) \doteq (L\omega_0/\omega_H)(\omega_H - \omega_T) \doteq L(\omega_H - \omega_T)$$

und damit für die Güte von Serien- (Q_S) bzw. Parallelkreis (Q_P):

$$\begin{aligned} Q_S &\doteq \omega_0 L/R = \omega_0/2d, \\ Q_P &\doteq \omega_0 C/G. \end{aligned} \tag{2.21}$$

Fassen wir zusammen: Die Güte ist das Verhältnis von Blind- zur Wirkleistung bei ω_0 (gespeicherter zu dissipierter Energie). Sie ist erstens ein Maß für die Resonanzschärfe, bzw. die auf ω_0 bezogene relative Bandbreite, zweitens für die Spannungs- bzw. Stromüberhöhung bei Resonanz und drittens für die Zeitdauer des Abklingens einer angestoßenen Schwingung, denn der Dämpfungsfaktor d der exponentiellen Abnahme ist zu Q verkehrt proportional. Als Vorgriff auf das Zeitgesetz der Nachrichtentechnik sei der bithungrige Informatiker noch einmal gewarnt: Ein kurzer Signalimpuls, auf ein schmalbandiges Resonanzsystem gelegt, wird ein langer Ausschwingvorgang (siehe Bild 2.8) und ist als „Datenbit“ nicht mehr identifizierbar!

2.9 Leistungsanpassung

In der Elektrotechnik gibt es zwei verschiedene Betrachtungsweisen der „Leistungsanpassung“: die des Energietechnikers und die des Informationstechnikers.

Der **Energietechniker**, insbesondere der Finanzchef des EVU, wünscht sich eine möglichst vollständige Bezahlung der durch die Generatoren des EVU hergestellten elektrischen Arbeit durch den Stromkunden. Alle elektrischen Verluste vor dem Kundenzähler Z gehen zu Lasten des EVU (Bild 2.10). Deshalb ist das Energieversorgungsnetz mit einem möglichst niedrigen Innenwiderstand aufgebaut (Generator, Transformatoren, Leitungen). Von größeren Verbrauchern wird aus den in Abschnitt 2.5 angeführten Gründen verlangt, mit der Resonanzschaltung des Bildes 2.10 den induktiven

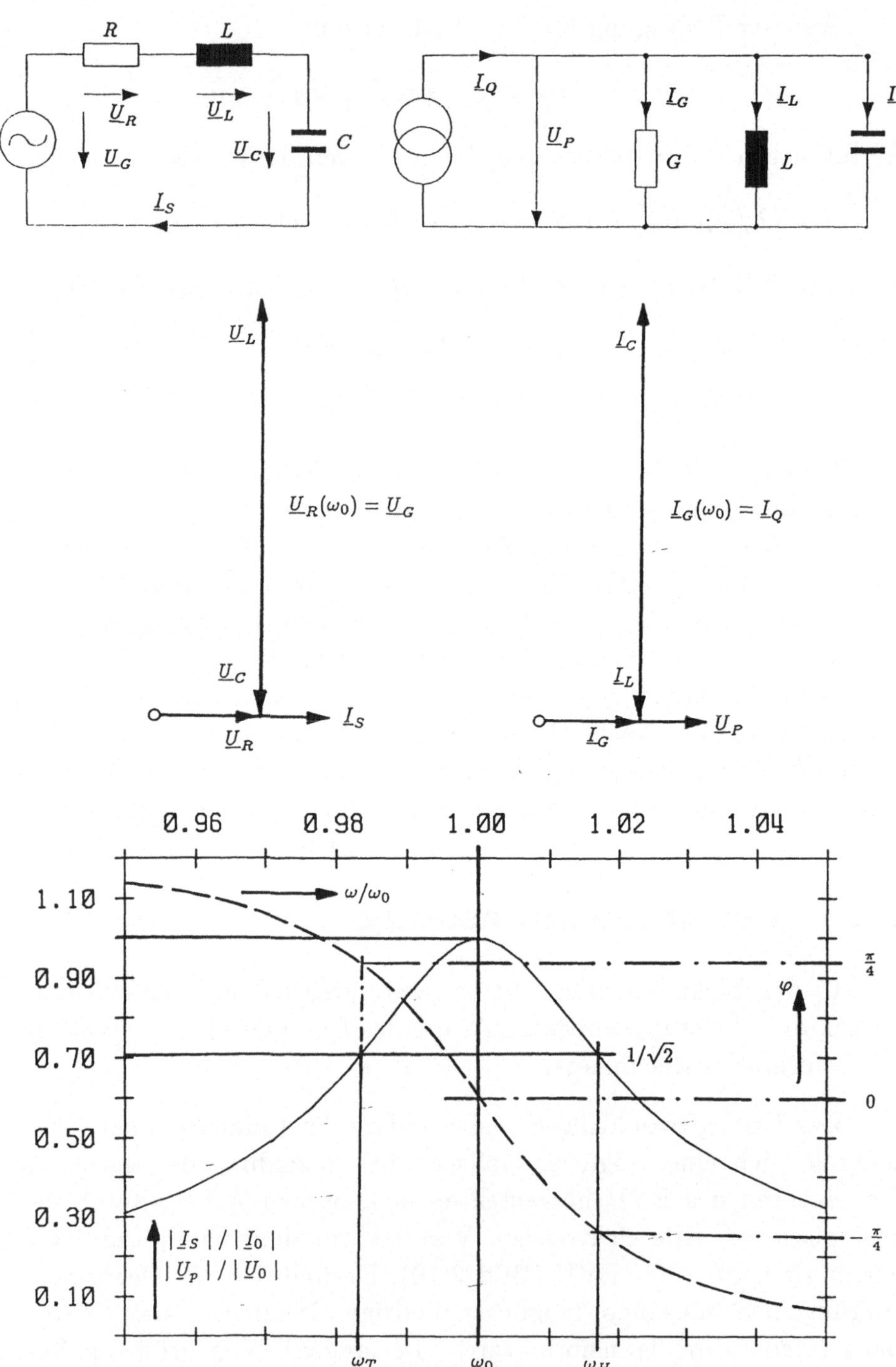

Bild 2.9: *Serien– und Parallel–Resonanzkreise*

Strom durch den Kondensator C_K zu kompensieren. Der induktive Verbraucherwiderstand L kommt z. B. durch Transformatoren, Maschinen, Zünddrosseln von Leuchtstoffröhren usw. zustande. Der Zähler Z registriert die vom EVU gelieferte Wirkleistung $P(t)$ als elektrische Arbeit:

$$W(T) = \int_0^T P(t) \quad dt = \int_0^T UI \cos\varphi \, dt.$$

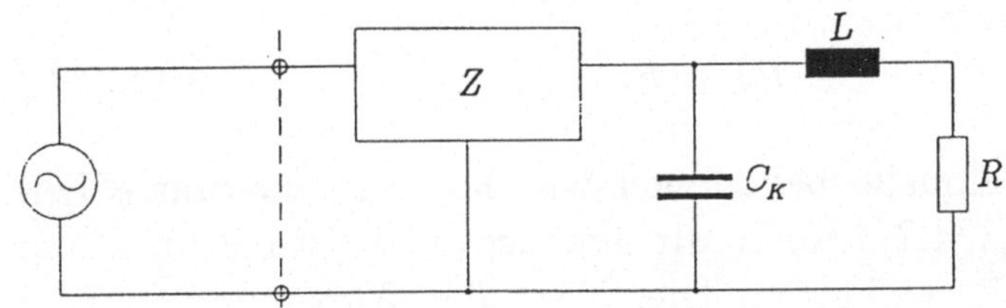

Bild 2.10: Blindstromkompensation beim Energieverbraucher

Der **Nachrichtentechniker und Informatiker** möchte in vielen Fällen aus einer Signalquelle mit der Leerlaufspannung $\underline{U}_Q$ und dem komplexen Innenwiderstand $\underline{Z}_i = R_i + jX_i$ die **größtmögliche Leistung** entnehmen, z. B. um die Bitfehlerhäufigkeit zu minimieren. Da es sich meist um schwache Signale handelt, spielen Verluste in der Quelle, d. h. an R_i, keine Rolle. Damit wir die Blindkomponente von $\underline{Z}_i$ kompensieren können, setzen wir in der Schaltung in Bild 2.11 deshalb eine komplexe Lastimpedanz $\underline{Z}_L = R_L + jX_L$ an:

$$\underline{I} = \underline{U}_Q / (\underline{Z}_i + \underline{Z}_L) = \underline{U}_Q / [R_i + R_L + j(X_i + X_L)].$$

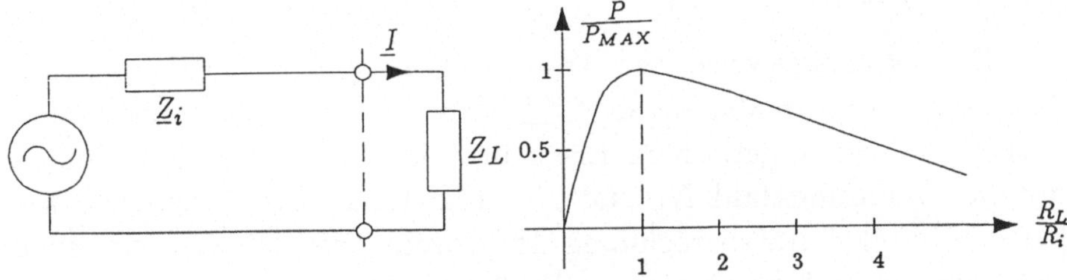

Bild 2.11: Leistungsanpassung in der Informationstechnik

Zur Maximierung der Wirkleistung $P = I^2 R_L$ muß I seinen größten Wert annehmen. Folglich müssen die Reaktanzen von Quelle und Last in Resonanz sein, damit der Imaginärteil im Nenner Null wird,

$$X_L = -X_i \,. \tag{2.22 a}$$

Wie groß ist nun R_L zu wählen? Hier liefert die Differentialrechnung die Antwort: Differenziere $P = I^2 R_L$ nach R_L und setze diesen Ausdruck Null (Vergeßliche seien an die Regel $(u/v)' = (u'v - v'u)/v^2$ erinnert). So ergibt sich

$$R_L = R_i \,. \tag{2.22 b}$$

Aus der Signalquelle bekommen wir dann die maximale Leistung $P_{\text{MAX}} = U_Q^2/4R_L$, wenn wir genausoviel Leistung an ihrem Innenwiderstand R_i verbraten! Diese Art der Anpassung in Bild 2.11, über die sich der Nachrichtentechniker sehr freut, die würde in der Energietechnik zum Hitzetod von Generator, Transformator usw. führen!

2.10 Der Transformator

Im Vertrauen auf das technische Interesse des Informatikers und die Qualität der AHS-Physikausbildung ist einige Male schon der Begriff „Transformator" gebraucht worden. Im Haushalt setzt der Transformator (kurz: Trafo) die tödlich gefährliche Netzwechselspannung (220V) auf eine i. allg. ungefährliche Spannung zum Betrieb von Klingel, Spielzeugeisenbahn, Rasierapparat usw. herab. Dabei ist diese „sekundäre" Spannung von der einpolig geerdeten Netzspannung galvanisch getrennt, d. h. die Sekundärspannung kann berührt werden, ohne einen Stromschlag gegen Erde (Badewanne, Armaturen) zu erleiden.

Die Wirkungsweise des Trafos sei an einem Ringkern, ähnlich dem der Toroidspule in Bild 1.18, erläutert, der aus lamelliertem, weichmagnetischem Eisen besteht, und auf dem 2 Spulen mit der Windungszahl N_1 und N_2 aufgewickelt sind. Genauso wie bei der Induktivitätsberechnung der Toroidspule nehmen wir einen „streuungsfreien" magnetischen Fluß ϕ im Ringkern an, d. h. keine magnetische Feldlinie tritt aus dem Kern aus, alle sind vollständig im Kern in sich geschlossen. Diese Annahme trifft für Trafokerne mit sehr hoher Permeabilität fast hundertprozentig zu. Der Magnetfluß ϕ ist gemäß Gln. (1.17), (1.18) und (1.22) eine Funktion der in den 2 Spulen fließenden Ströme $\phi(i_1, i_2)$, aber wegen der Streuungsfreiheit für beide Spulen gleich. Wir legen nun an die Spule 1 eine sich ändernde Spannung, die gemäß Gl. (1.23) und dem Induktionsgesetz (1.25 a) mit der Änderung von ϕ verbunden ist:

$$u_1(t) = d\Psi_1/dt = \frac{N_1 d\phi}{dt}.$$

In der Sekundärwicklung entsteht gemäß Gl. (1.25) eine „elektromotorische Kraft", d. h. die Spannung

$$u_2(t) = -d\Psi_2/dt = \frac{-N_2 d\phi}{dt}.$$

Da ϕ auf beide Spulen gleich wirkt, ist das **Übersetzungsverhältnis $\ddot{u}$ der Spannungen betragsmäßig**

$$\ddot{u} = u_1/u_2 = N_1/N_2. \tag{2.23}$$

Um die Übersetzung des Stromes $i_1(t)$ in der Primärwicklung auf den in der Sekundärwicklung $i_2(t)$ einfach verständlich zu machen, setzen wir Verlustfreiheit des Trafos voraus: Es sollen keine Wärmeverluste durch den ohmschen Widerstand der Wicklungen und durch das Durchlaufen der Magnetisierungsschleife beim Ummagnetisieren des Kernes entstehen; oder anders gesagt, die Wicklungsdrähte seien perfekte Leiter und der Kern streuungsfrei und aus ideal weichmagnetischem Material ohne Hysterese. Unter dieser Voraussetzung muß die dem Sekundärkreis gelieferte Leistung p_2 gleich der zugeführten Primärleistung p_1 sein. Daraus und aus Gl. (2.23) folgt:

$$\begin{aligned} p_2 = u_2 i_2 = u_1 i_1 = \ddot{u}\, u_2 i_1, \\ i_1/i_2 = 1/\ddot{u}, \end{aligned} \tag{2.23 a}$$

Über die Zeitabhängigkeit der Spannungen und damit der Ströme bzw. des Flusses $d\phi/dt$ trafen wir bisher keine Annahmen. Tatsächlich übersetzt mit dem Verhältnis (2.23) ein Transformator Signalformen unverzerrt, deren Änderungen einerseits schnell genug erfolgen, um gemäß dem Induktionsgesetz an der Primärspule eine ausreichende Gegenspannung zu erzeugen (für Gleichspannungen ist der „reale Trafo" ein Kurzschluß: vergleiche Bild 1.19), und andererseits keine so schnellen Änderungen beinhalten, daß diese scharfen „Ecken und Spitzen" durch die unvermeidlichen Wicklungskapazitäten der Spulen kapazitiv abgerundet werden oder der magnetische Fluß im Kern den schnellen Stromänderungen nicht mehr folgen kann.

In diesem Arbeitsbereich des Übertragers (wie ein Trafo oft genannt wird) brauchen wir zu seiner Funktionsbeschreibung nicht mehr beliebig zeitveränderliche Größen, sondern können einfach Sinusschwingungen mit der Zeigerdarstellung $\underline{U}$ und $\underline{I}$ annehmen.

Wir betrachten nun einen sekundärseitig mit $\underline{Z}_2$ belasteten Trafo mit dem Übersetzungsverhältnis $ü = N_1/N_2$ und fragen nach der Impedanz $\underline{Z}_1$, die man primärseitig hineinmißt. In Bild 2.12 ist das Schaltsymbol für den Trafo und die angegebene Belastung gezeichnet. Aus der Gl. (2.23) und $\underline{Z}_2 = \underline{U}_2/\underline{I}_2$ finden wir:

$$\underline{Z}_1 = \underline{U}_1/\underline{I}_1 = (\underline{U}_2 \cdot ü)/\underline{I}_2/ü = \underline{Z}_2 \cdot ü^2. \tag{2.24}$$

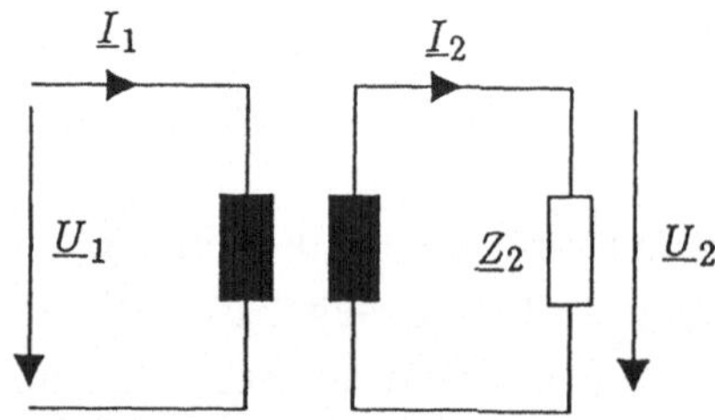

Bild 2.12: Mit $\underline{Z}_2$ belasteter Transformator

Wir können also für Wechselstrom und Signale ohne Gleichstromanteil durch Wahl von $ü$ mit dem Trafo vorgegebene Impedanzen auf einen anderen Wert transformieren. Das ist manchmal bei Übertragungssystemen, Leitungen und Verstärkern notwendig. Außerdem bringt der Trafo die galvanische Trennung zwischen dem Primär- und allen auf dem Kern isoliert aufgewickelten Sekundärwicklungen, deren $ü$ von ihrer Windungszahl bestimmt ist.

Wird der Trafo sekundärseitig durch keinen Widerstand belastet, so nimmt er primär nur induktiven Blindstrom auf, ohne den, genauso wie bei jeder anderen Induktivität, kein magnetischer Fluß ϕ zustande käme. (Dem aufmerksamen Leser sollte diese Bemerkung schon bei der obigen, brutal vereinfachten Funktionsbeschreibung des Trafos abgegangen sein.)

Im Frequenzbereich von 16 2/3Hz bis 20kHz haben Trafos, insbesondere Netztrafos, Eisenblechkerne in geschlossener E- oder U-Form, deren Bleche eine relative Permeabilität $\mu_r > 10^4$ haben können und voneinander elektrisch isoliert sind. In einem voll leitenden Kern würden Wirbelströme entstehen, d. h. der Kern würde in sich geschlossene (kreisförmige) Strombahnen als Sekundärwicklung mit endlichem ohmschen Widerstand anbieten, was zum thermischen Tod des Trafos (oder der Netzsicherung) führen würde. Diese nicht ganz vermeidbaren „Wirbelstromverluste" steigen mit f^2. Man verwendet deshalb ab etwa 20kHz ferromagnetische Pulverkerne, die aus keramikähnlich gesinterten, elektrisch nicht leitenden, weichmagnetischen Ferriten bestehen. Obwohl μ_r hier nur zwischen 5 und 1000 liegt, reichen für 50kHz-Schaltnetzteile kleine Ferritkerne aus, da der notwendige Kernquerschnitt für Trafos gleicher Leistung und gleichen Aufbaus mit $1/f$ abnimmt. Deshalb ersetzen solche Schaltnetzteile immer mehr Gleichrichternetzteile mit Eisenblech-Netztrafos bis etwa 1kW. Induktivitäten und Transformatoren können bis etwa 1GHz als Spulen auf Kernen mit $\mu_r > 1$ ausgeführt werden. Für höhere Frequenzen werden diese Bauelemente in Form von Leitungsstücken, Hohlräumen u. ä. realisiert.

2.11 Drehstrom

Die Erzeugung und der Transport elektrischer Energie vom Generator über die Hochspannungsnetze, Schaltanlagen, Transformatoren und Versorgungsnetze bis zum Verbraucher erfolgt heute fast ausschließlich in Form von Drehstrom. Das Bild 2.13 skizziert die Drehstromerzeugung (links), die Schaltung von unsymmetrischen Lastimpedanzen an die einzelnen Phasen (Stränge) gegen den Sternmittelpunkt (Mitte) und einen an die Dreieckspannungen geschalteten symmetrischen, induktiven Drehstromverbraucher ohne Sternpunktverbindung (rechts).

Die angedeutete Drehstromerzeugung beruht auf der geometrischen Anordnung der R-, S-, T-Ständerwicklungen eines Drehstromgenerators, die um ganzzahlige Teile von 120° gegeneinander räumlich versetzt sind. Die Polwicklungen des Läufers werden durch Gleichstrom (z. B. bei der Autolichtmaschine aus dem Akku) in abwechselnder Polung magnetisiert. Je ein Polpaar des Läufers (N, S) erstreckt sich über je 3 RST-Wicklungen. Die Drehung des Läufers erzeugt gemäß dem Induktionsgesetz (1.25) somit die um 120° gegeneinander versetzten Phasenspannungen $\underline{U}_R, \underline{U}_S, \underline{U}_T$. Aus dem Zeigerdiagramm dieser „Strangspannungen“ erkennt man, daß zwischen je 2 Phasen die „Dreieckspannungen“ (z. B. $\underline{U}_{RS} = \underline{U}_R - \underline{U}_S$) auftreten. Diese drei Dreieckspannungen sind untereinander auch um 120° und gegen die Phasenspannungen um 30° versetzt und um den Faktor $\sqrt{3}$ größer. (Die Zeiger bilden zwei halbe gleichseitige Dreiecke.)

Wie die Zeigerdiagramme der Ströme in Bild 2.13 unten zeigen, verschwindet für symmetrische Belastung der „Rück“-Strom I_0 im Sternpunktsleiter $\underline{I}_0 = \underline{I}_R + \underline{I}_S + \underline{I}_T$. Werden die Sternpunkte geerdet, so bezeichnet man Verbindungen zu ihnen als Nulleiter.

Drehstromsysteme bieten also gegenüber Einphasennetzen folgende Vorteile:

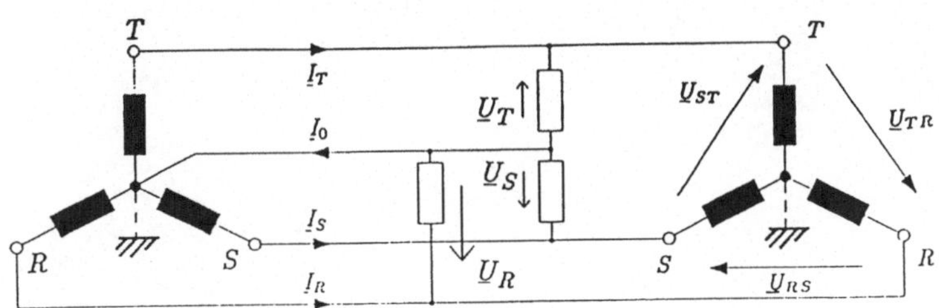

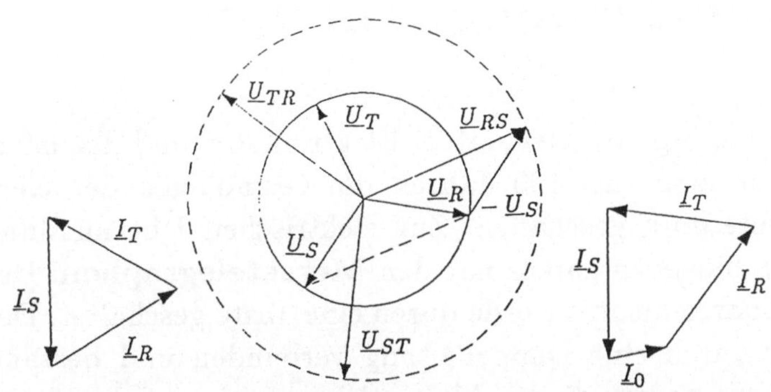

Bild 2.13: Drehstrom: Erzeugung, Verbraucher, Zeigerdiagramme

- Es stehen 6 Spannungen, nämlich die 3 Strangspannungen gegen den Nulleiter (220V) und die 3 Dreieckspannungen (380V), zur Verfügung.
- Der notwendige Leiterquerschnitt für gleiche Leistungsübertragung wird auf 2/3, bei symmetrischer Belastung ohne Nulleiter sogar auf 1/2 gegenüber einem Wechselstromnetz reduziert.
- Für umlaufende Maschinen steht ein Drehfeld zur Verfügung, das analog zum Generator an RST-Ständerwicklungen geschaltet wird. Dabei kann der Rotor des Drehstrommotors ohne Schleifringe als Kurzschluß- oder Käfigläufer ausgebildet sein (beim Asynchronmotor) oder, bei der Synchronmaschine, aus „Permanentmagnetpolen“, d. h. speziellen Konstruktionen, bestehen, die oft Gleichstromwicklungen sind.
- Durch die überlappende Phasenversetzung um 120° sind Gleichrichterschaltungen mit 6 Dioden möglich, die ohne Siebung geringe Welligkeit der gleichgerichteten Spannung ergeben.

3 Halbleiterbauelemente

Mit der Erfindung von Generator, Elektromotor und Transformator waren vor mehr als 100 Jahren die Grundlagen der elektrischen Energietechnik geschaffen. Zur elektrischen Übermittlung von Nachrichten hingegen gab es nur den **Morsetelegraphen**: Der Strom eines Primärelementes wurde durch eine Taste geschaltet. Der Empfänger war durch eine Doppelleitung verbunden und bestand aus einer Spule mit Anker, die bei Magnetisierung einen Schreibstift auf einen bewegten Papierstreifen senkte. Zur Verstärkung von Signalen war nur das **Relais** verfügbar, d. h. ein Elektromagnet, der einen Kontakt mit ziemlichem Energieaufwand und nicht schneller als etwa 10 ms schaltete. Sprachsignale des gerade aufkommenden Telephons konnten damit nicht verstärkt werden. Die Funkensender gaben zwar eine sehr spektakuläre, aber doch ziemlich unzuverlässige Zeichenübermittlung.

Erst mit der Erfindung der **Elektronenröhre** durch den Österreicher **Robert von Lieben** (1906) und den Amerikaner **Lee de Forest** (1907) war der Ausgangspunkt der **Vakuumelektronik** erreicht. Diese Technik ermöglichte nun Verstärker- und Oszillatorschaltungen (der Erfinder der Rückkopplungsschaltung war der Wiener **Alexander Meißner**) und damit Sprachübertragungssysteme, Radiosender und -empfänger sowie das Mikrowellenradar (radio detection and ranging).

Die Elektronenröhren wurden bis in die fünfziger Jahre weiterentwickelt, seither werden sie jedoch in allen Funktionen – ausgenommen von wenigen Hochleistungsanwendungen – durch Halbleiterbauelemente verdrängt. Die erste **große elektronische Rechenmaschine** bestand 1947 aus etwa 18 000 Röhren, verbrauchte viele kW und wog 30 Tonnen. Ihre Rechenkapazität entsprach der eines heutigen **Einchip-Prozessors**, der als **IC (integrated circuit)** auf einem $3 \cdot 3\text{mm}^2$-Siliziumplättchen aufgebaut ist.

Die erste **Halbleiterdiode**, eine gleichrichtende Metallspitze auf einem Sulfidkristall, wurde schon 1901 zur Detektion von Radiosignalen eines Funkensenders von **Ferdinand Braun** verwendet, der übrigens auch die Elektronenstrahlröhre erfunden hat. Mit solchen Kristalldetektoren, deren Metallspitzen auf dem Kristall ständig nachjustiert werden mußten, waren die ersten Kopfhörer-Radios der zwanziger Jahre ausgerüstet.

Die theoretische Grundlage der **Festkörperelektronik**, die zu den Halbleiterbauelementen führte, bildet die auf der **Planckschen Quantentheorie** (1900) aufbauende Quantenphysik der Festkörper (**F. Bloch, A. Sommerfeld**) und der Halbleiter (**N. Mott**) sowie die **Diodentheorie** von **W. Schottky**, die Anfang der dreißiger Jahre entstanden. Davon ausgehend erfanden 1947 in den Bell Laboratorien, USA, **J. Bardeen, W. Brattain und W. Shockley** den **Transistor**, d. h. sie zeigten die Steuerbarkeit des Stromes einer Spitzendiode durch die elektrische Vorspannung einer eng benachbarten Diode. Für den Informatiker sei hier noch die Pionierleistung von **H. Zemanek** erwähnt: Er erkannte frühzeitig die digitalen Möglichkeiten des Transistors und entwickelte schon Ende der fünfziger Jahre mit seiner Gruppe am Institut für Niederfrequenztechnik der Wiener Technischen Hochschule einen voll transistorisierten Rechner. In Relation zu den damaligen Röhrenrechnern, die Namen berüchtigter Wirbelstürme trugen (sie hatten für ihre Zeit enorme Rechen- aber auch Ventilatorleistungen!), wurde die sanftere Wiener Maschine **„Mailüfterl"** genannt.

Die technische Entwicklung der Halbleiterelektronik vollzog sich mit einer in der Menschheitsgeschichte vorher nie dagewesenen Vielfalt, Schnelligkeit sowie einem großen Erfindungsreichtum. Die wesentlichen Schritte zur **VLSI (very large scale integration)** waren:

- Entwicklung einer äußerst genauen, sauberen und reproduzierbaren **Halbleitertechnologie**.

- Maschinelle und präzise Beherrschung von **Mikrostrukturen** in der Größe der Lichtwellenlänge ($0,5\mu$m) durch **Photolithographie**.
- Besseres Verständnis und Weiterentwicklung der **Physik der Bauelemente**.
- Möglichkeiten der **Modellierung** und **Simulation** von Bauelementen auf leistungsfähigen Rechnern.
- Rechnergestützter Entwurf **CAD** (computer aided design) über Bausteinbibliotheken sowie rechnergesteuerte Herstellung und Test der Bauelemente **CAM-CAE** (CA manufacture, engineering).

Alle diese Punkte sind für VLSI Vorbedingung. Daß aber Technologie und Photolithographie die entscheidenden Rollen spielen, beweist die Geschichte des **Feldeffekt-Transistors (FET)**: Er wurde 1934 als Halbleiterbauelement in Analogie zur gittergesteuerten Vakuum-Elektronenröhre erfunden, konnte aber erst Anfang der sechziger Jahre nach der Erarbeitung der notwendigen technologischen Kenntnisse gebaut werden.

3.1 Die Stromleitung im Halbleiter

Das im 1. Abschnitt verwendete Bild der Stromleitung in Drähten und Widerständen beruhte auf der Bewegung von winzigen, an Elektronen gebundenen Elementarladungen $q_e = -1,602 \cdot 10^{-19}$As, die in riesiger Menge durch Metalldrähte wuseln und nur durch ihre „Reibung" den elektrischen Widerstand und seine Erwärmung ergeben. In **Halbleitereinkristallen** hingegen besorgen die Elektronen in den äußersten besetzten Schalen des Atoms hauptsächlich die Bindung zu den benachbarten Atomen. Dabei ist die Zahl der Nachbaratome im Kristallgitter gleich ihrer chemischen Wertigkeit (Valenz). Von diesen „Valenzelektronen" steht also keines für den Stromtransport zur Verfügung; auch die nicht an Nachbarn gebundenen Valenzelektronen (z. B. an der Halbleiteroberfläche) können sich i. allg. im elektrischen Feld nicht bewegen, sondern erzeugen nur ortsfeste Oberflächenladungen. Erst wenn diese Atombindungen durch Wärmeenergie (Gitterschwingungen) aufgebrochen werden, gibt es freie Elektronen für die „Eigenleitung" des reinen Halbleiters. Bei Raumtemperatur ist diese sehr klein und umso kleiner, je fester die chemischen Bindungen unter den Atomen sind. Der spezifische Widerstand bei 20°C ist z. B. für eigenleitendes Germanium (Ge) $\rho \doteq 40\Omega\text{cm}$ und Silizium (Si) $\rho \doteq 2,3 \cdot 10^5\Omega\text{cm}$. (In der Halbleitertechnik wird der spezifische Widerstand eines Würfels mit 1cm Kantenlänge in Ωcm angegeben.) Mit so schlechten Leitern kann man in der Elektrotechnik fast nichts anfangen. Erst durch die wohl dosierte schwache Verunreinigung der Halbleiter (HL) mit fremden Atomen, die **Dotierung**, ist es Anfang der fünfziger Jahre gelungen, eine kontrolliert bestimmte Leitfähigkeit reproduzierbar herzustellen und damit die ersten verwendbaren Transistoren zu bauen.

Welche Ladungsträger bilden nun im dotierten HL den Strom? Ein Blick auf das Schema des periodischen Systems der chemischen Elemente zeigt, daß unsere technisch verwendeten HL Ge und Si in der 4. Spalte stehen, also jedes Atom 4 Valenzelektronen besitzt, mit denen es an 4 Nachbaratome gebunden ist. Man dotiert nun ein Halbleiterkristall dadurch, daß man durch Hochtemperatur-**Eindiffusion** oder Hineinschießen von geladenen Atomen (**Ionenimplantation**) dreiwertige oder fünfwertige Atome in das Kristallgitter so einbaut, daß sie Ge- oder Si-Atome an einzelnen Gitterplätzen ersetzen. Tritt ein Element der fünften Spalte (z. B. Phosphor (P), Arsen (As), usw.) in einen Gitterplatz des vierwertigen Halbleiters ein, so benötigt es nur vier seiner fünf Valenzelektronen zur Gitterbindung, es wird zum **„Donator"** und gibt ein negativ geladenes Elektron für den Stromtransport frei. Das durch Elektronenverlust positiv geladene Donatoratom bleibt ortsfest im Gitter eingebaut.

Durch Dotierung mit **fünfwertigen** Atomen entsteht ein *n*-**Halbleiter**; überwiegend mit **freien negativen Elektronen und ortsfesten, positiv geladenen Donatoren**.

Tritt ein Element der dritten Spalte des periodischen Systems (z. B. Bor (B), Gallium (Ga), usw.) in einen Gitterplatz ein, so hat es ein Valenzelektron für die Kristallbindung zu wenig. Dieses fehlende Elektron wird nun vom benachbarten Halbleiteratom ersetzt und stellt die Kristallbindung des **„Akzeptors"** her. Damit wird das ortsfeste Akzeptoratom negativ geladen. Das nun dem Nachbaratom fehlende Elektron wird wieder von anderen Nachbarn geholt usw. So bewegt sich im p-Halbleiter das „fehlende Elektron“ als freier positiver Ladungsträger. W. Shockley hat diesem den Namen **„Loch“** (hole) gegeben.

Durch Dotierung mit **dreiwertigen Atomen** entsteht ein **p-Halbleiter**; überwiegend mit frei **beweglichen positiv geladenen Löchern** und **ortsfesten, negativ geladenen Akzeptoren**.

Die im Technologie-Prozeß hergestellte Donator- bzw. Akzeptordichte (d. h. Störstellenzahl pro cm^3) wird mit N_D bzw. N_A bezeichnet. Im n-Halbleiter (HL) bestimmt $N_D >> N_A$ die Elektronendichte [cm^{-3}],

$$n = N_D - N_A.$$

Im p-HL bestimmt $N_A >> N_D$ die Löcherdichte [cm^{-3}],

$$p = N_A - N_D.$$

n ist also im n-HL und p im p-HL die **Majoritätsträgerdichte**. Die Zahl der Ladungsträger mit umgekehrter Ladung, d. h. der **Minoritätsträger**, ist im zulässigen Temperaturbereich der HL-Bauelemente (bis 150° für Si) gemäß der schwachen Eigenleitung um viele Größenordnungen kleiner.

Auf die freien Ladungsträger wirkt ein elektrisches Feld mit der Kraft $|q|\vec{E}$ (Löcher) bzw. $-|q|\vec{E}$ (Elektronen). Dabei ist $|q| = 1,602 \cdot 10^{-19}$As der Betrag der Elementarladung.

Genauso wie in der anschaulichen Erklärung des Ohmschen Gesetzes in Abschnitt 1.2 finden wir nun die Stromdichte $\vec{I}$ [A cm^{-2}] im gleichmäßig dotierten Halbleiter als Produkt von transportierter Ladung pro Querschnittsflächeneinheit und der mittleren Geschwindigkeit der Ladungsträger $\vec{v}$ in der Richtung der wirkenden Kraft,

$$\vec{v}_e = -\mu_e \vec{E}\ , \qquad \vec{v}_h = \mu_h \vec{E}\ , \tag{3.1}$$

$$\vec{I}_e = n|q|\mu_e \vec{E}\ , \qquad \vec{I}_h = p|q|\mu_h \vec{E}. \tag{3.2}$$

Die Faktoren μ_e und μ_h heißen **Elektronen-** bzw. **Löcherbeweglichkeit**. Sie beschreiben die Bewegung der Ladungsträger im Festkörper: Durch viele Zusammenstöße der thermisch bewegten Elektronen und Löcher mit dem Kristallgitter (besser seinen Unvollkommenheiten) erfolgt ihre makroskopische Bewegung nicht gleichmäßig durch $\vec{E}$ beschleunigt im „freien Fall", sondern wie in Bild 3.1 a skizziert mit einem (Reibungs-)„Fallschirm" gebremst und damit dissipativ. Für Silizium (Si) typische Beweglichkeitswerte sind:

$$\mu_e = 1500\text{cm}^2/\text{Vs}\,, \quad \mu_h = 400\text{cm}^2/\text{Vs}.$$

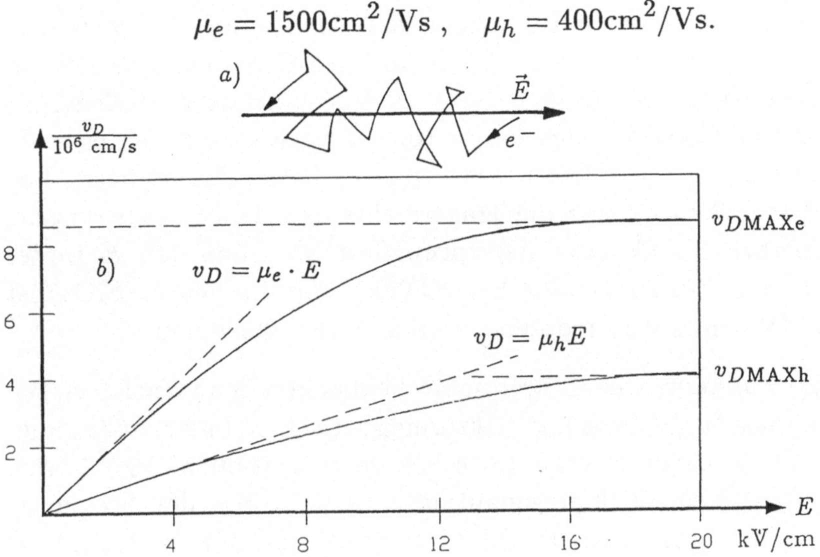

Bild 3.1: Bewegung (a) und mittlere Geschwindigkeit (b) der Ladungsträger im HL

Die Gln. (3.1) und (3.2) beschreiben den ohmschen Bereich der Leitfähigkeit und gelten für elektrische Felder unterhalb einiger kV/cm. Wie Bild 3.1 b zeigt, kommt es darüber zu einer Sättigung der Geschwindigkeit bei typisch 10^7cm/s. Das ist darauf zurückzuführen, daß in einem starken $\vec{E}$-Feld die Ladungsträger zwischen den Gitterstößen gegenüber ihrer sonst herrschenden thermischen Bewegung aus $\vec{E}$ soviel an Geschwindigkeit gewinnen, daß die Gitterstöße immer häufiger werden und damit die Beweglichkeit abnimmt. Oberhalb des ohmschen Bereiches spricht man deshalb von **„heißen" Elektronen**, indem man mittlerer Stoßhäufigkeit und Temperatur die gleiche Bedeutung gibt.

Die höchste erreichbare Frequenz der Signalverarbeitung mit bestimmten Halbleiterbauelementen ist gegeben durch die Geschwindigkeitssättigung heißer Ladungsträger in den kleinsten, gerade noch herstellbaren Strukturen.

Eine weitere wichtige physikalische Grenze der Stromleitung in Halbleitern wird durch Steigerung der Feldstärke weit über den Abszissenbereich von Bild 3.1 b erreicht: Wird $\vec{E}$ so weit erhöht, daß die Zusammenstöße mit dem Gitter mit einer so großen Wucht erfolgen, daß die chemischen Bindungen der Atome aufgebrochen werden, so erzeugt jeder Stoß ein Elektron-Loch-Paar. Diese freien Ladungsträger erreichen wieder durch $\vec{E}$ eine kinetische Stoßenergie, die größer als die Bindungsenergie (der sogenannte „Bandabstand" ΔW) ist, was zu neuen freien Trägerpaaren führt: Durch diesen **Lawinendurchbruch** steigt die Trägerdichte und damit der Strom bei der Durchbruchsfeldstärke E_D sprunghaft an, ohne daß E weiter wachsen kann. Im Si ist etwa $E_D = 300\text{kV/cm}$, im Quarz (SiO_2) ist $E_D = 6\text{MV/cm}$ und in trockener Luft nur 10 - 20kV/cm.

Eine Zunahme der Trägerdichte beobachtet man auch bei Bestrahlung des Halbleiters mit elektromagnetischer (Licht) oder anderer Strahlung, deren Energie (d. h. hf mit $h = 0{,}6625 \cdot 10^{-33}$ Ws^2, dem Planckschen Wirkungsquantum und f in Hz, der Frequenz) größer als der Bandabstand ΔW ist (bei Si ist $\Delta W = 1{,}12\text{eV} = 1{,}8 \cdot 10^{-19}\text{Ws}$, also muß hier $f > 3 \cdot 10^{14}\text{Hz}$ oder die Lichtwellenlänge $\lambda \leq 1\mu\text{m}$ sein). Diese „optische" Erzeugung von Ladungsträgern erfolgt jedoch nicht sprunghaft sondern proportional zur Intensität der Strahlung (der „Photonenzahl"). Anwendung findet dieser Effekt bei der photovoltaischen Stromerzeugung (Solarzelle) und als Licht- bzw. Strahlungsdetektor auch in Form von lichtempfindlichen Dioden und HL-Widerständen.

3.2 Der MIS-(MOS-)Kondensator

Im vorangegangenen Abschnitt haben wir nur in der Geschwindigkeitssättigung und im Lawinendurchbruch für den Halbleiter spezifische Abweichungen von der Stromleitung in Metallen kennengelernt. Jetzt kommen wir zu einem typischen Halbleiterbauelement, das auf der schwachen Dotierung des HL beruht und den revolutionären Übergang von den transistorisierten Rechnern der sechziger Jahre mit relativ großer Verlustleistung zur leistungssparenden IC-Maschine von heute ermöglichte.

Kurz gesagt liegt diesem MOS-Kondensator (MOS-C) folgendes Prinzip zugrunde: An eine metallisch (**M**) leitende „**GATE**“-Elektrode, die durch eine isolierende (**I**) oder Si-Oxid (**O**)-Schicht vom HL (**S**-semiconductor) getrennt ist, wird gegen den Halbleiterkörper (das **Substrat**) zunächst eine Spannung angelegt, welche die beweglichen Majoritätsträger vom Oxid weg in das Substrat hineintreibt. In der Randschicht bleiben die geladenen Störstellen (Donatoren bzw. Akzeptoren) an ihre Gitterplätze ortsfest gebunden und bauen dort zunächst eine Raumladungszone (**RLZ**) auf. Wird die Gatespannung weiter erhöht, so bilden die durch thermische Paarerzeugung in der RLZ langsam entstehenden Minoritätsträger unter dem Gate am oxidseitigen Rand der RLZ eine **leitende Schicht** beweglicher Ladungsträger, die beim FET **Kanal** heißt.

Das Bild 3.2 zeigt den Aufbau des MOS-Kondensators auf einem p-Si Substrat (a) und die Ladungs- bzw. Potentialverteilung bei Anlegen einer negativen Gatespannung U_G (b) und bei kleiner positiver Spannung U_G die nur eine RLZ bildet (c), und dann für eine positive Spannung (d), die größer als die Schwellwert(= threshold)spannung U_t ist, ab der sich ein Kanal bildet.

Die negative Spannung U_G im Bild 3.2 b bewirkt eine Elektronenkonzentration, d. h. eine negative Flächenladung Q_- an der Innenseite ($x = 0$) des Gate und eine gleich große positive Löcheranreicherung (enhancement) Q_+ unter der Oxidschicht ($x = t_0$). Unter der Gatefläche A entsteht ein „Plattenkondensator“ der Kapazität

$$C_0 = \varepsilon_{\text{ox}} A / t_0.$$

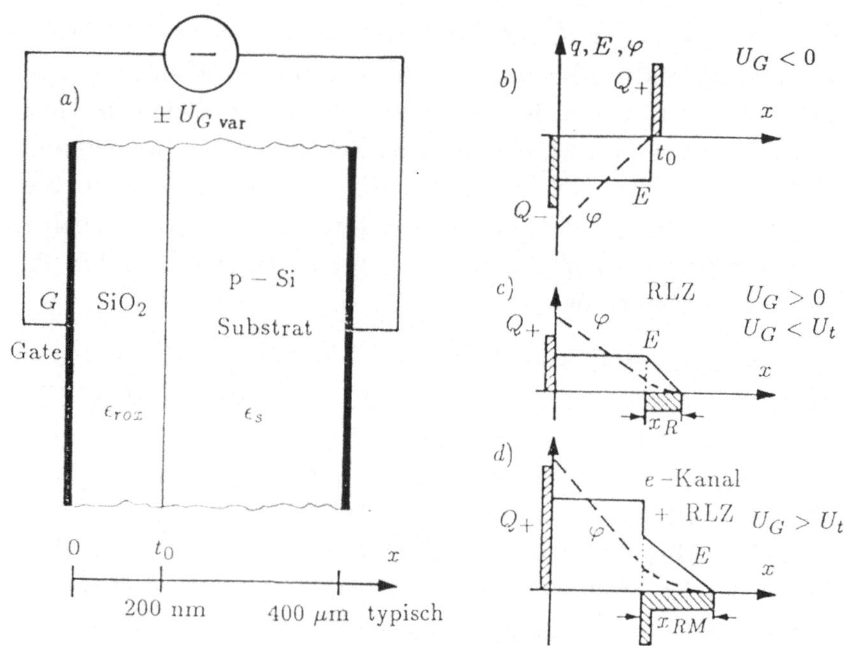

Bild 3.2: *Ladung, Potential und elektrisches Feld im MOS-Kondensator (a) für $U_G < 0$ (b); $0 < U_G < U_t$ (c) und $0 < U_t < U_G$ (d).*

Hier ist $\varepsilon_{ox} = \varepsilon_0\ \varepsilon_{rox}$ die Dielektrizitätskonstante der SiO_2-Schicht. Das elektrische Feld $\vec{E}$ (bzw. die dielektrische Verschiebung $\vec{D} = \varepsilon\vec{E}$) sind in einer homogenen Oxidschicht konstant. Für das elektrische Potential $\varphi(x)$ gilt im Oxid Gl. (1.8): $-d\varphi/dx = \vec{E}$. Durch Integration von $\vec{E}$ erhält man also im SiO_2 einen linearen Verlauf von $\varphi(x)$, der gestrichelt gezeichnet ist.

Eine positive Spannung U_G (Bild 3.2 c) entzieht dem Gate Elektronen, d. h. bei $x = 0$ entsteht eine positive Flächenladung Q_+. Dadurch werden die beweglichen Löcher in das p-Si bis zur Entfernung $x = t_0 + x_R$ abgedrängt (oder, anders gesagt, die Löcher werden durch die negative Substratspannung bis $x = t_0 + x_R$ hineingezogen). In dieser Zone der Löcherverarmung (depletion) $t_0 < x < t_0 + x_R$ bleiben als Raumladung die ortsfesten, negativ geladenen Akzeptoren mit der konstanten Dotierungsdichte N_A übrig. Die Dicke x_R

dieser RLZ ist gerade so groß, daß ihre gesamte Ladungswirkung der positiven Gateladung Q_+ die Waage hält.

Die Feldstärke $E(x)$ in der RLZ läßt sich mit der Poisson-Gleichung (1.9) aus der Raumladungsdichte $\rho = -N_A|q|$ berechnen (in Bild 3.2 c ist ρ als Rechteck gezeichnet),

$$dE/dx = \rho/\varepsilon \rightarrow E(x) = \int_{x_0}^{x} \rho \, dx/\varepsilon = -(|q|N_A/\varepsilon)x - E(x_0). \quad (3.3)$$

Wegen der freien Löcher, die im Substrat $\vec{E}$ kurzschließen, ist $E(t_0 + x_R) = 0$. Wenn wir $x_0 = t_0 + x_R$ annehmen, ist die Integrationskonstante $E(x_0) = 0$ und daraus folgt der in Bild 3.2 c voll gezeichnete Verlauf von E. E ist bei $x = t_0$ stetig, da dort keine Flächenladung sitzt.

So wie oben, ergibt sich der Potentialverlauf $\varphi(x)$ auch in der RLZ aus Gl. (1.8) durch Integration:

$$\varphi(x) = \int_{x_0}^{x} E(x) \, dx = (|q|N_A/2\varepsilon)x^2 - \varphi(x_0). \quad (3.4)$$

Setzen wir das Substratpotential $\varphi(t_0 + x_R) = 0$, so folgt für die RLZ:

$$\varphi(x)_{\text{RLZ}} = \varphi(t_0)(1 - \frac{x}{x_R})^2, \quad C = \varepsilon A/(t_0 + x_R).$$

Auf dem Gate und in der RLZ sitzt die gleiche Ladung Q_+:

$$Q_+ = CU_G = qN_A A x_R.$$

Die Dicke x_R dieser **Verarmungs(depletion)schicht** könnte man also aus U_G, N_A, A, ε und t_0 berechnen. In eine genaue Berechnung müßte man allerdings die verschiedenen Werte von ε im Oxid ($\varepsilon_{r\text{ox}} = 3,9$) und Si ($\varepsilon_{r\text{si}} = 11,8$) etwa über $C^{-1} = (t_0/\varepsilon_{r\text{ox}} + x_R/\varepsilon_{r\text{si}})/\varepsilon_0 \, A$ (vgl. Abschnitt 1.7) aufnehmen.

Wenn das Potential φ unter der Oxidschicht ($x = t_0$) einen so hohen Wert ($\varphi(t_0)_M$) erreicht hat, daß die durch thermische Paarerzeugung (welche zu der in Abschnitt 3.1 beschriebenen Eigenleitung führt) in der RLZ gebildeten Elektronen von $x = t_0$ durch ihre thermische Wimmelbewegung nicht mehr in den p-HL wegdiffundieren können, so bildet sich die **Inversionsschicht** aus Leitungselektronen am oxidseitigen Rand der RLZ. (Die Diffusion wird später noch ausführlicher behandelt.) Das Bild 3.2 d zeigt diese Verhältnisse: Die negative Ladung des MOS-C wird hauptsächlich gebildet von den Elektronen der Inversionsschicht und nur zum kleineren Teil von den ortsfesten Akzeptoren in der RLZ (die ihre maximal erreichbare Dicke x_{RM} hat). Damit wird aus obigen Gleichungen

$$\varphi(x)_{\mathrm{RLZ}} = \varphi(t_0)_M (1 - \frac{x}{x_{RM}})^2 , \quad C \doteq \varepsilon_{\mathrm{ox}} \, A/t_0 = C_0.$$

Da bei $x = t_0$ eine dünne Flächenladung gegenüber Bild 3.2 c dazukommt, macht dort die Feldstärke einen Sprung und der Potentialverlauf hat dort einen Knick. Das folgt aus Gln. (1.9) und (1.8).

Aus dem Potentialverlauf Gl. (3.4) ergibt sich für das Inversionspotential $\varphi(t_0)_M$,

$$\varphi(t_0)_M = q \, N_A \, x_{RM}^2 / 2\varepsilon_{\mathrm{si}}.$$

Dieses Potential, ab dem Inversion einsetzt und damit die RLZ auf ihre maximale Ausdehnung x_{RM} begrenzt wird, ist für einen HL mit bestimmter Temperatur und Dotierung konstant, d. h. man kann es durch die von diesen Größen abhängige sogenannte „Fermienergie“ bestimmen. So läßt sich die Dicke der RLZ bei Inversion für verschiedene Dotierungen angeben:

$$x_{RM} = \sqrt{2\varepsilon_{\mathrm{si}} \, \varphi(t_0)_M / q \, N_A}. \qquad (3.5)$$

Zur Veranschaulichung ist x_{RM} in Tabelle 3.1 für einige Werte von N_A aufgelistet.

Tabelle 3.1

$N_A[\mathrm{cm}^{-3}]$	10^{14}	10^{15}	10^{16}
$x_{RM}[\mu\mathrm{m}]$	2.5	1	0.4

Durch die Messung der Kapazität des MOS-Kondensators mit kleinen Wechselspannungen ($< 0,1\mathrm{V}_{\mathrm{eff}}$) sehr niedriger (wenige Hz) und hoher Frequenz (einige kHz) wird die Modellvorstellung des Bildes 3.2 bestätigt. Die am Kondensator z. B. über einen sehr großen

Vorwiderstand anliegende Gleichspannung U_G wird dabei verändert und die Wechselspannung über einen sehr großen Kondensator zugeführt. In Bild 3.3 sind die Meßkurven der Kapazität für tiefe Frequenzen voll und für hohe Frequenzen gestrichelt eingetragen. Voll ausgezogen sind die aus obigem Modell abgeleiteten Kurven ohne Berücksichtigung der Inversion. Aus den Messungen erkennt man das Einsetzen der Inversion bei der Schwellenspannung (threshold) $U_G = U_t$. Bei tiefen Frequenzen kommt die thermische Paarbildung mit den Schwankungen der Wechselspannung mit: Es wird die Kapazität eines Kondensators mit dem Plattenabstand t_0 gemessen. Bei hohen Frequenzen kann die Kanalladung dem Wechselfeld nicht folgen: Nach der Inversion bleibt der Plattenabstand $t_0 + x_{RM}$ und damit die MOS-Kapazität unabhängig von der Vorspannung gleich.

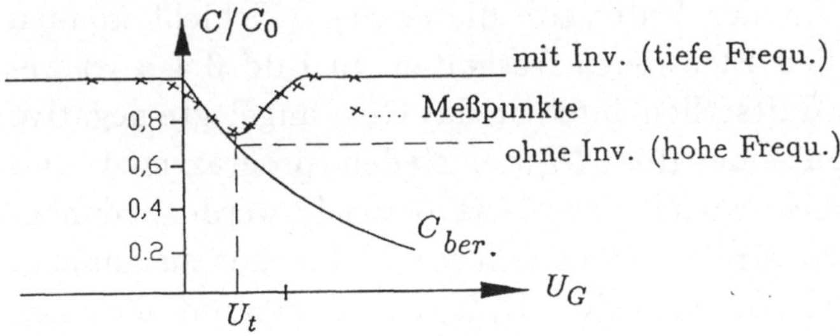

Bild 3.3: Vorspannungsabhängigkeit der Kapazität eines MOS-C, gemessen bei tiefen (voll) und höheren Frequenzen (gestrichelt). Das berechnete C (voll) fällt für U > 0 ab.

3.3 MNOS- und FAMOS-Speicher

Wenn das Gate eines MOS-Kondensators genügend hohe Spannung U_G hat, d. h. die Gateladung $Q_G = C_G\, U_G$ genügend groß ist, so bildet sich der leitende Inversionskanal. Im MOS-Feldeffekttransistor (MOSFET), der später eingehender besprochen wird, wirkt dieser Kanal als Schalter für den von U_G gesteuerten Strom I_D durch den FET. Ein einfacher binärer Speicher, der über I_D ausgelesen werden kann, ist also eine fest am Gate haftende Ladung. Wegen der Kriechströme an der Oxidoberfläche hält sich jedoch an einem nicht zusätzlich isolierten Gate eine aufgebrachte Ladung nur für kurze Zeit.

Deshalb hat man zur Realisierung der Speicherbausteine, die EPROM- und [E]EPROM- ([electrically] erasable programmable read only memory) Technologien entwickelt, um in der Isolationsschicht des Gate Ladungen so einzubauen, daß sie lange erhalten bleiben. Da sich derzeit auf diese Weise nur (negativ geladene) Elektronen langzeitig speichern lassen, muß als Substrat für die MIS-Struktur, bis auf eine Ausnahme, n-Si verwendet werden, in dem der Kanal von Löchern aufgebaut wird (d. h. in Bild 3.2 sind die Vorzeichen umzukehren).

Der MNOS-Speicher besteht aus einer sehr dünnen ($\sim$ 2nm) SiO_2-Schicht, auf der eine dickere Si-Nitridschicht (N) aufgebracht wird (Bild 3.4 a). An der Unterseite dieser Si_3N_4-Schicht können sogenannte Haftstellen Elektronen festhalten. In Bild 3.4 b ist beschrieben, wie diese Haftstellen durch an das Gate angelegte negative 10μs-Spannungsimpulse der Höhe U_G aufgeladen (programmed) und durch positive Impulse wieder ausgeleert (erased) werden können. Die Lade- und Entladeströme setzen sich aus Elektronen zusammen, die durch die Oxidschicht „tunneln". D. h., sie können auf der einen Seite der dünnen Potentialbarriere des SiO_2 verschwinden und auf der anderen auftauchen, weil ihre räumliche (quantenmechanische) Aufenthaltswahrscheinlichkeit über die SiO_2-Schicht hinausreicht.

Als leitender (1) oder sperrender (0) Speicher-FET kann diese MNOS-Struktur, z. B. mit einer Gatespannung $U_G = -7$V betrieben werden, da geladene Haftstellen die Schwellenspannung U_t von -12V auf -2V verschieben.

Ein anderer Langzeit-Ladungsspeicher ist der FAMOS (Floating gate Avalanche MOS) (Bild 3.5). Hier wird das in der SiO_2-Schicht allseitig isolierte (floating) Gate G_1 aus Polysilizium durch heiße Elektronen aufgeladen, die im n-Substrat durch einen Lawinen(avalanche)durchbruch entstehen und mit ihrer hohen kinetischen Energie das dazwischenliegende dünne (100nm) Oxid durchdringen bzw. durch Aufschlagen von chemischen Bindungen leitfähig machen. Die negative Aufladung von G_1 erzeugt Inversion, d. h. einen p-leitenden Kanal unter G_1. Der Lawinendurchbruch entsteht durch

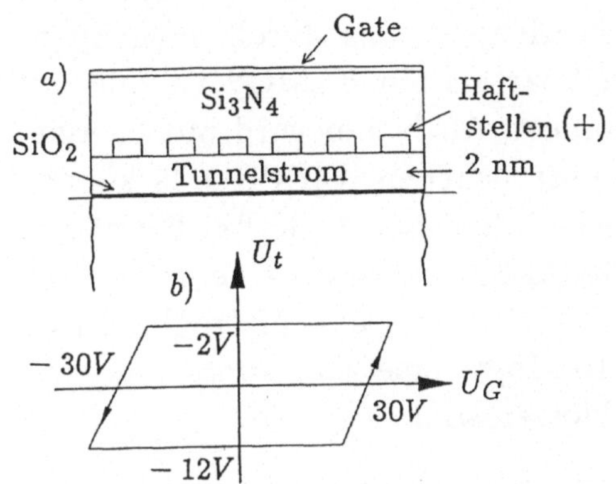

Bild 3.4: MNOS-Speicher (a) und Schwellenspannung U_t (b) in Abhängigkeit von U_G-Spannungsimpulsen.

eine negative Sperrspannung der Draindiode des p-Kanal MOSFET (die Erklärung der Diode folgt sofort).

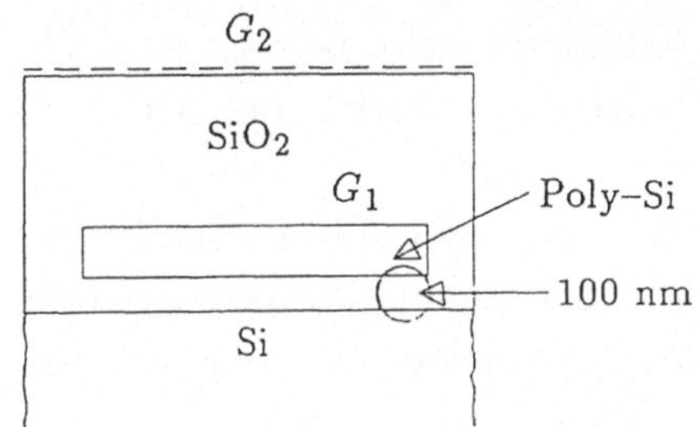

Bild 3.5: FAMOS-Speicher, Gebiet des Lawinendurchbruchs eingekreist.

In der Funktion als Speicherelement ist G_2 beim FAMOS nicht nötig. Das Entladen von G_1 erfolgt mit elektromagnetischer Strahlung so hoher Energie (Ultraviolett- oder Röntgenbestrahlung), daß die Quarzschicht durch Aufbrechen chemischer Bindungen leitend wird ($hf > \Delta W$ des SiO_2). Zum Löschen haben EPROMs deshalb ein (normalerweise metallisch verklebtes) Fenster. Unbeabsichtigt kann ein EPROM gelöscht werden, wenn es starke Strahlung (Röntgen, Radioaktivität) erwischt oder mit offenem Fenster zu lange dem Licht ausgesetzt ist.

Wird über den FAMOS noch ein zweites Gate G_2 geschichtet, so entsteht ein flexibleres Speicherelement, das durch hohe Spannungen an G_2 einfacher einschreibbar als ein FAMOS ist und auf einem *n*-Kanal MOSFET funktioniert. Auch hier wird mit energiereicher Strahlung gelöscht. Alle besprochenen [E]EPROMs können über Jahre ihren (Ladungs-)Speicherinhalt fast fehlerfrei bewahren. 1990 gab es schon 1-MBit-[E]EPROM-Speicherbausteine im Handel. Diese sogenannten „Flash memories" werden bald für tragbare PCs magnetische Harddisks bis etwa 10 Mbyte ersetzen, womit mechanische Fehler (head crash) ausgeschlossen sind.

3.4 Die Halbleiterdiode

Fast alle Bauelemente der Halbleiterelektronik basieren auf *p*-*n* Übergängen. Wie Bild 3.6 zeigt, werden solche Strukturen durch Einbringen einer Gegendotierung in *n*- oder *p*-HL-Material hergestellt. Diese Gegendotierung kann durch Eindiffusion, Ionenimplantation oder auch durch epitaktisches (d. h. etwa „anlagerndes") Aufwachsen einer HL-Schicht erfolgen. Diese Verfahren erhalten die **einkristalline** Struktur des HL **im *p*-*n* Übergang**. Durch das Aufbringen ohmscher Kontakte an das *p*- und *n*-Gebiet kann diese Halbleiterdiode als einzelnes Bauelement z. B. über gebondete (kalt verschweißte) Drähte oder wärmeableitende Flächenkontakte in den äußeren Stromkreis eingebaut werden. Dioden kann man heute für Spannungen zwischen wenigen V und 30kV und Strömen zwischen 10^{-7}A und 10^{3}A herstellen. Im IC sind jedoch fast alle der Millionen *p*-*n* Übergänge über integrierte Aluminium- oder Polysiliziumverbindungen miteinander verschaltet; ihre Wirkungsweise ist dort selbstverständlich die gleiche wie die einer Einzeldiode. Alle $p - n$ Übergänge müssen gegenüber der Atmosphäre geschützt werden. Erst als man eine bedeckende SiO_2-Schicht herstellen konnte, wurden alle Schmutzeffekte verhindert, die durch hohe Feldstärken und Gasmoleküle beim *p*-*n* Übergang auftraten.

Der Pfeil vom *p*- zum *n*-Gebiet als Schaltsymbol (Bild 3.6) beschreibt die Funktion der Diode als Richtungsventil mit einer **Flußrichtung**, wenn die **positive** Spannung am ***p*-Gebiet** liegt, und einem **Sperrbereich** für **umgekehrt** angeschlossene Spannun-

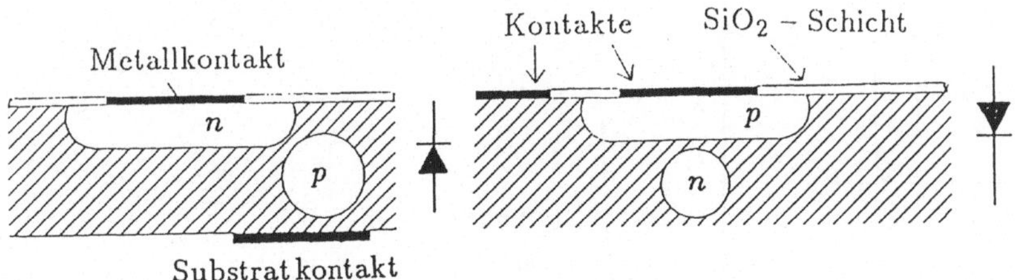

Bild 3.6: Schnitt durch p-n Übergänge und Schaltsymbol der Diode

gen. In Fluß-(F) und Sperrichtung (S) gibt in guter Näherung die Gleichung

$$I = I_s(e^{U/U_T} - 1) \tag{3.6}$$

die **Kennlinie** der Diode wieder, die in Bild 3.7 voll ausgezeichnet ist. Hier ist I_s der Sperrstrom, der zwischen 10^{-15} und 10^{-9}A liegt, und U_T die Temperaturspannung ($\doteq$ 26mV bei Raumtemperatur). Bei bestimmten Sperrspannungen tritt der Durchbruch (DB) bei U_{DB} ein, der sich als plötzlicher Stromanstieg bei konstanter Spannung zeigt und die Diode i. allg. zerstört, wenn sie an eine Spannungsquelle mit geringem Innenwiderstand angeschlossen ist. Nur bei den Spannungskonstant-(Z)-dioden wird der DB-Bereich ausgenützt.

Die Diode kann für den Einsatz in der Schaltungstechnik in grober Näherung als Schalter betrachtet werden, der in Flußrichtung ab der **Kniespannung** U_K leitet. Für Siliziumdioden ist typisch $0{,}6\text{V} < U_K < 0{,}7\text{V}$. In Sperrichtung fließt der i. allg. zu vernachlässigende kleine Sperrstrom I_s. Hier wirkt die Diode als spannungsabhängige Kapazität $C(U)$, deren typischer Verlauf im Bild 3.7 gestrichelt eingezeichnet ist. Er stimmt mit dem $C(U_G)$-Verlauf des MOS-C vor der Inversion überein (Bild 3.3) und wird auch mit derselben Methode wie dort gemessen.

Diese Übereinstimmung legt die Annahme nahe, daß im p-n-Übergang die Kapazität genauso wie im MOS-C eine trägerentleerte RLZ ist, deren Dicke durch die anliegende Sperrspannung gesteuert wird. Diese zieht ja die Elektronen in das n-Gebiet und die Löcher in das p-Gebiet hinein. Aber wieso wird der „Plattenabstand" der RLZ

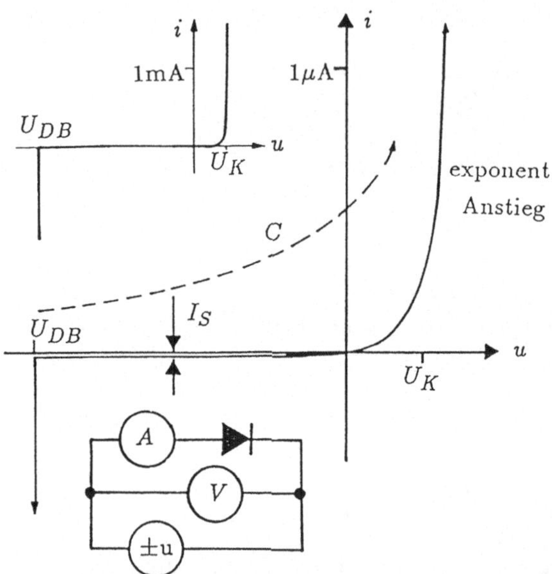

Bild 3.7: Diodenkennlinie und Meßschaltung, Sperrschichtkapazität C gestrichelt

für $U = 0$ nicht 0, was zu $C_0 = \infty$ führen würde?

Zur Erklärung einer bei $U = 0$ nicht verschwindenden RLZ müssen wir einen in der Physik altbekannten Vorgang, die **Diffusion**, heranziehen: Man beobachtet sie, wenn zwei verschiedene Flüssigkeiten oder Gase gleicher Dichte flächig in Kontakt kommen: Durch die thermische Wimmelbewegung der Moleküle mischen sie sich. (Denke z. B. an Rauchringe, die in der Luft verschwinden, in die Luft „diffundieren“, wodurch die ganze Raumluft stinkt.) Die **Diffusion** ist also ein **Teilchenstrom von** Gebieten **hoher zu** Gebieten **niederer Teilchendichte**.

Im HL mit Konzentrationsunterschieden von frei beweglichen geladenen Elektronen und Löchern über mehrere Größenordnungen hat dieser Teilchenstrom den (elektrischen!) Diffusionsstrom zur Folge. In einem eindimensionalen Modell ist die Diffusionsstromdichte (in A/cm^2, wenn μ in $\mathrm{cm}^2/\mathrm{Vs}$ und p bzw. n in cm^{-3} eingesetzt wird) im p- bzw. n-HL in positive x–Richtung gegeben durch

$$i_{Dn} = -|q|\mu_e U_T dn/dx, \quad i_{Dp} = |q|\mu_h U_T dp/dx. \qquad (3.7)$$

In dieser Gleichung wird die Bedeutung der Temperaturspannung U_T plausibel: Sie ist die thermische Energie kT, welche die Wimmelbewegung bewirkt, bezogen auf die Elementarladung

$$U_T = kT/|q|. \tag{3.8}$$

Hier ist die Boltzmannkonstante $k = 1.39 \cdot 10^{-23}$J/K und T die absolute Temperatur in K – sprich: Grad Kelvin –, wobei 0K = $-273,15°$C ist.

Beim p-n Übergang würde man auf den ersten Blick glauben, daß sich alle Konzentrationsunterschiede von Löchern und Elektronen durch fröhliches Vermischen ausgleichen. Diese leichtfertige Diffusionsannahme übersieht jedoch die ortsfesten, geladenen Akzeptoren und Donatoren, deren Ladung im Gleichgewichtszustand zwar durch p bzw. n neutralisiert wird, aber beim Wegdiffundieren der beweglichen Träger als RLZ übrig bleibt.

Tatsächlich passiert in der Diode folgendes: An der Grenze des p- zum n-Gebiet diffundieren die Löcher vom p- in den n-HL und die Elektronen vom n- in den p-HL. Dadurch bildet sich im **p-HL** eine **RLZ** aus **negativ geladenen Akzeptoren** und im **n-HL** eine **positive Donator-RLZ**. Diese Raumladungen ρ_n und ρ_p erzeugen ein elektrisches Feld $\vec{E}$, das dem Diffusionsstrom entgegenwirkt. Die RLZ dehnen sich soweit bis w_p bzw. w_n aus, daß ein Potential, die **Diffusionsspannung** U_D, zwischen p- und n-HL entsteht, das eine **weitere Diffusion verhindert**. Somit fließt kein Strom durch eine spannungsfreie, z. B. kurzgeschlossene Diode, obwohl zwischen p- und n-Gebiet die Potentialschwelle U_D liegt.

In der folgenden Berechnung wollen wir die **Sperrschichtdicke**, d. h. den Abstand $w = w_p + w_n$ der „Platten" der RLZ, die C_0 bildet, bestimmen. Dazu treffen wir die Annahme eines stark dotierten n^+-HL und eines viel weniger dotierten p-HL, mit homogenen Dotierungen N_D bzw. N_A (siehe Bild 3.8 a) Daraus folgt

$$\rho_n = N_D|q|, \quad \rho_p = -N_A|q|,$$

und Bild 3.8 b. Gl. (1.9) ergibt in eindimensionaler Rechnung

$$\varepsilon E_n = N_D|q|(w_n + x), \quad \varepsilon E_p = N_A|q|(w_p - x)$$

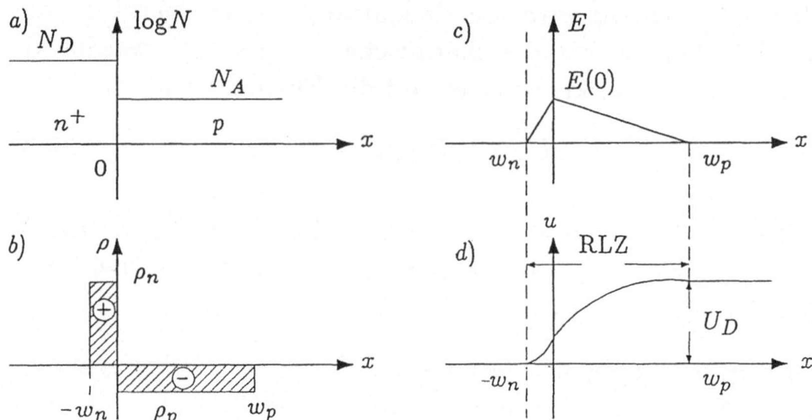

Bild 3.8: n^+-p Übergang: Dotierung (a), Raumladung (b), elektrisches Feld (c) und Potentialverlauf (d).

mit $\varepsilon = \varepsilon_0\, \varepsilon_{rsi}$ (Bild 3.8 c). Da an der p-n-Grenzschicht bei $x = 0$ keine zusätzliche Ladungsschicht entstehen kann (nur beim MOS-C werden die Minoritätsträger durch die Oxidschicht festgehalten), tritt dort kein Sprung von E auf,

$$\varepsilon E(0) = N_D|q|w_n = N_A|q|w_p$$

oder

$$w_p = w_n \cdot N_D/N_A.$$

D. h., je schwächer die Dotierung (N_A) ist, umso dicker (w_p) wird dort die RLZ.

Nochmalige Integration gemäß Gl. (1.8) liefert den Potentialverlauf in Bild 3.8 d, der über die RLZ die Diffusionsspannung U_D aufbaut:

$$U_n = -N_D|q|(w_n + x)^2/2\varepsilon, \quad U_p = N_A|q|(w_p - x)^2/2\varepsilon - U_D.$$

Das Potential muß bei $x = 0$ stetig sein:

$$U(0) = -N_D|q|w_n^2/2\varepsilon = N_A|q|w_p^2/2\varepsilon - U_D.$$

Setzt man N_D/N_A für $w_p = w_n$ ein, so folgt:

$$w_n = \sqrt{\frac{2\varepsilon\, U_D\, N_A}{|q|N_D(N_A + N_D)}}, \quad w_p = \sqrt{\frac{2\varepsilon\, U_D}{|q|} \cdot \frac{N_D}{N_A(N_A + N_D)}},$$

$$w = w_n + w_p = \sqrt{\frac{2\varepsilon\, U_D}{|q|}\left(\frac{1}{N_D} + \frac{1}{N_A}\right)}\ .$$

Die maximale elektrische Feldstärke in der Diode ist

$$E(0) = N_A|q|w_p/\varepsilon = \sqrt{\frac{2|q|\, U_D}{\varepsilon} \cdot \frac{N_A N_D}{N_A + N_D}} = 2U_D/w\ .$$

Wird eine **Sperrspannung** $-U$ an die Diode angelegt, so **dehnt sich die Sperrschicht aus**, da sich die Potentialschwelle erhöht,

$$w = \sqrt{\frac{2\varepsilon(U_D - U)}{|q|}\left(\frac{1}{N_A} + \frac{1}{N_D}\right)}\ . \tag{3.9}$$

Die maximale Feldstärke ist dann

$$E(0) = 2(U_D - U)/w < E_{DB}\ . \tag{3.10}$$

Sie bestimmt die Durchbruchsfestigkeit der Diode, da ein Wert über $E_{DB} = 300\text{kV/cm}$ im Si zum Lawinendurchbruch führt (U_{DB} in Bild 3.7). Die Diffusionsspannung U_D hängt von der Dotierung ab und liegt typisch um 0,8V. Man kann sie also gegen größere Werte von U in Gl. (3.9) vernachlässigen. So kann man sagen, die RLZ dehnt sich proportional zu $\sqrt{-U}$ bis zu jenem Wert von $-U$ aus, der den Durchbruch bewirkt, und C sinkt im selben Verhältnis. Diese spannungsabhängige Sperrschichtkapazität einer Diode mit dem Querschnitt A ist also (in Bild 3.7 gestrichelt)

$$C = \frac{\varepsilon A}{w}.$$

Für den Sperrbereich sei zusammengefaßt: Je schwächer die Dotierung, umso dicker (w) ist die Sperrschicht und umso höhere Sperrspannungen hält die Diode aus. Besonders spannungsfeste Dioden (z. B. Hochspannungsgleichrichter für Bildröhren) haben eine sehr schwach oder überhaupt nicht dotierte (intrinsische) Schicht eingebaut, womit eine Sperrschichtdicke bis zu $w > 1\text{mm}$ und $U_{DB} > 30\text{kV}$ erreicht werden kann.

Wird die Diode in **Flußrichtung** (F) betrieben, so **erniedrigt** die anliegende Durchlaßspannung $+U$ die eingebaute **Potentialschwelle** U_D auf den Wert $U_D - U$ und **verkürzt** gemäß Gl.

(3.9) die **RLZ**. Diese niedrigere Potentialschwelle können die energiereichsten Elektronen des n-HL und Löcher des p-HL mit ihrer thermischen Bewegung überwinden, d. h. ins gegenüberliegende Material diffundieren. Dort sind sie **„Minoritätsträger"** und werden von den im Driftfeld des „Bahngebietes" entgegenströmenden Majoritätsträgern allmählich neutralisiert (man sagt, sie rekombinieren). So geht der Diffusionsstrom der sperrschichtüberquerenden Minoritätsträger gleitend in einen Feldstrom von Majoritätsträgern zu den Diodenkontakten gemäß Gl. (3.2) über. Bestimmend für den Stromfluß ist jedoch der Diffusionsstrom. Seine Größe hängt von der Zahl der Ladungsträger ab, die eine ausreichende thermische Energie zur Überwindung der Potentialschwelle U_D besitzen. Diese **Zahl diffundierender Ladungsträger** steigt **linear mit der Dotierung** und **exponentiell mit der Flußspannung** U. (Man kann dies aus der Verteilung der Ladungsträger über ihre Energiewerte, der sogenannten Boltzmannverteilung, ableiten.) Wenn man noch mit Hilfe der Diffusionsgleichung (3.7) und der Kontinuitätsgleichung, die den oben erwähnten Rekombinationsvorgang beschreibt, den Strom in den Bahngebieten in einer langen Ableitung berechnet, so bekommt man Gl. (3.6) mit I_s als einen nur von den Halbleiterparametern und der Temperatur bestimmten Ausdruck.

Für den Durchlaßbereich sei zusammengefaßt: Der Strom hängt exponentiell von der Flußspannung ab (den Summand -1 in Gl. (3.6) kann man für $U > 4U_T \doteq 0{,}1\text{V}$ vernachlässigen). Es fließt ein Diffusionsstrom, der überwiegend aus jenen Trägern besteht, deren Dotierung größer ist. In Bild 3.8 sind dies die Elektronen, die vom n- ins p-Gebiet diffundieren.

In Flußrichtung kommt zur Sperrschichtkapazität eine „Diffusionskapazität" dazu, die auf der Trägheit der Ladung der Träger beruht, die durch die RLZ diffundieren. So lassen sich nur kleine Dioden hinreichend schnell für die zu immer höheren (Takt) Frequenzen gehende Signalverarbeitung schalten. Große Netzgleichrichterdioden mit hohen Strömen hingegen machen mit ihrer „Speicherladung" – die eine Abschaltverzögerung bewirkt – schon bei 50Hz Schwierigkeiten!

Am Schluß des Abschnittes 3.1 war von der Erzeugung von Elektron-Loch-Paaren im HL durch energiereiche Photonen die Rede. Diese ionisierende Lichtstrahlung kann durch eine transparente Kontaktschicht bei der **Photodiode** bzw. **Solarzelle** in die RLZ des *p*-*n*-Überganges eindringen. Im Feld der RLZ gehen die erzeugten Elektronen zum *n*-Gebiet und die Löcher zum *p*-Gebiet. Damit wirkt die bestrahlte Diode als Energiequelle. Wird sie kurzgeschlossen, so fließt von *p* nach *n* der Photostrom I_{ph}. Die Diodenkennlinie (Bild 3.7) verschiebt sich parallel um I_{ph} nach unten.

Wurden noch vor wenigen Jahren aus Preisgründen Solarzellen nur für Satellitenstromversorgungen verwendet, so findet man sie nun schon häufig vor entlegenen Almhütten zur Ladung eines 12V-Akkus. In einigen Jahrzehnten werden sie zur Lösung unserer Energieprobleme beitragen. Schnelle Photodioden als optische Detektoren ermöglichen u. a. das Aufblühen der optischen Nachrichtentechnik mit Bitraten bis einige GBit/s.

3.5 Der MOSFET

Der hinreichend aufmerksame Leser der vorigen Abschnitte sollte die Funktion des in Bild 3.9 skizzierten MOSFET auf den ersten Blick klar sehen: Wird zwischen **Source** (S) und **Drain** (D) eine Spannung U_{DS} angelegt, so kann der von S zu D fließende Elektronenstrom I_D durch die Spannung $U_{GS} > U_t$ am Gate G gesteuert werden. Im MOS-C erzeugte U_{GS} einen Inversionskanal und ist die Spannung zwischen Gate und Substrat. Im MOSFET liegt die Source S oft auf dem gleichen Potential wie das Substrat, so daß man hier – etwas schlampig – von U_{GS} oft als Gate–Source–Spannung spricht.

Da aber eventuell die Aufmerksamkeit des Lesers und/oder die unmittelbare Verständlichkeit des Textes der vorigen Abschnitte nicht hinreichend gewesen sein könnte, sei die Funktion des wichtigsten IC-Bauteiles im einzelnen besprochen:

Im **Sperrbereich** des MOSFET ist U_{GS} kleiner als die Schwellenspannung U_t für die Bildung der Inversionsschicht unterhalb des leitenden Gate. Da D an einer positiven Spannung U_{DS} liegt, ist die Diode Drain-Substrat gesperrt. Auch über die Source-Substrat-

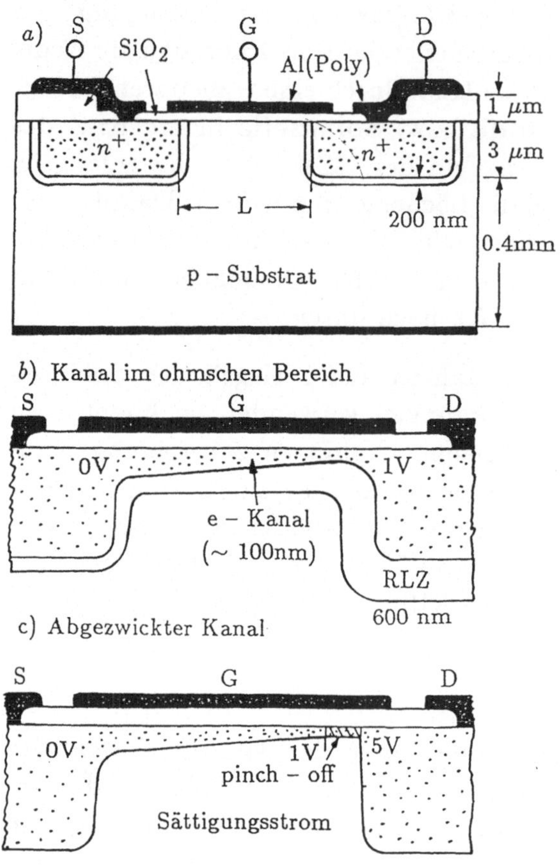

Bild 3.9: Skizze eines selbstsperrenden n-Kanal-MOSFET (a) sowie zur Veranschaulichung von Gl. (3.14) sein Kanal vor (b) und nach dem Abzwicken (c).

Diode fließt kein Strom, da S i. allg. auf Substratpotential liegt. Somit ist $I_D = 0$.

Im **Arbeitsbereich** des MOSFET kann sich eine Inversionsschicht wegen $U_{GS} > U_t$ unter der Oxidschicht von G bilden. Dieser n-**Kanal** wird von den Elektronen der n-Source gespeist. Diese sind sofort bei Überschreiten von U_t durch U_{GS} vorhanden, man muß die langsame thermische Generation nicht so wie beim MOS-C abwarten. In der RLZ des Drain werden diese Elektronen (genauso wie Photoelektronen in der Solarzelle) durch das positive Potential von D angezogen. Die Draindiode leitet so I_D vom Kanal weiter.

3.5.1 Das Kennlinienfeld

In Bild 3.10 ist rechts eine I_D-(U_{GS}-)Kennlinie gezeichnet, die bei einer relativ großen (einige V) Drain-Source-Spannung $U_{DS} = U_C$ gemessen wurde. Charakteristisch für diesen **selbstsperrenden Anreicherungs-(Enhancement E-MOS)Typ** ist eine Schwellenspannung $U_t > 0$ für den n-Kanal Typ. (Für den p-Kanal-E-MOS wäre $U_t < 0$). Diese Bedingung beschreibt den in unserem MOS-Kondensatormodell beobachteten Sachverhalt: Eine bestimmte Grundladung $C_G \cdot U_t$ muß der Gatekapazität C_G zugeführt werden, ab der sich Inversion einstellt. Bei den meist verwendeten Logikfamilien ist die für D verwendete Betriebsspannung V_{DD} typisch 5V und U_t liegt um 1V.

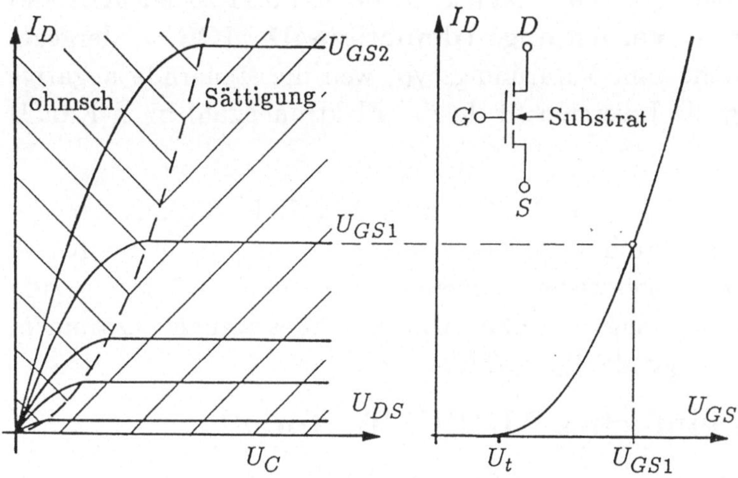

Bild 3.10: Kennlinien und Schaltsymbol eines n-Kanal E-MOS

In Bild 3.10 ist das für viele Anwendungen informationsreichste I_D-(U_{DS}-)Kennlinienfeld (KLF) dargestellt. Eine Kurve des KLF wird mit festgehaltenem Parameter U_{GS1} durch Veränderung von U_{DS} und Messung von I_D aufgenommen. Dann wird mit einem neuen Parameter U_{GS2} die nächste Kurve gemessen. Aus dem KLF kann für $U_{DS} = U_C$ die Kurve I_D (U_{GS}) für den Sättigungsbereich (in dem sich I_D mit U_{DS} nicht mehr ändert) konstruiert werden.

In Abschnitt 3.2 über die MNOS- und FAMOS-Speicher wurden Möglichkeiten gezeigt, durch technologische und photolithographische Verfahren dauerhaft und löschbar Ladungen im Gateoxid einzubauen, die einen Inversionskanal bewirken. Durch die Verwendung dieser speziellen Gates in einem FET (gemäß Bild 3.9) entsteht ein über hohe Spannungen adressierbares und über normale Spannungen V_{DD} bzw. I_D zerstörungsfrei auslesbares EEPROM, das mit ultravioletter Bestrahlung durch das transparente Gate löschbar ist.

Im Laufe der Entwicklung des MOSFET hat man entdeckt, daß nach bestimmten Verfahren der Aufbringung des Gateoxids bei $U_{GS} = 0$ leitende MOSFETs entstanden. Mit raffinierten Untersuchungen wurden Oberflächenzustände in der Zwischenschicht Substrat-Oxid als ortsfeste Träger jener „Grundladungen" gefunden, die Inversion bei $U_{GS} = 0$ hervorrufen. In Bild 3.11 ist ein KLF des **selbstleitenden Verarmungs-(depletion-)D-MOS** wiedergegeben. Man spricht vom Verarmungstyp, weil die steuernde negative Gatespannung die Inversion (d. h. die Elektronenzahl im n-Kanal) vermindert.

In dem KLF I_D (U_{DS}) ist in Bild 3.10 links die aus der I_D-(U_{GS}-)Kennlinie durch Parallelverschiebung hervorgehende Kurve $U_{DS} = U_{GS} - U_t$ gestrichelt eingezeichnet: Dieser Übergang zum Sättigungsbereich hängt mit dem Abzwicken des Kanals zusammen, wie es der nachfolgende Text erklären soll.

3.5.2 Ein einfaches MOSFET-Modell

Um den Aufbau der Elemente eines IC zu demonstrieren, sollen nun die Herstellung und die Berechnungs- bzw. Entwurfsmethoden eines MOSFET skizziert werden. Das Bild 3.12 ist eine perspektivische Darstellung dieses Transistors. Seine Herstellung geht vom Gate aus: Zunächst wird durch photolithographische Verfahren (d. h. Belichtung des Photolacks durch Masken und Entwicklung) die Fläche $L \times W$ und Lage des Gate auf der Si-Scheibe festgelegt. An der Lage des Gate orientieren sich die Fenster für die Phosphordiffusion für S und D. Der HL-Technologe spricht vom „selbstjustierenden" Gate. Die leitende Gatefläche (Aluminium oder Polysilizium) muß den pn-Übergang von S und D zumindest erreichen, besser überdecken, damit der MOSFET steuerbar ist. Die Dicke

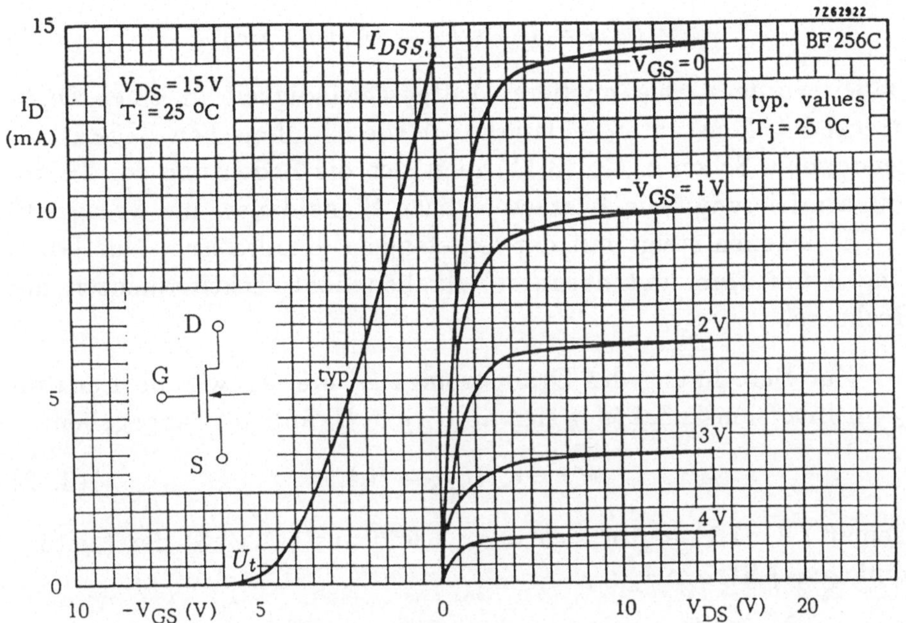

Bild 3.11: Kennlinien und Schaltsymbol eines n-Kanal D-MOS (Tj = junction temperature)

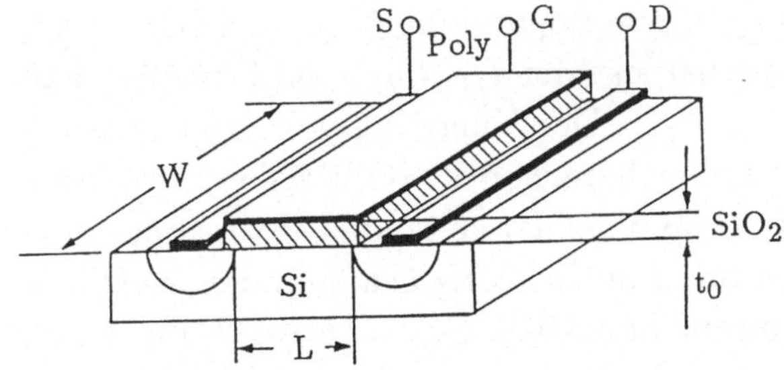

Bild 3.12: Gatebereich eines MOSFET

t_0 des Gateoxids liegt etwa bei $0,1\mu$m.

Die **Gatekapazität** C des leitenden MOSFET haben wir schon im Abschnitt 3.2 angegeben,

$$C = \varepsilon_{\text{ox}} W \cdot L / t_0.$$

Die untere „Platte“ dieses Gatekondensators wird vom Inversionskanal gebildet, den die Elektronen in der **Transitzeit** τ durchlaufen.

Aus Gl. (3.1) bzw. Gl. (1.8) folgt:

$$\tau = L/v_e = L/(\mu_e E) = L^2/(\mu_e U_{DS}). \tag{3.11}$$

Dabei wurde v_e als mittlere Driftgeschwindigkeit in einer Driftstrecke mit konstanter Feldstärke (so wie im Ohmschen Gesetz) angenommen. Schon in Gl. (3.11) zeigt sich die Bedeutung der Mikrominiaturisierung: Die kürzestmögliche Signaldauer, die „Flugzeit" der Elektronen steigt mit der Gatelänge L quadratisch. Nur Gatelängen um 1μm und darunter erlauben hohe Taktfrequenzen des Rechners!

Zur Berechnung des Drainstromes I_D müssen wir die **Ladung** Q im Inversionskanal (der sich ab $U_{GS} > U_t$ aufbaut) angegeben:

$$Q = C(U_{GS} - U_t). \tag{3.12}$$

Gemäß Gl. (1.1) ergibt sich daraus und aus Gl. (3.5) der (zeitunabhängige) **Strom** I_D:

$$I_D = \frac{Q}{\tau} = \frac{C \cdot \mu_e}{L^2}(U_{GS} - U_t)U_{DS} = \frac{\mu_e\, \varepsilon_{\text{ox}}\, W}{t_0\, L}(U_{GS} - U_t)\, U_{DS}. \tag{3.13}$$

Die Vereinfachungen unseres Modells führen auf eine lineare Abhängigkeit des Stromes I_D von der Spannung U_{DS}. D. h. Gl. (3.13) beschreibt die kurzen Geradenstücke der I_D-(U_{DS}-)KLF in Bild 3.10 und Bild 3.11 für sehr kleine U_{DS}. Der Übergang von diesem **ohmschen Bereich** in den Sättigungsbereich des MOSFET erfolgt durch die Potentialverteilung von U_{DS} über den leitenden Inversionskanal: Wenn wir die x-Koordinate von S in Richtung D annehmen, so würde an der Stelle x bei konstantem Längsfeld $E_{DS} = U_{DS}/L$ im Kanal bezüglich der Inversion die Spannung $U_{GS} - U_t - U_{DS}(x/L)$ wirksam sein. Die volle Spannung, die gemäß Gl. (3.12) die Kanalladung aufbaut, wirkt nur nahe an S bei $x = 0$. Dies zeigt Bild 3.9 b.

Obwohl die Wirkung von U_{GS} und U_{DS} einen nichtlinearen Potentialverlauf im Kanal erzeugt, zeigt diese Abschätzung den Einfluß von U_{DS}: Je höher U_{DS} wird, je mehr zieht sich die Ladungssteuerung durch U_{GS} gegen S zurück. Der Kanal wird bei D immer „dünner", damit fällt I_D gegenüber Gl. (3.13). Wird $U_{DS} = U_{GS} - U_t$ (gestrichelte Parabel in Bild 3.10), dann tritt das **Abzwicken** (pinch off) **des Kanals** auf und I_D tritt in den **Sättigungsbereich** ein, wie es Bild 3.9 c skizziert: Vor D liegt eine RLZ hoher Feldstärke ohne Inversion, die jeden weiteren Zuwachs von U_{DS} ohne Zuwachs von I_D aufnimmt. Die Längsfeldstärke in dieser RLZ ist oft so groß, daß sie die Ladungsträger mit Sättigungsgeschwindigkeit durchfliegen. Im Sättigungsbereich gilt:

$$I_D = \frac{\mu_e \varepsilon_{\text{ox}} W}{2t_0 L}(U_{GS} - U_t)^2 = \frac{I_{DSS}}{U_t^2}(U_{GS} - U_t)^2. \tag{3.14}$$

Im ersten Ausdruck kommt der Faktor 2 im Nenner vom nichtlinearen Potentialverlauf im Kanal, und der zweite Ausdruck in Gl. (3.14) bezieht sich auf die I_D-(U_{GS}-)Kurve des D-MOS in Bild 3.11.

Für die Anwendung des Transistors als Verstärker oder gesteuerter Schalter ist die Änderung der gesteuerten Größe (I_D) durch die Steuergröße (U_{GS}) bestimmend. Sie wird als **Steilheit** g_m **(mutual conductance)** bezeichnet und ist der Anstieg der I_D-(U_{GS}-)Kurven (Gl. (3.14)) in Bild 3.10 bzw. Bild 3.11:

$$g_m = \frac{dI_D}{dU_{GS}} = \frac{\mu_e \varepsilon_{\text{ox}}}{t_0} \cdot \frac{W}{L}(U_{GS} - U_t) = \frac{2I_{DSS}}{U_t^2}(U_{GS} - U_t). \tag{3.15}$$

Planare MOSFETs mit technologisch vorgegebenen μ_e und t_0 müssen für großen Strom (sogenannte „Treiber") und große Steilheit ein großes Verhältnis W/L haben: Das ist plausibel wie das Ohmsche Gesetz und zeigt ein weiteres Motiv für die Mikrominiaturisierung zur Reduktion von L.

3.6 Der Bipolartransistor

Genauso wie der FET dient der Bipolartransistor (BTR) zur Verstärkung und Steuerung elektrischer Signale. Die aus BTR aufgebauten IC-Logikfamilien sind i. allg. schneller als die MOS-Logik, haben aber bei gleicher Bauelementezahl einen größeren Leistungs- (d. h. Kühlungs-)Bedarf.

In Bild 3.13 ist der Schnitt durch einen n-p-n Transistor skizziert. Er ist aus ineinander liegenden n-**Kollektor** (c), p-**Basis** (b) und n^+-**Emitter** (e) Wannen aufgebaut, die in das n^+-Si Substrat nacheinander eindiffundiert bzw. epitaktisch aufgewachsen werden. In Fenstern der SiO_2-Schicht, die die Substratoberfläche überall

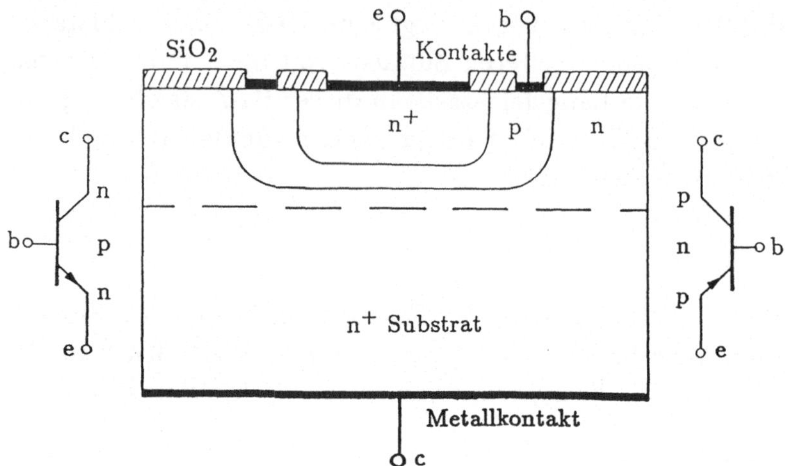

Bild 3.13: Schnitt durch einen planaren BTR und Schaltsymbole für den n-p-n und p-n-p-Typ

schützt, werden b und e mit Leiterbahnen kontaktiert. Am n^+ Substrat liegt der Kollektorenschluß, der oft auf einer Wärmesenke sitzt.

Die Schaltsymbole des n-p-n und p-n-p BTR sind durch die Pfeile in Flußrichtung der b-e Diode definiert und geben so die Reihenfolge der c-b-e Schichten an.

Im Verstärkerbetrieb des BTR ist die **e-b-Diode in Flußrichtung** gepolt und steuert den Kollektorstrom I_c durch die **in Sperrichtung vorgespannte b-c Diode**.

Das KLF eines p-n-p BTR zeigt Bild 3.14. In den 1. Quadranten zeichnet man das I_c-(U_{ce}-)KLF mit bestimmten Werten des Basisstromes I_b als Parameter. Überschreitet die Kollektorspannung die Kniespannung $U_{ce} > U_k (\leq 1\text{V})$, dann arbeitet der BTR im Sättigungsbereich. Die stark nichtlineare (Dioden-)Kennlinie I_c (U_{be}) ist rechts dargestellt: Zur Stromführung muß an der Basis mindestens die Flußspannung (~ 0.7V) liegen.

Der n-p-n Transistor funktioniert folgendermaßen:

1) In den in Flußrichtung durch U_{be} vorgespannten e-b-Dioden diffundieren die Elektronen aus dem n^+-Emitter in die Basis.

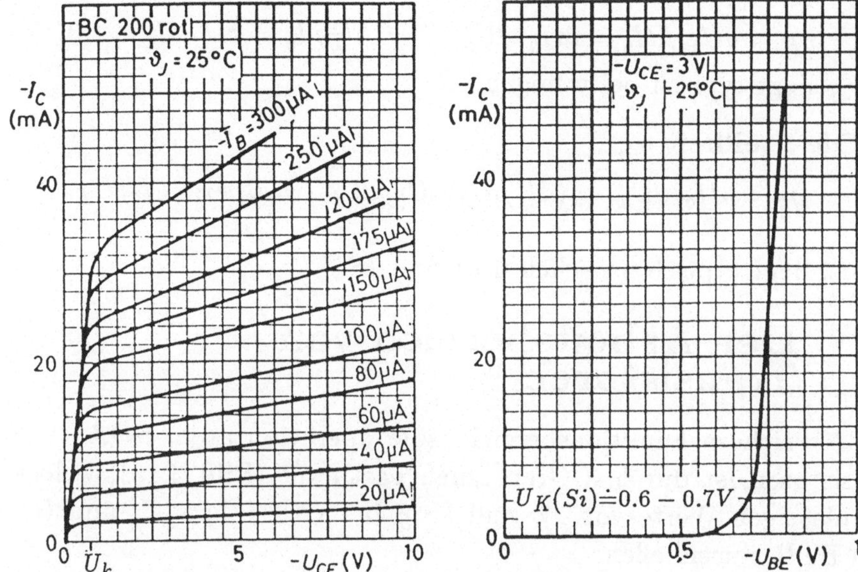

Bild 3.14: KLF eines p-n-p-Transistors

2) Fast alle diese Elektronen diffundieren als Minoritätsträger durch die dünne Basis zur Kollektor-RLZ. Nur ein kleiner Teil ($1/B$ mit B bis 1000) geht als Basisstrom I_b zum Basiskontakt.

3) Durch die hohe Sperrspannung an der Kollektor-RLZ werden in ihrem Wirkungsbereich alle Minoritätsträger (Elektronen) aus der Basis stark beschleunigt und in den Kollektor gesaugt. Sie geben ihre kinetische Energie im Kollektor als Wärme ab. Die vollständige Sammlung der Elektronen durch das Feld der Kollektor-RLZ tritt für $U_{ce} \geq U_K$ auf. Deshalb ist I_c ab der Kniespannung $U_K = 0,2\text{V}-0,4\text{V}$ im I_c-(U_{ce}-)KLF gesättigt.

Die wesentlichen Spezifikationen des BTR sind:

a) Die **Stromverstärkung** β:

$$\beta = dI_c/dI_b \doteq I_c/I_b = B. \tag{3.16}$$

Sie liegt zwischen 20 (Leistungstransistoren) bis 1000 (rauscharme Kleinsignaltransistoren).

b) Der **Kleinsignal-Eingangswiderstand** r_E:
Er ergibt sich aus dem Anstieg der b-e Diodenkennlinie

$$I_b = I_{bs}(e^{U_{be}/U_T} - 1),$$

$$r_E = dU_{be}/dI_b = (dI_b/dU_{be})^{-1} \doteq U_T/I_b = \beta U_T/I_c. \quad (3.17)$$

r_E liegt typisch bei wenigen kΩ.

c) **Die Steilheit g_m:**

$$g_m = dI_c/dU_{be} = (dI_c/dI_b)(dI_b/dU_{be}) = \beta/r_E = I_c/U_T. \quad (3.18)$$

g_m liegt typisch zwischen 0,01 und 1S.

3.7 Der Arbeitsbereich von Transistoren

Der sichere Funktionsbereich (safe operation area: **SOA**) von Transistoren ist durch 3 Grenzlinien bestimmt (Bild 3.15), welche die zulässigen Werte von I_D und U_{DS} beim FET bzw. I_c und U_{ce} beim BTR einschließen:

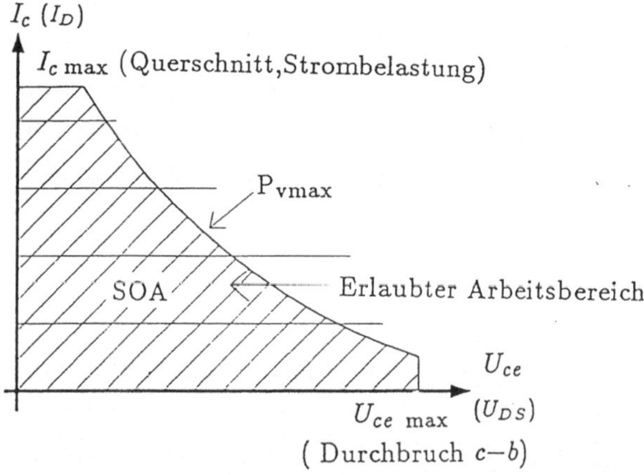

Bild 3.15: Sicherer Arbeitsbereich bei FET und BTR

a) Der **maximal zulässige Strom** I_D bzw. I_c ist durch die höchste mögliche Strombelastung von Halbleiter- und Kontaktbahnen sowie der Kontaktierungsdrähtchen gegeben.

b) Die **maximal zulässige Spannung** U_{DS} bzw. U_{ce} hängt von der Durchschlagsfestigkeit der RLZ bei Drain bzw. Kollektor ab.

c) Die **Verlustleistungshyperbel**

$$I_D \cdot U_{DS} = P_{v\,max} \quad \text{bzw.} \quad I_c U_{ce} = P_{v\,max} \quad (3.19)$$

hängt vom Wärmewiderstand des Bauelementes ab. ($P_{v\,\max}$ steigt bei Gebläse- oder Wasserkühlung). Wird $P_{v\,\max}$ überschritten, so stirbt der Transistor den Hitzetod.

3.8 Arbeitspunkteinstellung und Kleinsignalverstärkung

Im 1. Kapitel wurden graphische Lösungverfahren für die Kirchhoff-Gleichungen behandelt. Für die dort vorkommenden ohmschen Widerstände brachte die Zeichnung wohl mehr Einsicht, aber keine Vereinfachung gegenüber der Rechnung.

Zur Dimensionierung von Schaltungen mit nichtlinearen, d. h. nicht dem Ohmschen Gesetz folgenden Halbleiterbauelementen sind jedoch oft nur graphische Methoden anwendbar. Sie ergeben den Strom im Bauelement und die dadurch abfallende Spannung: den **Arbeitspunkt (bias)**. Die Einstellung des Arbeitspunktes der wichtigsten nichtlinearen Bauelemente wird nun diskutiert.

3.8.1 Diode

Das Bild 3.16 zeigt die Serienschaltung einer Diode mit einem Widerstand R_v (vgl. Bild 1.5). Die Bestimmung des Arbeitspunktes I_0, U_0 kann mit mehr Zeitaufwand auch rechnerisch mit der Diodenkennlinie Gl. (3.6), z. B. mittels Iterationsverfahren, gelöst werden. Tritt anstelle von U_B eine Wechselspannungsquelle, so schwingt der Fußpunkt der Widerstandsgeraden **sinusförmig** um den Gleichspannungswert (oft 0V), und es entsteht ein **impulsförmiger** Strom in nur einer Richtung: Die Diode richtet so Wechselstrom gleich.

3.8.2 Z-Diode

In der Z-Diode wird der Durchbruch einer Diode im Sperrbereich ausgenützt: Bei konstanter Spannung U_Z steigt der Strom I_Z. Für $U_Z < 5.6$V handelt es sich um den mit dem Tunneleffekt erklärbaren Zener-Durchbruch, darüber tritt Lawinendurchbruch auf.

Das Bild 3.17 zeigt die Stabilisierung der Spannung U_Z am Lastwiderstand R_L durch einen Vorwiderstand R_v. Der Laststrom I_L ergibt sich aus $I_L = U_Z/R_L$ und wächst, falls R_L mehr Strom ver-

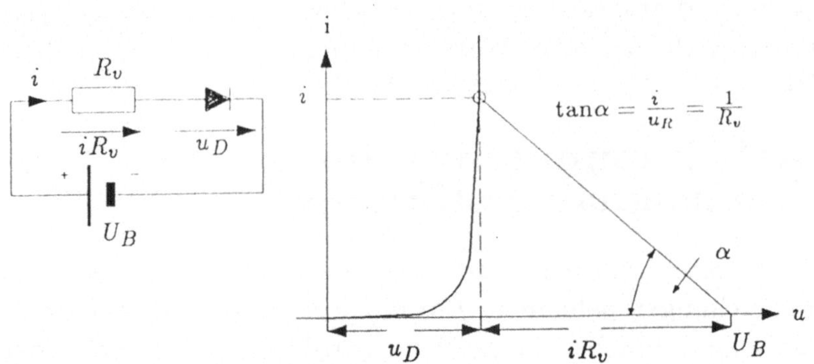

Bild 3.16: Arbeitspunktbestimmung der Diode

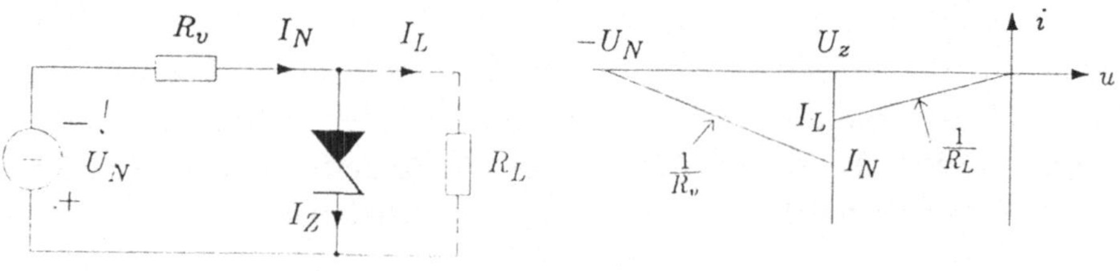

Bild 3.17: Schaltung zur Spannungsstabilisierung mit Z-Diode

braucht, d. h. kleiner wird. Der Diodenstrom ist

$$I_Z = (U_N - U_Z)/R_v - U_Z/R_L$$

und sollte nie kleiner als etwa 10% des Nennstromes der Diode werden, da darunter die Durchbruchskennlinie noch gekrümmt ist und die Diode stark rauscht, d. h. unregelmäßige Stromschwankungen zeigt. Man wählt i. allg. R_v so klein, daß für normale Belastung (R_L) und Versorgung (U_N) ungefähr $I_Z = I_L$ ist. Dann wird auch für starke Belastung und niedrige Versorgung obige Bedingung i. allg. erfüllt.

3.8.3 Transistor

Im Gegensatz zu den Zweipolen Diode und Z-Diode bestimmt beim Transistor ein steuernder Eingang die Kennlinie des Ausgangs. Unter Arbeitspunkteinstellung (biasing) versteht man hier 1. die Vorgabe der Gleichstrom-(DC)-Eingangsgröße zur Auswahl der gewünschten Ausgangskennlinie und 2. die Vorgabe eines bestimmten Lastwiderstandes R_L, der zu den gewünschten DC-Werten von Ausgangsstrom und -spannung führt.

Ein Vergleich des Ausgangs-KLF von FET und BTR zeigt große Ähnlichkeiten. Deshalb wird hier zunächst Arbeitspunkteinstellung und Verstärkerschaltung eines *n-p-n* Transistors ausführlicher behandelt und die Erweiterung auf den FET nur in ihren Abweichungen erklärt.

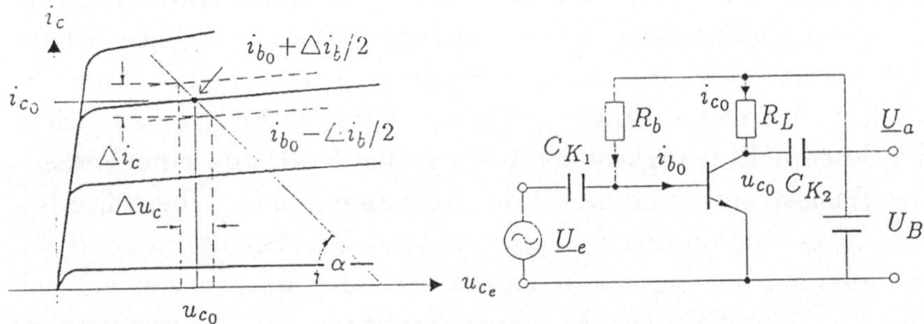

Bild 3.18: n-p-n Transistor als Kleinsignalverstärker

Das Bild 3.18 zeigt einen Verstärker für kleine Signale (d. h. die Signalamplitude füllt nur einen Bruchteil des i_c-(u_{ce}-)KLF aus) mit einem *n-p-n* Transistor. Der Entwurf des Verstärkers geht von der Wahl einer geeigneten i_c-(u_{ce}-)KL durch Einstellung des Ruhestromes der Basis i_{b_0} aus: Der Basiswiderstand

$$R_b = (U_B - u_{be_0})/i_{b_0} \doteq (U_B - 0,7\text{V})/i_{b_0}$$

liefert i_{b_0} und legt dadurch die entsprechende KL bzw. i_{c_0}, den Strom im Arbeitspunkt, fest. Mittels R_L wird dann die Spannung im Arbeitspunkt, u_{c_0} eingestellt. Für einen Verstärker, der nullpunktsymmetrische Signale über einen möglichst großen Amplitudenbereich verarbeiten soll, wählt man $u_{c_0} = U_B/2$ und damit

$$R_L = U_B/2\, i_{c_0}.$$

Die Schaltung verstärkt ab Frequenzen ω_u, für welche die Reaktanz des Eingangs- bzw. Ausgangskondensators gegenüber dem Eingangswiderstand r_E bzw. dem Lastwiderstand R_L klein ist,

$$\omega_u\, C_1\, r_E >> 1 \quad ; \quad \omega_u\, C_2\, R_L >> 1.$$

(R_b und der Kleinsignal-(Wechselstrom-)Innenwiderstand dU_{ce}/dI_c sind gegenüber r_E und R_L groß.)

In diesem Verstärker bewirkt eine kleine Zunahme der Eingangsspannung u_e eine um die **Verstärkung v** (den Spannungsgewinn) größere Abnahme der Ausgangsspannung:

$$\mathrm{v} = du_a/du_e = (du_{ce}/di_c)(di_c/du_{be}) = -R_L\, g_m. \tag{3.20}$$

Hier wurde Gl. (3.18) verwendet. Die dynamische Änderung von i_c und u_{ce} erfolgt entlang der **Arbeitsgeraden** R_L. Diese Schaltung ist jedoch **nur für kleine Signale ein streng linearer Verstärker.** Wird das Eingangssignal erhöht, so bewirkt zunächst der nichtlineare Eingangswiderstand r_E der b-e-Diode eine Verzerrung des Basisstromes und damit des Ausgangssignals. Überschreitet die Ausgangssignalamplitude $U_B/2$, so tritt **Übersteuerung**, d. h. ein Abschneiden der Signalspitzen ein, weil die Spitzen von u_{ce} bei U_B oder U_K anstoßen. Die Ausgangsamplitude wird begrenzt, und die Verstärkung sinkt abrupt. Solche verzerrende nichtlineare Effekte treten besonders bei Leistungsverstärkern auf und müssen dort mit speziellen Schaltungen klein gehalten werden.

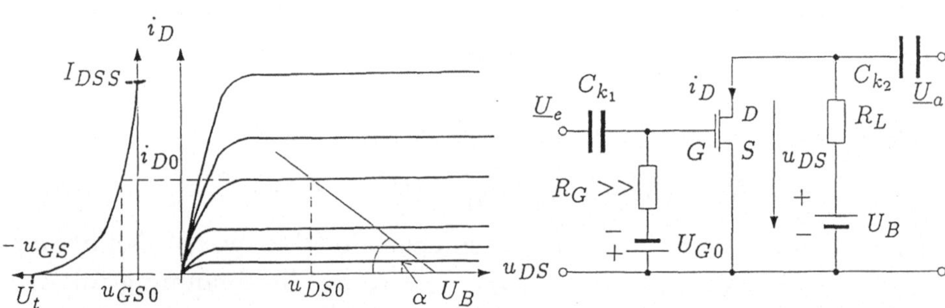

Bild 3.19: Kleinsignalverstärker mit n-Kanal D-MOSFET

Das Bild 3.19 zeigt eine Verstärkerschaltung für kleine Signale mit einem selbstleitenden n-Kanal-MOSFET. Hier wird i_{D_0} im Arbeitspunkt durch die Gatevorspannung U_{G_0} eingestellt, die über einen sehr hohen Widerstand R_G anliegt (es fließt ja kein Gleichstrom über R_G in das einmal mit u_{GS0} aufgeladene Gate!). Hier sind die nichtlinearen Verzerrungen des Ausgangssignals größer als beim BTR, da i_D quadratisch mit u_{GS} und die Tangente an diese Kurve, die Steilheit im Arbeitspunkt, linear mit u_{GS0} wächst. Es gilt auch hier Gl. (3.20), in die man aus Gl. (3.15) für g_m einsetzen kann:

$$v = -R_L\, g_m = -2R_L\, I_{DSS}(u_{GS0} - U_t)/U_t^2. \qquad (3.21)$$

Bei beiden Verstärkerschaltungen folgt das Minuszeichen in Gln. (3.20) und (3.21) aus der Vorzeichenumkehr des Ausgangssignals gegenüber dem Eingangssignal durch den Spannungsabfall des Signalstromes di_c bzw. di_D an den Arbeitsgeraden R_L. Für Ansteuerung mit Wechselstrom bedeutet dies eine **Phasenverschiebung dieser Verstärkerschaltungen von 180°**.

BTR-Verstärker erreichen i. allg. $100 < v < 1000$, beim FET liegt v meist unter 10, doch ist die Leistungsverstärkung des FET sehr groß, da i. allg. nur ein verschwindend kleiner Wirkstrom in den Gate-Eingang fließt. Man verwendet aber heute i. allg. integrierte Verstärkerschaltungen sehr hoher Verstärkung (sog. Operationsverstärker), bei denen Verstärkung und auch nichtlineare stetige Funktionen $u_a(u_e)$ durch eine negative Rückkopplung vom Ausgang auf den Eingang durch passive Schaltelemente (R, C, Dioden) eingestellt werden.

3.9 Der logische Inverter in n-MOS-Technik

Bisher haben wir nur sehr bescheidene Grundlagen der **analogen Schaltungstechnik** kennengelernt. Der Begriff „analog" stammt vom Analogrechner, der die physikalischen Größen des zu lösenden Problems in dazu analoge Eingangsspannungen und (nach Durchlaufen der Problemfunktionen) Ausgangsspannungen umsetzt – er „simuliert" das Problem. Da diese physikalischen Größen alle einen **kontinuierlichen zeitlichen Verlauf** zeigen, hat sich für solche zusammenhängende elektrische Signale der Ausdruck Analogsignale eingebürgert: Jeder zeitliche Zwischenwert dieses Signals hat seine Amplitude, die durch eine kleine Störung wesentlich verändert werden kann.

Nun beginnen wir mit der für den Informatiker ungleich wichtigeren **Digitaltechnik**: Bei der binären (umgangssprachlich

„digitalen") Signalverarbeitung wird nur zwischen 2 Zuständen unterschieden: 0 und 1, high (H) und low (L), aus- und eingeschaltet: einem Spannungs- oder Strombit. Darauf beruht die Zuverlässigkeit und der Erfolg der Digitalrechner: Wenn hier ein äquidistantes Entscheidungskriterium angewendet wird, muß i. allg. ein Störsignal größer als der halbe Abstand zwischen H und L sein, um ein Informationsbit umzubringen!

Diese Werte 0 und 1 sind einer Taktperiode zugeordnet: Man spricht von zeitdiskreten Signalen und meint damit, daß zu bestimmten (Abtast-)Zeitpunkten der Wert eines Signals in Form einer binären Zahl vorliegt, die meist aus vielen parallelen Spannungsbits besteht.

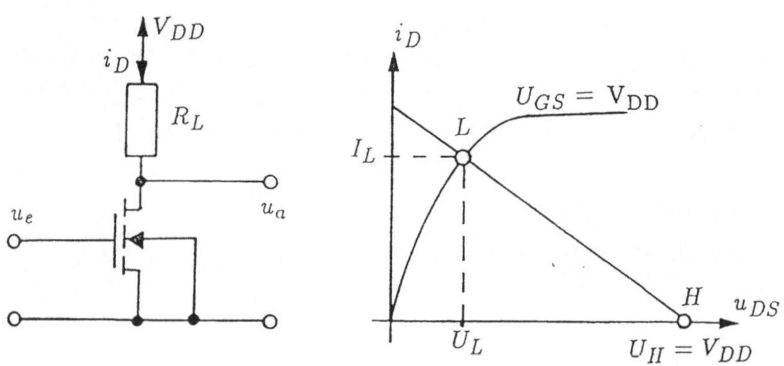

Bild 3.20: Logischer Inverter mit n-Kanal-E-MOS

Die digitale Grundschaltung ist der **logische Inverter** in Bild 3.20: Der untere selbstsperrende n-Kanal-E-MOS sperrt für $u_e = u_{GS} < U_t$, also sicher für alle L-Zustände nahe 0V. Damit liegt der Ausgang u_a über R_L an der Versorgungsspannung V_{DD}. Wird der Transistor durch $u_e = V_{DD}$ voll eingeschaltet, dann liegt bis auf eine kleine Restspannung U_L die ganze Spannung V_{DD} an R_L. So ist u_a die logische Inversion von u_e.

Da Widerstände in der Technologie integrierter n-MOS Schaltungen nur sehr schwer herstellbar sind, wird R_L durch einen bei $u_{GS} = 0$ selbstleitenden D-MOS (Bild 3.11) ersetzt, dessen G mit S (d. h. dem Inverterausgang) verbunden ist (Bild 3.21 a). Diese **aktive Last** ergibt mit der Kennlinie $i'_D(u'_{DS})$ für $u'_{GS} = 0$ die stark nichtlineare „Arbeitskennlinie“ des Inverters (In Bild 3.21 b gestrichelt gezeichnet). Diese Nichtlinearität spielt in der Digitaltechnik keine Rolle; derartig aufgebaute Analogschaltungen würden aber unbrauchbar verzerrte Ausgangssignale liefern.

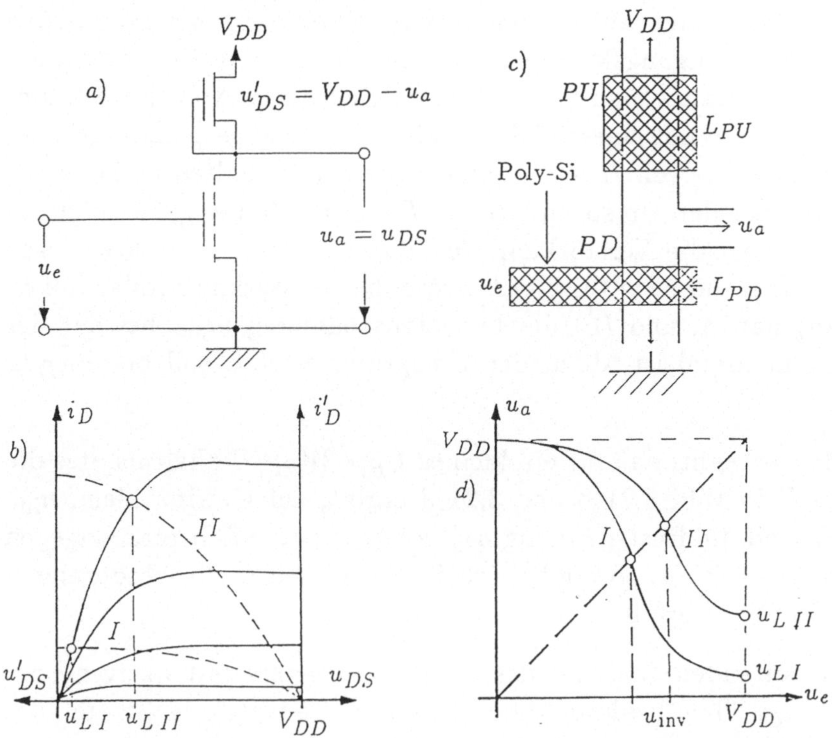

Bild 3.21: Inverterschaltung mit aktiver Last (a), KLF (b), Geometrie am Chip (c) und Übergangskurven (d)

Der Schaltvorgang einer solchen Inverterstufe ändert die Ausgangsspannung u_a und damit i. allg. die Gatespannung einer nachfolgenden Stufe. Ist dieses Gate auf V_{DD} aufgeladen, so wird es durch das Einschalten von i_D des unteren E-MOS auf 0V entladen: dieser ist der **pull down** (PD)-Transistor. Sperrt dann der PD-Transistor wieder, so wird das nachfolgende Gate durch i'_D des oberen D-MOS auf V_{DD} aufgeladen: dieser heißt also **pull up** (PU)-Transistor.

Aus der Stromgleichung (3.13) und (3.14) für den ohmschen und Sättigungsbereich des n-MOS ergibt sich bei festliegenden Technologieparametern μ_e, ε_{ox} und t_0 das W/L-Verhältnis als strombestimmende Entwurfsgröße. Wie ist nun W_{PU}/L_{PU} im Verhältnis zu W_{PD}/L_{PD} zu wählen, damit der Inverter möglichst exakt schaltet?

Mit L_{PD} geht man i. allg. wegen der Schaltgeschwindigkeit an die untere technologische Grenze, z. B. 1μm, W_{PD} muß dem zu liefernden Strom angepaßt werden. Zur Bestimmung von L_{PU} schauen wir uns die Übergangskurven $u_a(u_e)$ des Inverters in Bild 3.21 d an: Von ihnen verlangt man (a), daß sie möglichst steil von H auf L hinunterfallen (um mit einer möglichst kleinen Eingangsspannungsänderung vollständig von H auf L oder umgekehrt schalten zu können), und (b), daß der Umsprung $H \to L$ bei $u_e \doteq V_{DD}/2$ erfolgt. In Anlehnung an die Verstärkung du_a/du_e der Analogverstärker sagt man für (a), die Schaltung soll eine hohe Verstärkung (oder hohen Gewinn) haben, und (b) die Inversionsspannung u_{inv}, bei der der Gewinn maximal ist, d. h. der Umsprung erfolgt, soll bei $V_{DD}/2$ liegen.

Man erkennt, daß für ein kleines L_{PU}/W_{PU}-Verhältnis, das die Kurven II in Bild 3.21 b und 3.21 d ergibt, der Gewinn klein, u_{inv} zu hoch und die Restspannung u_{LII} zu groß ist. Wählt man dagegen $L_{PU}/L_{PD} = 4 : 1$, so ergibt sich Kurve I, welche die Forderungen (a) und (b) gut erfüllt.

Im leitenden Zustand des n-MOS Inverters mit aktiver Last ($u_a = u_L$) fließt während der gesamten Taktperiode Strom, der unnötige Verlustwärme im Chip erzeugt. Es würde genügen, das Gate der folgenden Stufe zu entladen und dann den Ruhestrom durch den Inverter abzuschalten. In dieser Weise arbeiten moderne IC in **C-MOS-Technologie**. Das C steht hier für **komplementär** und bedeutet, daß an die Stelle der aktiven Last ein selbstsperrender p-**Kanal-E-MOSFET** als PU-Transistor eingebaut ist. Die Gates von PD und PU sind miteinander verbunden, so daß in jedem logischen Zustand jeweils ein Transistor leitet, während der andere sperrt. Damit fließt nur der Lade- bzw. Entladestrom der folgenden Gatekapazität C (vgl. Bild 3.26) und es gelten die Energieverhältnisse, die bei der Kondensatorladung in Abschnitt 1.7, Gl. (1.15), diskutiert wurden: Für 2 Takte $L \to H \to L$ oder $H \to L \to H$ wird die Energie $2\,C\,V_{DD}^2/2 = C\,V_{DD}^2$ in Verlustwärme im PU und PD umgesetzt.

3.10 Inverterketten

Im Rechner wird das Informationsbit mit jedem Takt einem nachfolgenden Gatter (z. B. NAND, NOR, Speicher) weitergegeben. Die elektrischen Grundlagen dieser Informationsverarbeitung können an einer Inverterkette gezeigt werden. Mit einer Diskussion der Signalverzögerung pro Doppelinversion und der Dimensionierung der Kette für große Ströme soll ein Eindruck von den Grenzen der Rechnergeschwindigkeit vermittelt werden.

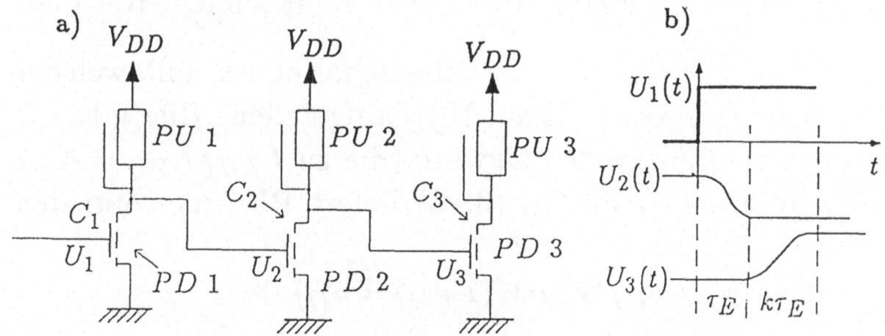

Bild 3.22: Kettenschaltung gleicher Inverter (a) und Verzögerung der Schaltspannung (b)

Das Bild 3.22 a zeigt im n-MOS Aufbau 3 gleiche in Kette geschaltete Inverterstufen, deren steuernde Gates die Kapazität $C_1 = C_2 = C_3 = C$ haben. Wir gehen vom Zustand $U_1 = 0$, $U_2 = V_{DD}$, $U_3 = 0$ aus und nehmen einen sehr steilen Spannungssprung von 0 auf V_{DD} für U_1 zum Zeitpunkt $t = 0$ an. Wie wird nun dieser Sprung an der 3. Stufe in U_3 erscheinen?

Um den Verlauf der Ladevorgänge abschätzen zu können, treffen wir die Annahme, daß der leitende Kanal des sprunghaft eingeschalteten ersten PD-Transistors einen ohmschen „Entladewiderstand" R für das 2. Gate darstellt. Aus der Stromgleichung (3.13) findet man:

$$R = U_{DS}/I_D = L^2/\mu_e C(U_{GS} - U_t). \qquad (3.22)$$

Wenn man die Dynamik des Entladevorganges von C_2 betrachtet, so erscheint die Entladung über R (d. h. im ohmschen Bereich von T_1) gerechtfertigt: Tatsächlich wirkt ja bei $t = 0$ PU1 nicht als

Vorwiderstand für V_{DD}, sondern die Spannung V_{DD} von C_2 liegt voll an PD1 und erzeugt den Strom I_D, der weit über dem statischen Arbeitspunkt in Bild 3.21 b liegt. I_D sinkt entlang der I_D-(U_{DS}-)KL für $U_{GS} = V_{DD}$, d. h. zumindest gegen Ende des Entladevorganges im ohmschen Bereich. In guter Näherung können wird so eine PD-Zeitkonstante τ_E angeben:

$$\tau_E = RC = L^2/\mu_e(U_{GS} - U_t). \tag{3.23}$$

Diese Zeitkonstante hat große Ähnlichkeit mit der „Transitzeit" Gl. (3.11) und weist ebenso auf kleine Gatelängen L für schnelle Rechner.

Wenn nun PD2 durch $U_2 = U_L$ abgeschaltet ist, mit welcher Zeitkonstante wird C_3 durch PU2 auf V_{DD} aufgeladen? Hier gibt die Dimensionierungsregel für großen Gewinn (die zu $L_{PU}/L_{PD} \doteq 4:1$ führte) einen Hinweis: Gemäß Gl. (3.13) liefert PU einen um den Faktor

$$k = (L_{PU}/W_{PU})/(L_{PD}/W_{PD})$$

kleineren Strom. Demgemäß ist die U_3-Zeitkonstante $\tau_{PU} = k\tau_E$. Für eine doppelte Inversion ist die Paarverzögerung τ_v somit

$$\tau_v = (1+k)\tau_E. \tag{3.24}$$

Das ergibt die Spannungsverläufe in Bild 3.22 b.

In den n-MOS IC der späten achtziger Jahre liegt τ_v in der Größenordnung von 100ps. Man muß jedoch – wie auch der folgende Text zeigen wird – für logische Mehrfachschaltungen, Leitungslaufzeiten usw. die Taktperiode mit einem Sicherheitsfaktor von mindestens 100 wählen. So kommt man zu höchsten Taktfrequenzen für n-MOS Schaltungen bei 20MHz.

Eine flüchtige Betrachtung der Formeln (3.11) und (3.23) würde die Hoffnung wecken, durch eine Reduktion der Gatelänge L mittels raffiniertester Technologien zu immer schnelleren Rechnern zu kommen. Das stimmt nur in Grenzen, denn mit der Verkürzung von L muß wegen Durchbruchsproblemen auch V_{DD} gesenkt werden. Das erhöht τ_v durch Verkleinern des Nenners in obigen Gleichungen und der spannungsmäßige Störabstand wird so wie V_{DD} kleiner. Auch die gegenseitigen elektrischen und magnetischen Beeinflussungen im IC und auf der Schaltkarte wachsen gemäß dem Influenzgesetz (1.1) und dem Induktionsgesetz (1.25) mit der Frequenz! So wird sich also die Taktfrequenz – verglichen mit den zwei ersten Dekaden der IC-Entwicklung – in Zukunft langsamer erhöhen, insbesondere bei Rechnern im zivilen Bereich. Spezielle militärische und professionelle Aufgabenstellungen führen jedoch zu Chips (insbesondere aus Galliumarsenid GaAs anstelle von Si), die mehr als eine Größenordnung höhere Taktfrequenzen ermöglichen.

In Rechnern müssen oft mehrere logische Stufen von einem einzigen Ausgang versorgt werden. Man spricht hier vom **FAN-OUT-Faktor** f_L, der die Ver-f_L-fachung der Gatekapazität C beschreibt. Dieser Faktor tritt auch auf, wenn ein IC-Ausgang mit einer hohen Leitungskapazität C_L belastet wird.

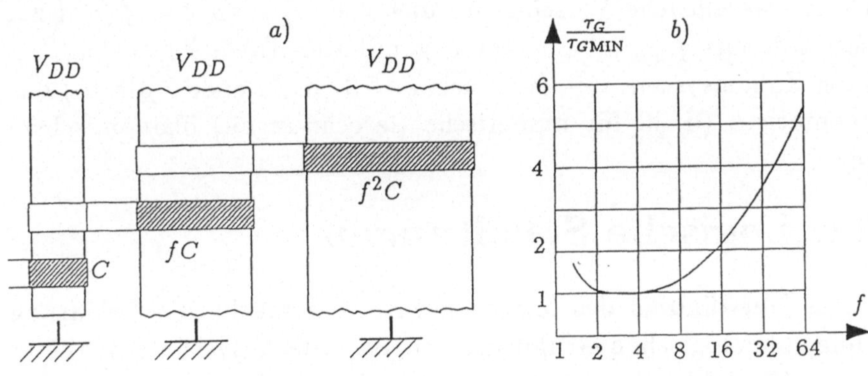

Bild 3.23: Kaskadierung von Invertern zum Treiben großer Lasten C_L (a); Gesamtverzögerung τ_G in Abhängigkeit vom fan out f pro Stufe (b).

Um eine Multiplikation von τ_v mit $f_L = C_L/C$ zu vermeiden – die zu enormen Verzögerungszeiten führen würde – macht man eine

Kaskadierung der Inverter,

wie sie Bild 3.23 a zeigt. Wie groß ist nun das **fan out** f **pro Stufe** zu wählen, damit die **gesamte Verzögerung** τ_G ein **Minimum** wird?

Die zu treibende Kapazität sei C_L, und die Zahl der Kaskaden sei N. Dann gilt:

$$C_L = f^N \cdot C \quad \text{und} \quad \tau_G = N \cdot f\tau_v.$$

Das aus der ersten Gleichung berechnete N ergibt in die zweite eingesetzt:

$$N = \ln(C_L/C)/\ln f \rightarrow \tau_G = \tau_v f \ln(C_L/C)/\ln f. \qquad (3.25)$$

Wir müssen nun τ_G nach f differenzieren und die Ableitung zur Minimumsbestimmung Null setzen:

$$d\tau_G/df = \tau_v \ln(C_L/C) \cdot [(\ln f - 1)/\ln^2 f] = 0,$$

$$\ln f - 1 = 0 \rightarrow f_{\min} = e.$$

Die Gl. (3.25) ist in Bild 3.23 b gezeichnet. Das flache Minimum läßt ohne wesentliche Verschlechterung von τ_G etwa $2 < f < 4$ zu. Unser Ergebnis $f_{\min} = e$ hängt eng mit der Tatsache zusammen, daß ein Zahlensystem mit der Basis $e \sim 3$ (d. h. eher 2 als 10) das mathematisch (d. h. für numerische Berechnungen) ökonomischste wäre.

3.11 Logische Schaltungen

Das Verständnis des logischen Inverters macht die Erklärung der folgenden logischen Grundschaltungen einfach. Deshalb wird hier mit dem Hinweis auf Bild 3.21 b in allen Schaltungen das KLF weggelassen. Logisch „oder“ wird mit +, logisch „und“ mit · und das Komplement mit Überstreichung gekennzeichnet.

3.11.1 NAND-Schaltung

Die Schaltung arbeitet als Inverter mit zwei oder mehreren binären Eingängen und dem logischen NAND-Ausgang. Der Ausgang liegt nur dann auf $2U_L$ (logisch 0), wenn beide Eingänge V_{DD}, d. h. logisch 1, sind. Die Kanäle der PD-Transistoren liegen in Reihe, deshalb ist für n Eingänge die PD-Zeitkonstante

$$\tau_{E_{NAND}} = n\tau_E.$$

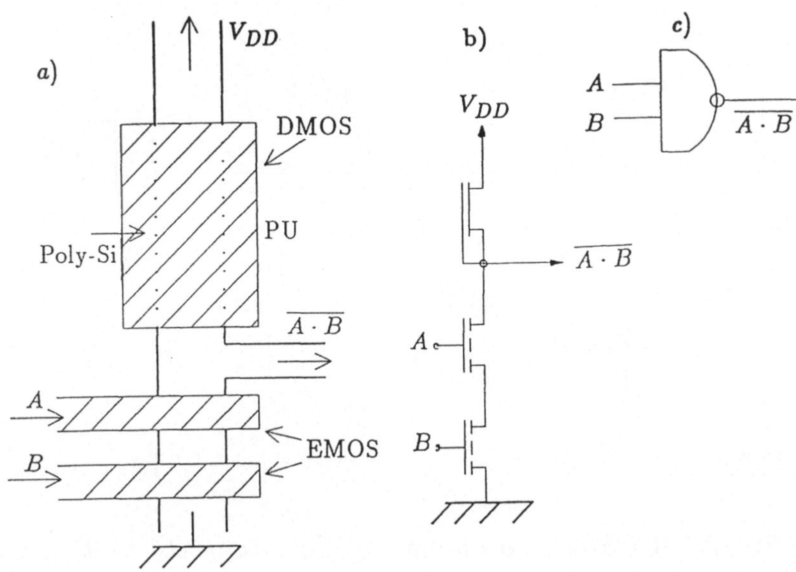

Bild 3.24: NAND-Gate: Aufbau (a), Schaltung (b) und Symbol (c)

3.11.2 NOR-Schaltung

Der Ausgang in Bild 3.25 liegt nur dann auf V_{DD} (logisch 1), wenn beide Eingänge sperren, d. h. auf logisch 0 unter V_t liegen. Sind beide Eingänge 1, dann sinkt der Ausgang etwa auf $U_L/2$. Da bei einer NOR-Schaltung i. allg. alle n Eingänge nicht gleichzeitig 1 werden, wird die PD-Zeit ungefähr τ_E sein und sich nur in Ausnahmefällen τ_E/n nähern.

3.11.3 Bistabile Speicher

Könnte man das Steuergate C_G eines n-MOS Inverters vor Entladung bewahren, dann würde dieser ohne weiteres als Schreib-Lesespeicher (random access memory, RAM) oder als Stufe eines Schieberegisters funktionieren. Im n-MOS-Rechner sind fast alle RAM als C_G-Speicher ausgeführt, nur wird ca. alle 4ms die gespeicherte Information (Gateladung) neu eingeschrieben (refresh).

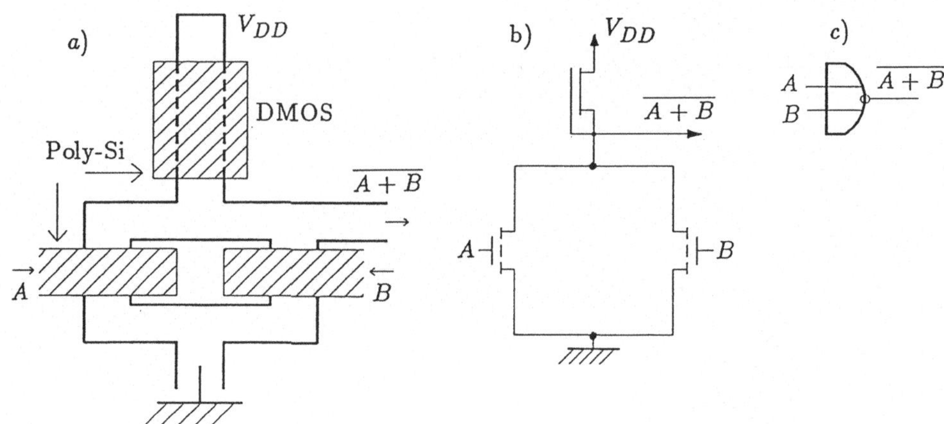

Bild 3.25: NOR-Gate: Anordnung (a), Schaltung (b) und Symbol (c)

Im IC in anderer Technologie, insbesondere in bipolarer, können statische Arbeitsspeicher nicht so einfach gebaut werden. Hier, und auch in Spezialfällen bei MOS-Schaltungen, kommen bistabile Kippschaltungen als RAM zur Anwendung.

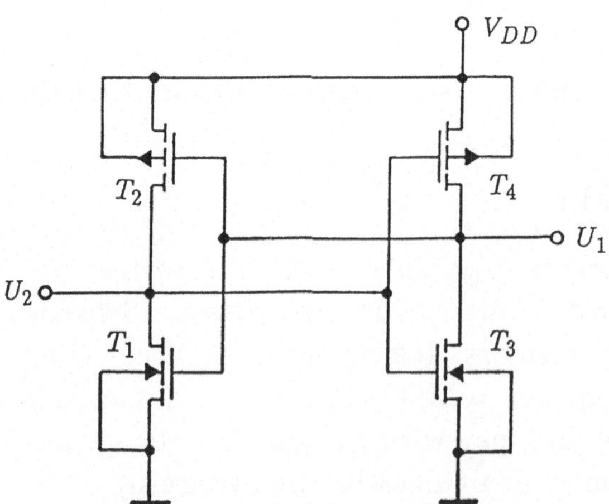

Bild 3.26: Bistabiler Multivibrator (Flip-Flop) mit C-MOSFET

Die Schaltung in Bild 3.26 zeigt ein sogenanntes Flip-Flop, in der heute meistverwendeten C-MOS Technologie, das aus zwei hintereinander geschalteten Invertern besteht, wobei der Schaltungsausgang wieder an den Eingang rückgeführt ist. Der C-MOS Inverter besteht aus zwei selbstsperrenden MOSFET, einem n-Kanal (T_1) und einem p-Kanal (T_2). Liegt die Spannung der beiden verbundenen Gates U_1 an V_{DD}, so leitet T_1, und T_2 sperrt; liegt U_1 an 0, dann leitet T_2, und T_1 sperrt. In keinem Ruhezustand fließt im C-MOS IC Strom, nur der Ladestromimpuls der nachgeschalteten Kapazität C_G wird vom jeweils einschaltenden Transistor geliefert. Pro Umschaltung wird also vom C-MOS-Inverter die Energie $C_G V_{DD}^2/2$ in C_G abgegeben und dieselbe Energie im leitenden Transistor dissipiert, wie dies mit Gl. (1.15) gezeigt wurde.

Das aus zwei positiv rückgekoppelten Invertern bestehende Flip-Flop ist demnach eine **bistabile Schaltung:** Entweder T_1 und T_4 leiten bei $U_1 = H$ und $U_2 = 0$ (Zustand I) oder T_3 und T_2 leiten durch $U_2 = H$ und $U_1 = 0$ (Zustand II). Damit wirkt diese Schaltung wie ein Einrastmechanismus (latch), der von sich aus in einem stabilen Zustand so lange bleibt, als V_{DD} anliegt bzw. bis von außen ein Umschalten bewirkt wird. Das programmierende Umschalten aus dem Zustand I erfolgt so, daß z. B. die Spannung U_1 kurzzeitig an 0 gelegt wird, womit T_1 sperrt und T_2 sprunghaft einschaltet. Damit stellt sich der stabile Zustand II ein, und zwar unabhängig vom nachfolgenden Verlauf von U_1 und U_2, wenn diese nur nicht von außen über die Inversionsspannung angehoben werden. Auf diese Weise können beide stabilen Zustände in das Flip-Flop eingeschrieben bzw. gelöscht werden.

3.11.4 PLD: Programmable Logic Devices

Die kundenspezifischen (custom design) Schaltungen gewinnen immer mehr an Bedeutung, weil viele Hersteller spezieller Geräte der Datenverarbeitung, der intelligenten Feinmechanik, Regelungs- und Steuerungstechnik usw. mit anwendungsspezifischen **ASIC (application specific IC)** einen Konkurrenzvorteil und gewissen Schutz gegen nicht autorisierten Nachbau erlangen. Da die Signalverarbeitung in diesen Geräten aus den schon in Abschnitt 3.9 erwähnten Gründen und zur Bewahrung der programmierbaren Flexibilität dieser Schaltungen fast ausschließlich in digitalen IC erfolgt, bieten die Halbleiterfabriken programmierbare und oft auch löschbare Gatterfunktions-IC, die PLD (programmierbare logische Bauelemente) an, welche spezielle logische Funktionen dadurch erfüllen, daß in ein vom IC-Hersteller vorgegebenes Raster an bestimmten Knotenstellen elektrische Verbindungen vom Hersteller oder Anwender eingebaut werden.

Das Bild 3.27 soll zunächst ein Beispiel für die Realisierung von bestimmten logischen Verknüpfungen geben. Vom IC-Hersteller wird der Aufbau einer programmable logic array (PLA) in Form zweier Raster am Chip festgelegt, der AND- und OR-Ebene. Das Bild 3.27 a zeigt dieses Schema: Die logischen Eingänge $E1$ bis Em werden im ersten Taktschritt im Eingangsregister gespeichert und der AND-Ebene angeboten. Im zweiten Taktschritt kommt die Steuerung der OR-Ebene durch die Verbindungsleitungen $R1$ bis Rn von der AND-Ebene zur Wirkung und die Information wird den Ausgängen $A1$ bis Ak über das Ausgangsregister zugeführt.

Einen Überblick über eine spezielle PLA-Struktur gibt Bild 3.27 b: Die Eingänge $E1$, $E2$, $E3$ liegen über MOS-Schalttransistoren, die vom Takt 1 gesteuert werden und über Leitungstreiber (d. h. invertierenden oder nicht invertierenden Ladungsverstärkern) an den Leitungen der AND-Ebene. Die vom Kunden gewünschten logischen Verknüpfungen entstehen durch PD-Transistoren am Kreuzungspunkt der E- mit den R-Leitungen. In der OR-Ebene sind die gewünschten logischen Verknüpfungen auch durch PD-Transistoren an den Kreuzungen der R- mit den A-Leitungen hergestellt. Das Ausgangsregister besteht wieder aus Schaltern für Takt 2 und Leitungstreibern.

Wie entsteht nun eine logische Funktion der Eingänge an einem bestimmten Ausgang? Als Beispiel wählen wir $A4$, das mit $R3$ und $R4$ verknüpft ist:

$$R3 = \overline{E1 + E2 + \overline{E3}}, \qquad R4 = \overline{E1 + \overline{E2} + E3}$$

Nach Anwendung des Theorems von de MORGAN $(\overline{A + B + C}) = \overline{A} \cdot \overline{B} \cdot \overline{C}$ erhalten wir für

$$A4 = \overline{\overline{R3 + R4}} = \overline{E1} \cdot \overline{E2} \cdot E3 + \overline{E1} \cdot E2 \cdot \overline{E3}.$$

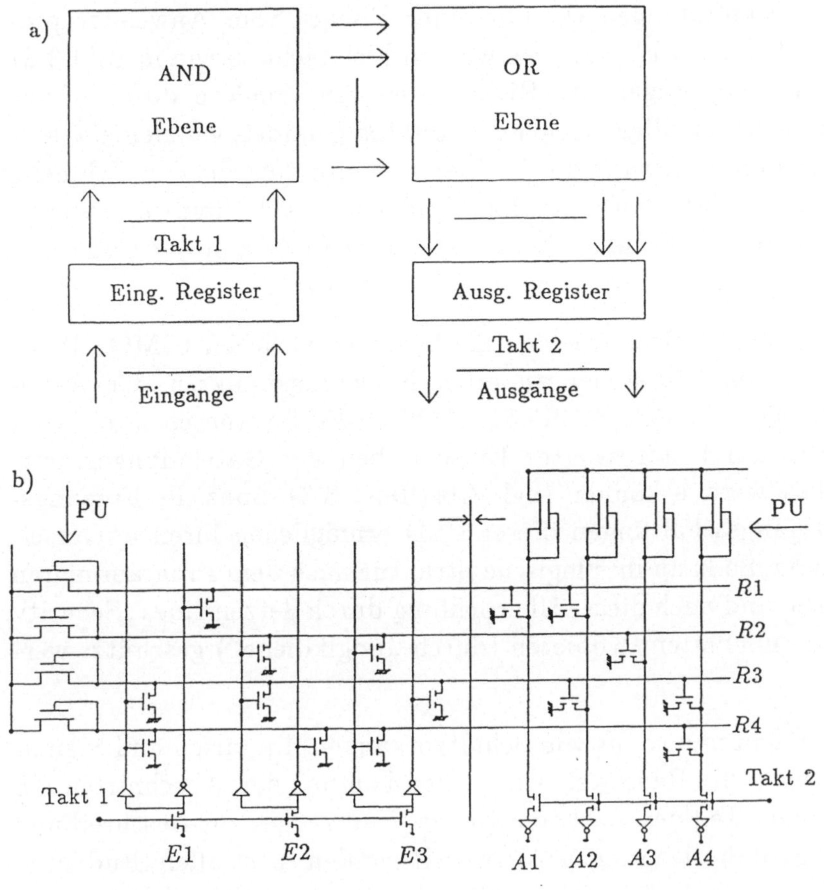

Bild 3.27: Aufbau (a) und Struktur (b) einer PAL

Daraus ersieht man den Ursprung der Bezeichnung AND- und OR-Ebene. Die Flexibilität ist durch Umschaltemöglichkeiten zwischen den Ausgängen gewahrt. Die Bearbeitungszeit durch diese PLA ist 2 Taktschritte oder etwa $200\tau_v$. Verglichen mit der Signalverarbeitung in unspezifischen Einzel-IC oder einem Mikroprozessor ist die PLA also viel schneller und sicherer.

Die besprochene PLA in n-MOS-Technik ist zwar ein PLD, das eine günstige Realisierung allgemeiner logischer Funktionen durch den Hersteller ermöglicht – auf dem Inverter aufbauend kann es auch recht anschaulich erklärt werden – aber Anwendungen dieses ASIC sind heute relativ selten. Vielmehr findet man noch oft TTL (bipolare Transistor-Transistor-Logik) PROM in denen die logischen Verknüpfungen (in nur einer Ebene) vom Anwender programmiert werden können. Sie werden hier nicht so wie in Bild 3.27 durch einzelne, eingebaute PD-Transistoren, sondern durch dünne Metallbrücken an allen Kreuzungspunkten gebildet, von denen einige bei der Programmierung durch einen Stromimpuls wie eine Schmelzsicherung durchgebrannt werden. Leider läßt sich dann die logische Struktur dieses PROM nicht mehr ändern und kann auch von Unbefugten mit dem Mikroskop ausgelesen werden.

Diese Nachteile vermeiden die heute erhältlichen C-MOS PLD: Hier sind vom Hersteller an allen Kreuzungspunkten der AND- und/oder OR-Ebene MNOS oder FAMOS-FET vorgesehen, die vom Anwender durch adressiertes Einschreiben der Gateladungen programmiert werden können (vgl. Abschnitt 3.3). Spezielle Eingangs- und Ausgangsschaltungen dieser PLD ermöglichen ihren universellen Einsatz. So kann ihre logische Struktur nach dem Programmieren ausgelesen und nach dieser Überprüfung durch Setzen eines „Security Bit“ vor unbefugtem Kopieren (durch „Logikdiebe“) geschützt werden.

Nachdem nun so oft von Schaltvorgängen, Impulsen und Signalverzerrungen die Rede war, soll in den kommenden Abschnitten ein bescheidener Teil des mathematischen Werkzeuges zur Beschreibung dieser Signalübertragungen vorgestellt werden. Fast allen Studenten wird beim ersten Blick diese Mathematik schrecklich abstrakt und nutzlos erscheinen. Erst später, wenn der eifrige Leser merkt, welche Aufgabenstellungen damit einfach bzw. überhaupt erst lösbar werden, sollte diese Mathematik einen Teil ihres Schreckens verlieren. Und vielleicht freundet sich mit diesen Methoden jener Informatiker an, der sie zur Lösung ähnlicher Probleme auf einem ganz anderen Gebiet der Physik oder Technik braucht.

4 Signale und Spektren

In allen Geräten der elektronischen Informationsverarbeitung und -übertragung gelangen Signale zum Einsatz, deren Form von Sinusschwingungen, wie sie im 2. Kapitel behandelt wurden, stark abweicht. Im einfachsten Fall werden für die binäre Signalverarbeitung Gleich- und Wechselströme ein- und ausgeschaltet. Wesentlich kompliziertere Signalformen sind zur Übermittlung analoger Signale (z. B. für Rundfunk und Fernsehen) und zur Übermittlung von binärer Information (Daten) in den vom Gesetzgeber eng begrenzten Frequenzbereichen notwendig.

Der Zusammenhang zwischen der Signalform und ihrem Frequenzspektrum ist der Inhalt des folgenden Abschnittes. Eingangs stehen periodische Signale, die aus einzelnen Sinusschwingungen zusammengesetzt sind (man spricht von Linienspektren), dann wenden wir uns komplizierteren Signalformen zu, wie sie zur Informationsübermittlung notwendig sind und bestimmte Frequenzintervalle (man spricht von Bändern) kontinuierlich ausfüllen.

Wie schon in der Einleitung des Kapitels über Wechselstrom gesagt, ermöglichen i. allg. erst diese Spektralzerlegungen die Berechnung von Signalverarbeitungssystemen. Überall, wo es um Messen, Steuern und Regeln geht, werden dynamische Vorgänge meist als eine Menge von Sinusschwingungen modelliert. Ist das Systemverhalten bei jeder relevanten Frequenz einmal gemessen bzw. berechnet, so kann man sehr genau die Systemantwort auf ein beliebiges Signal finden.

4.1 Die Fourierreihe

Im folgenden Text werden die zeitabhängigen Funktionen mit Kleinbuchstaben, z. B. $f(t)$, $s(t)$, und Funktionen der Frequenz mit Großbuchstaben (z. B. $S(\omega)$) bezeichnet. Jede mit der Periode T **periodische Funktion** der Elektrotechnik und Physik

$$f(t) = f(t+T) \tag{4.1}$$

kann durch eine Summe von Sinusschwingungen, die Fourierreihe, dargestellt werden.

$$f(t) = a_0/2 + \sum_{n=1}^{\infty} a_n \cos n\,\omega_0\,t + b_n \sin n\omega_0\,t. \tag{4.2}$$

Dabei ist $\omega_0 = 2\pi/T$, die Grund(kreis)frequenz, und die spektralen Koeffizienten a_n und b_n lassen sich aus einer Periode von $f(t)$ berechnen. (Der Beweis folgt aus der Orthogonalität der trigonometrischen Funktionen und sei der Mathematikvorlesung überlassen.)

$$\begin{aligned} a_n &= \frac{2}{T}\int_{t_0}^{t_0+T} f(t)\cos n\omega_0 t\,dt, \\ b_n &= \frac{2}{T}\int_{t_0}^{t_0+T} f(t)\sin n\omega_0 t\,dt, \\ & n = 0, 1, 2.... \end{aligned} \tag{4.3}$$

Sinus und Kosinus können als Exponentialfunktionen dargestellt werden. Aus Gl. (2.4) folgt:

$$2j\sin\alpha = e^{j\alpha} - e^{-j\alpha}, \quad 2\cos\alpha = e^{j\alpha} + e^{-j\alpha}.$$

Damit kann man die komplexe Darstellung der Fourierreihe anschreiben

$$f(t) = (1/2)\sum_{n=-\infty}^{\infty} \underline{C_n} e^{jn\omega_0 t} \tag{4.2 a}$$

$$\underline{C_n} = (2/T)\int_{t_0}^{t_0+T} f(t) e^{-jn\omega_0 t}\,dt. \tag{4.3 a}$$

Mit dem komplexen Amplitudenfaktor $\underline{C_n}$ stimmt (4.2 a) mit (4.2) überein, denn es ist:

$$C_0 = a_0, \quad \underline{C_{+n}} = a_n - jb_n, \quad \underline{C_{-n}} = \underline{C^*_{+n}} = a_n + jb_n.$$

Die „negativen" Frequenzen in (4.2 a) ($n < 0$ wird hier als $-n$ geschrieben) kommen aus der komplexen Darstellung des sin und cos in Gl. (2.4 a,b).

Die periodische Funktion $f(t)$ ist also aus einzelnen Sinusschwingungen bei ganzzahligen Vielfachen der Grundfrequenz $f_0 = 1/T$ zusammengesetzt:

$f(t)$ **hat ein (diskretes) Linienspektrum**. Die einzelnen Schwingungen werden bezeichnet mit:
$a_0/2$.... Gleich(spannungs- oder -strom)anteil,
f_0...... Grundschwingung oder 1. Harmonische,
$2f_0$..... 1. Oberwelle oder 2. Harmonische,
nf_0..... $(n-1)$. Oberwelle oder n. Harmonische.

Ist $f(t)$ eine zeitabhängige Spannung, dann haben a_n, b_n und $\underline{C_n}$ die Dimension V; ist $f(t)$ ein Strom, dann ist a_n, b_n und $\underline{C_n}$ in A anzugeben!

4.1.1 1:1-Rechteckschwingung

Das Bild 4.1 zeigt $f(t)$ in Form einer Rechteckschwingung mit einem 1:1-Aus-Ein(Tast)-Verhältnis und den Amplitudenwerten +1 und −1. Wird der Nullpunkt der Zeitachse wie in Bild 4.1 a gewählt, dann ergibt sich die Fourierreihe aus Gl. (4.3):

$$f(t) = \frac{4}{\pi}\left(\sin \omega_0 t + \frac{1}{3}\sin 3\omega_0 t + \frac{1}{5}\sin 5\omega_0 t + ...\right).$$

Die a_n sind **alle Null**, weil es sich um eine **ungerade Funktion** handelt: $f(-t) = -f(t)$.

Wird aber die Zeitachse in Bild 4.1 a um $T/4$ nach rechts verschoben, so entsteht eine **gerade Funktion** $f(-t) = f(t)$: Hier **verschwinden** gemäß Gl. (4.3) **alle** b_n,

$$g(t) = f\left(t + \frac{T}{4}\right) = \frac{4}{\pi}\left(\cos \omega_0 t - \frac{1}{3}\cos 3\omega_0 t + \frac{1}{5}\cos 5\omega_0 t - ...\right).$$

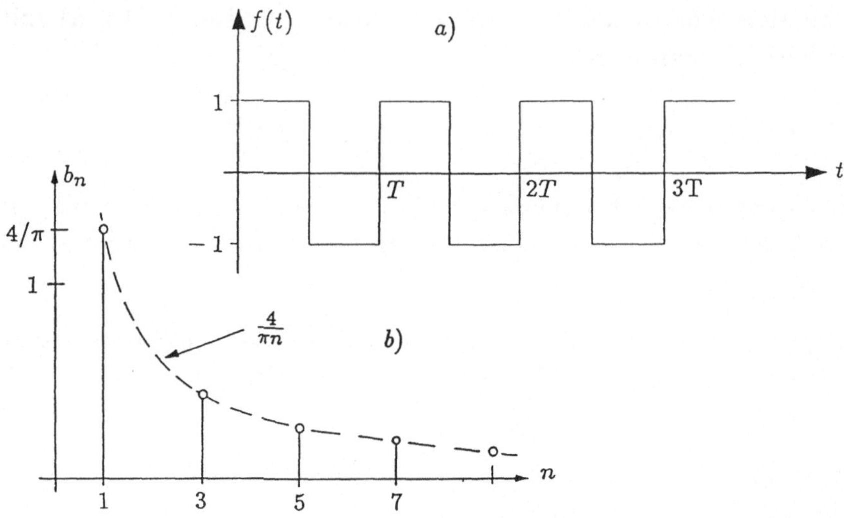

Bild 4.1: Periodische 1:1-Rechteckschwingung (a) und ihr Spektrum (b)

Dem eifrigen Leser wird empfohlen, die Reihen nachzurechnen. Er wird entdecken, daß er durch schlaue (symmetrische) Wahl der Integrationsgrenzen, d. h. t_0 in Gl. (4.3), sich die Integration vereinfacht und ein Vergleich der Symmetrieeigenschaften von sin und cos mit denen von $f(t)$ das Verschwinden der cos-Komponenten bei ungeraden, schiefsymmetrischen Funktionen und das Wegfallen der Sinusglieder bei symmetrischen, geraden Funktionen erkennen läßt.

4.1.2 Periodischer Rechteckpuls

Als nächstes Beispiel wird das Spektrum eines periodischen Rechteckpulses berechnet, der aus Impulsen der Amplitude A und Dauer t_p besteht, die mit der Periode T auftreten. Bild 4.2 zeigt diesen Puls in einer schlauen Achsenanordnung, die die sin-Glieder verschwinden läßt.

Der Gleichanteil ergibt sich durch Planimetrierung, die hier auch unmittelbar (ohne Integration) als Aufteilung der Impulsfläche At_p auf die Periodendauer T durchführbar ist. Aus der Berechnung der

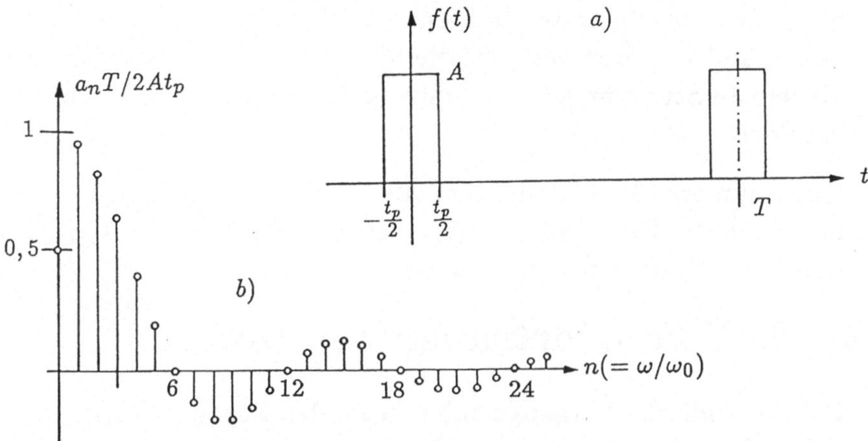

Bild 4.2: Der Rechteckpuls (a) und das Spektrum (b) für $T = 6t_p$

Harmonischen ergibt sich die Fourierreihe:

$$a_n = \frac{4A}{T}\int_0^{T/2} \cos n\omega_0 t \; dt = \frac{4A}{Tn\omega_0} \cdot \sin n\omega_0 t \,\Big|_0^{t_p/2} = \frac{2A}{n\pi} \sin \frac{n\pi t_p}{T},$$

$$f(t) = \frac{At_p}{T}\Big(1 + 2\sum_{n=1}^{\infty} \frac{\sin(n\pi t_p/T)}{n\pi t_p/T} \cdot \cos n\omega_0 t\Big). \qquad (4.4)$$

Die Amplitudenwerte a_n folgen also einer $\sin n\varphi/n\varphi$-**Funktion** (hier ist $\pi t_p/T = \varphi$ gesetzt). Diese Funktion hat ihre Nullstellen bei $n\varphi = \pi$, 2π, usw.: Die erste liegt bei $n = T/t_p$, d. h. je schmäler der Impuls ist, desto breiter wird die Hauptkeule bis zur ersten Nullstelle.

Für die spektrale Darstellung in Bild 4.2 b wurde ein **Tastverhältnis** $t_p : T = 1 : 6$ gewählt. Die ersten 5 Harmonischen liegen in der Hauptkeule und beinhalten etwa 90% der gesamten Schwingungsenergie. Die 6. Oberwelle ist wegen des ganzzahligen Tastverhältnisses Null.

Mit diesem Beispiel wird die Zerlegung **periodischer Funktionen in diskrete Frequenzen** (die ganzzahlige Vielfache der Grundfrequenz sind), d. h. in **das Linienspektrum**, verlassen. Die obigen zwei Beispiele und weitere Übungsbeispiele lassen für solche Spektren erkennen:

- Das Weglassen von Oberwellen $n > n_k$, rundet die resultierende Signalform ab. In erster Näherung beobachtet man anstelle der Ecken und Geraden von $f(t)$ die höchste $(n_k - 1)$. Harmonische als feinste Struktur jenes Signalverlaufes, der die Funktion $f(t)$ annähert.

- Umso steilere Flanken und schmälere Spitzen $f(t)$ enthält, umso mehr Oberwellen sind zur annähernden Darstellung von $f(t)$ durch die Fourierreihe notwendig.

4.2 Die Fouriertransformation

Rein periodische Vorgänge haben wohl den Zusammenhang zwischen Signalform und Spektrum im vorigen Abschnitt erkennen lassen, sind aber zur Informationsübertragung unbrauchbar. Für die Praxis der Übertragungs- und Schaltungstechnik sind vielmehr einmalige bzw. nicht periodische Vorgänge und ihr Spektrum interessant. Dem Übergang vom periodischen zum einmaligen bzw. nicht periodischen Signal im Zeitbereich entspricht im Frequenzbereich der Übergang von der (diskreten) Fourierreihe zum (kontinuierlichen) Fourierintegral (oder der Fouriertransformierten des Signals).

Diese Übergänge seien am letzten Beispiel, Bild 4.2, näher erläutert. Aus dem periodischen Puls wird ein einzelner Impuls, wenn die Periode $T \to \infty$ geht! Bis zur ersten Nullstelle der spektralen $\frac{\sin n\varphi}{n\varphi}$-Verteilung bei $n = T/t_p$ treten T/t_p Spektrallinien auf. Es werden daher in Bild 4.2 b die Spektrallinien immer dichter, je größer T wird. **Aus dem Linienspektrum wird eine kontinuierliche Spektralfunktion.** Dementsprechend setzt sich das Signal nicht wie in Gl. (4.2) aus einer Summe von einzelnen Frequenzen, sondern aus einem Integral über die kontinuierlich verteilte Spektralfunktion zusammen. Die Werte der Spektralfunktion bei der Frequenz ω können genauso wie die Amplituden der Harmonischen in Gln. (4.3) bzw. (4.3 a) durch Integration von $f(t)\cos\omega t$ über das ganze Signal (d. h. also für $T \to \infty$ von $-\infty$ bis $+\infty$) gewonnen werden. Obwohl die Fouriertransformation in reeller (sin und cos) Schreibweise existiert, hat sich – genauso wie die Zeigerdarstellung für Wechselstrom – die komplexe Darstellung in Elektrotechnik und Physik durchgesetzt. Daher müssen wir also genauso wie für n in Gl. (4.2 a) auch negative Werte für ω in die Rechnung aufnehmen. (Das folgt aus der komplexen Darstellung der reellen Schwingung $\cos\omega t = (1/2)(e^{j\omega t} + e^{-j\omega t})$.)

Schreiben wir für das **Signal** $s(t)$ und sein **Spektrum** $S(\omega)$, so verknüpft diese die **Fouriertransformation**:

$$S(\omega) = \int_{-\infty}^{\infty} s(t)\, e^{-j\omega t}\, dt = FT^{-}(s(t)), \tag{4.5}$$

$$s(t) = (1/2\pi) \int_{-\infty}^{\infty} S(\omega)\, e^{j\omega t}\, d\omega = FT^{+}(S(\omega)), \tag{4.5 a}$$

$$s(t) \leftrightarrow S(\omega). \tag{4.5 b}$$

Das Symbol in Gl. (4.5 b) bedeutet, daß $s(t)$ und $S(\omega)$ ein **Fourierpaar** bilden, daß durch die Fouriertransformation (4.5) und (4.5 a) einander zugeordnet ist. Das Fourierintegral (4.5) ist für Signale existent, die in der Praxis vorkommen. Mathematisch gesprochen: Das Integral

$$\int_{-\infty}^{+\infty} |\, s(t) \,|\, dt$$

muß existieren und einen endlichen Wert ergeben.

Wie man sich leicht überzeugt, ist die Fouriertransformation linear, d. h. es gilt für 2 Funktionen g und h

$$FT^{\pm}(g \pm h) = FT^{\pm}(g) \pm FT^{\pm}(h).$$

Die Fouriertransformation ist eines der wichtigsten und brauchbarsten Werkzeuge in der Elektrotechnik, Physik, Mechanik, Optik, usw. Die Informatik hat deshalb eine große Zahl von Algorithmen zur Behandlung der Spektralanalyse geschaffen: Die Abtastung (Sampling) von $s(t)$ führt zur **DFT (discrete Fourier transform)**, die sehr rechenintensiv ist. Eine wesentliche Verringerung der Rechnerzeit ermöglicht die **FFT (fast FT)** und mehrere andere Rechenverfahren für bestimmte Zahlen von Abtastwerten. Für die Signalanalyse (z. B. zur Spracherkennung) werden derzeit intensiv FFT-IC entwickelt, die wegen der zahlreichen Rechenoperationen für größere Zahlen von Abtastwerten und Quantisierungsstufen recht kompliziert sind.

4.2.1 Rechteckimpuls und Rechteckspektrum

In Gl. (4.4) und Bild 4.2 haben wir den periodischen Rechteckpuls analysiert. Wie schaut nun das Spektrum eines einzigen Impulses aus? In Bild 4.3 wird das Fourierpaar Rechteckimpuls und sein Spektrum vorgestellt.

Die gezeichnete Impulsfunktion liefert:

$$S(\omega) = \int_{-t_p/2}^{t_p/2} Ae^{-j\omega t}dt = jA/\omega(e^{-j\omega t_p/2} - e^{j\omega t_p/2}) =$$

$$= t_pA \cdot \sin(\omega t_p/2)/(\omega t_p/2) = t_pA\,\mathrm{si}(\omega t_p/2) = At_p\,\mathrm{si}(\pi f t_p). \quad (4.6)$$

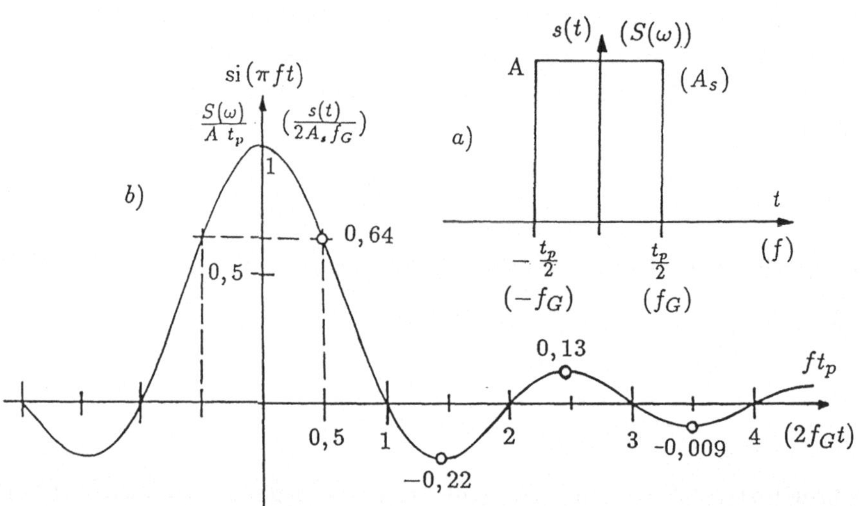

Bild 4.3: Rechteckimpuls-(Spektrum) (a) und Spektrum (Zeitfunktion) (b)

In Gl. (4.6) begegnen wir erstmals der $\sin x/x$ oder **si-Funktion**, die in Bild 4.3 gezeichnet ist. Sie beschreibt die spektrale Amplitudendichte, das Spektrum eines Rechteckimpulses. Die negativen Werte von $S(\omega)$ bedeuten, so wie bei der Fourierreihe bei a_n und b_n, eine Phasendrehung von 180° (= Vorzeichenumkehr) für Frequenzen, für die $S(\omega) < 0$ ist. Beachte die ersten Nullstellen des Spektrums bei $f = \pm 1/t_p$, welche die Hauptkeule begrenzen, in der 90% der gesamten Impulsenergie liegt.

Vom Gesetzgeber (bzw. der Postverwaltung) und vorgegebenen Bauelementen wird dem Benutzer oft ein Frequenzband zwischen 0Hz und f_G vorgegeben. Will man dieses Band möglichst gut ausnützen, so wird man zur Datenübertragung Signale wählen, die ein von 0 bis f_G gleich verteiltes Rechteckspektrum haben. Diese Signale können aus Gl. (4.5 a) errechnet werden, indem man die Spektralamplitude A_S von $-f_G$ bis $+f_G$ integriert. So erhält man das Fourierpaar (4.7).

$$S(\omega)^{=A_S \text{ für} -f_G<f<f_G}_{=0 \text{ für}|f|>f_G} \leftrightarrow s(t) = 2A_S\, f_G \,\mathrm{si}(2\pi f_G t). \qquad (4.7)$$

Dieses Paar kann in Bild 4.3 dargestellt werden, wenn die Achsen und Bezeichnungen entsprechend vertauscht (hier in Klammern) sind. Der erste Nulldurchgang von $s(t)$ erfolgt bei $t = 1/2f_G$.

Unser Beispiel zeigt also, daß ein Rechteckimpuls ein unendlich breites $\mathrm{si}(\omega t_p/2)$ Spektrum braucht und die unendlich lange $\mathrm{si}(\omega_G t)$ Signalfunktion ein Rechteckspektrum gleichmäßig ausnützt.

Mit Rechteckimpulsen zur Datenübertragung werden also die Post (und besonders die Benützer der Nachbarkanäle) keine Freude haben. Aber wie kann man si-Signale zur Datenübertragung verwenden? Obwohl diese Frage später beantwortet wird, sollte der strebsame Leser schon hier darüber nachdenken.

4.2.2 Der Diracimpuls

Was geschieht mit dem Spektrum eines Impulses, der immer dünner und höher wird? (Viele Leute wollen in kurzer Zeit so große Datenmengen verarbeiten, daß sie sich solche Impulse für ihre Rechner wünschen.)

In Bild 4.3 würde das heißen, wir halten die Impulsfläche $A\ t_p$ konstant und gehen mit t_p gegen Null. Der so entstehende Impuls, die sogenannte Stoßfunktion, trägt den Namen des englischen Physikers P. DIRAC, der diese Funktion in der Quantenmechanik einführte. Aus Gl. (4.6) und Bild 4.3 b ist ersichtlich, daß mit $t_p \to 0$ die 1. Nullstelle des Spektrums $\to \infty$ geht, d. h. die Hauptkeule ∞ breit wird. Das Spektrum des Diracimpulses $\delta(t)$ ist also 1,

$$\delta(t) \leftrightarrow 1. \qquad (4.8)$$

Umgekehrt überlegt man sich einfach, daß dem (ewig dauernden) Gleichwert 1 eine Spektrallinie bei $\omega = 0$, d. h. $\delta(\omega)$ entspricht.

$$1 \leftrightarrow 2\pi\delta(\omega). \tag{4.8 a}$$

Der Faktor 2π kommt von der Unsymmetrie der FT-Gleichung (4.5).

Unmittelbar daraus ableitbar und einleuchtend ist auch das Spektrum eines komplexen Zeigers und einer harmonischen Schwingung,

$$\begin{aligned} e^{j\Omega t} &\leftrightarrow 2\pi\delta(\omega - \Omega), \\ A \cos \Omega t &\leftrightarrow \pi A(\delta(\omega - \Omega) + \delta(\omega + \Omega)), \end{aligned} \tag{4.8 b}$$

und das Spektrum des gegenüber $t = 0$ um t_0 zeitverschobenen Diracstoßes:

$$\delta(t - t_0) \leftrightarrow e^{-j\omega t_0}. \tag{4.8 c}$$

Die Gl. (4.8 b) drückt also den cos gemäß Gl. (2.4a) als

$$2 \cos \Omega t = e^{j\Omega t} + e^{-j\Omega t}$$

aus. Allgemein hat eine gerade Zeitfunktion ein gerades Spektrum und eine ungerade (schiefsymmetrische) ein ungerades, was den Verhältnissen für a_n und b_n bei der Fourierreihe entspricht.

4.2.3 Die Gaußsche Glockenkurve

Wir haben gesehen, daß Ecken in der Zeitfunktion, insbesondere Stöße wie $\delta(t)$, einen enormen Frequenzbandbedarf haben. Signale mit gleichmäßig sanft geschwungenen Kurven, wie si-Impulse, kommen dagegen mit einer kleinen Bandbreite aus, dauern aber sehr lang; man sagt, sie haben große Ein- und Ausschwingzeiten. Eine Kurvenform, die in der Praxis schnell abklingt und dabei nicht allzuviel Frequenzbandbreite braucht, ist der Gauß-Impuls $g(t)$ mit dem Spektrum $G(\omega)$ (Bild 4.4),

$$g(t) = e^{-(\frac{t}{t_m})^2} \leftrightarrow G(\omega) = \sqrt{\pi} t_m e^{-(\frac{t_m \omega}{2})^2}. \tag{4.9}$$

Als „Streuung σ" der oft als Normalverteilung in der Wahrscheinlichkeitsrechnung und in der stochastischen Nachrichtentechnik vorkommenden Gauß-Kurve wird ihre Breite für den $1/e$-Wert

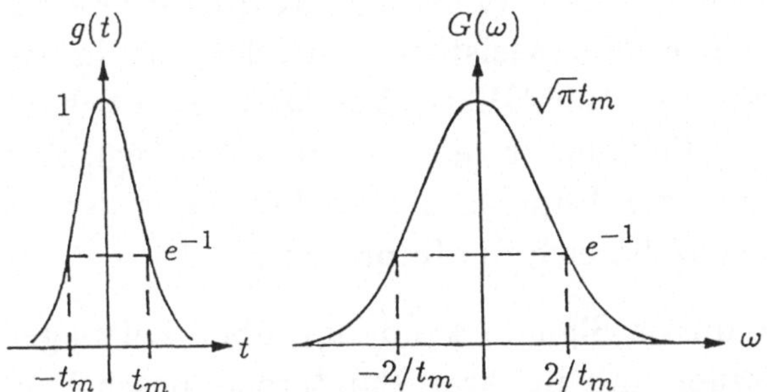

Bild 4.4: Gauß-Impuls und sein Spektrum

des Maximums bezeichnet. Daher ist in Gl. (4.9) $\sigma_t = t_m$ im Zeit- und $\sigma_\omega = 2/t_m$ im Frequenzbereich. Innerhalb der Kuppenbreite 2σ liegen 87% der Energie des Impulses. Das gilt für den Zeit- und Frequenzbereich!

4.3 Modulation

Die zwei vorigen Abschnitte handeln von Signalen, in deren Spektrum ein Gleichanteil bzw. sehr niedere Frequenzen enthalten sind. Der Nachrichtentechniker spricht von diesem Frequenzbereich als **Basisband**.

Für Musik- und Sprachsignale heißen diese Frequenzen der **Audiobereich**, der etwa von 30Hz (untere Hörschwelle) bis 20kHz (obere Hörschwelle des jungen Menschen) reicht. Telephongespräche werden wegen der Frequenzökonomie nur im Band von etwa 300Hz bis 3,6kHz übertragen.

Das Helligkeitssignal des Fernsehbildes sowie des Rechner-Bildschirmes nehmen zusammen mit den Synchronisiersignalen für die vertikale- und horizontale-Ablenkung einen Frequenzbereich von etwa 6-10MHz in Form von ziemlich scharfen Linien ein: Wegen des „fast“ periodischen Helligkeitsverlaufes von Bildschirmzeile zu Bildschirmzeile hat dieses **Videosignal** quasi ein Linienspektrum. Der Zwischenraum zwischen den Linien wird zur Übertragung der Farbinformation verwendet. Auch bei Radarbildern spricht man von Videosignalen.

Im **Rechner** wünscht man sich **rechteckige Impulse**, die mit sehr steilen Flanken ein sehr großes Basisband ausfüllen, das in den schnellsten Maschinen bis einige 100MHz reichen kann. Alle Schalt- und Verzögerungsvorgänge, die hohe Frequenzen dämpfen (vgl. Bild 3.22 b) runden die Flanken der Impulse ab. So bestimmt der im Rechner übertragbare Spektralbereich die Impulsform.

Das Basisband aller dieser Signale kann nur über Leitungen übertragen werden, die teuer und in ihrer Bandbreite beschränkt sind. Die Nachrichtentechnik verwendet deshalb hochfrequente Signale zur Übertragung, die über Leitungen, von Antennen oder optisch abgestrahlt werden und sich als **hochfrequente elektromagnetische Welle bzw. Licht** in Leitung, Raum oder Wellenleiter ausbreiten. Als **Modulation** bezeichnet man das Aufprägen der **Basisband-Information auf die oft hochfrequente Trägerschwingung.** Der Vorgang der **Demodulation** ist die **Rückgewinnung des Basisbandsignales** aus dem modulierten Trägersignal beim Empfänger.

4.3.1 Amplitudenmodulation (AM)

Diese Modulationsart wird im Lang-, Mittel- und Kurzwellenrundfunk sowie in einer Frequenzbandbreite sparenden Version für das Fernsehbildsignal verwendet. Bei AM entspricht die Amplitude (Mittelwert A) des hochfrequenten (HF) Trägers (Frequenz Ω) dem Basisbandsignal, das zunächst als harmonische Schwingung der Frequenz ω angenommen wird: Damit kann man die Modulationsfunktion $m(t)$ mit dem Modulationsgrad m und die hochfrequente Signalfunktion $s(t)$ anschreiben:

$$\begin{aligned} m(t) &= A(1 + m\cos\omega t), \\ s(t) &= m(t)\cos\Omega t = A(1 + m\cos\omega t)\cos\Omega t = \\ &= A[\cos\Omega t + \frac{m}{2}(\cos(\Omega - \omega)t + \cos(\Omega + \omega)t)]. \end{aligned} \tag{4.10}$$

Aus der Anwendung der Produktformel für cos-Funktionen ergibt sich so die AM-modulierte Schwingung als Linienspektrum bei den 3 Frequenzen Ω, $(\Omega + \omega)$ und $(\Omega - \omega)$. In Bild 4.5 ist der Verlauf eines AM-Signals $s(t)$ und das dazugehörige Zeigerdiagramm gezeichnet.

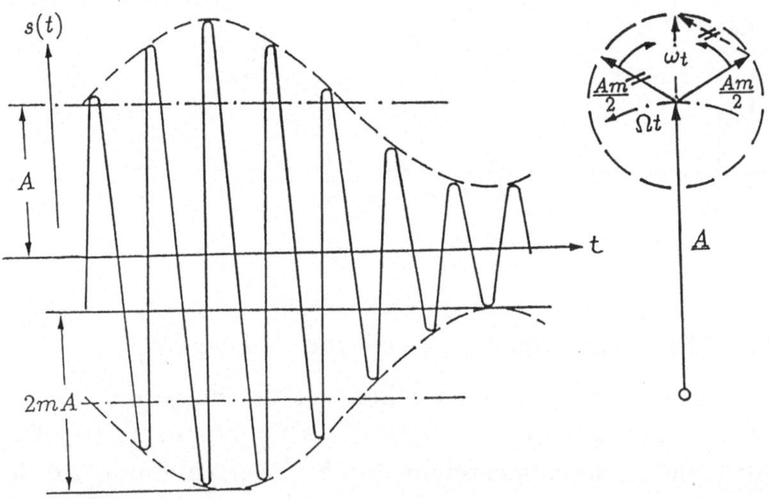

Bild 4.5: AM-Signal und sein Zeigerdiagramm

Die Schwankung der gestrichelt gezeichneten Einhüllenden von $s(t)$ um den Mittelwert A des Trägers ist die modulierende Basisbandschwingung. Diese wird im Zeigerdiagramm durch 2 gegenläufig um die Spitze des Trägerzeigers $\underline{A}$ mit ωt rotierende Zeiger der Länge $A \cdot m/2$ dargestellt. Die Zeigeraddition dieser 3 Komponenten führt zum Zeiger von $s(t)$, der in der Richtung von $\underline{A}$ liegt, mit Ωt rotiert und seine Länge sinusförmig mit ωt ändert. Wird der Modulationsgrad $m > 1$, so kommt es kurzzeitig (immer wenn die Einhüllende unter die Zeitachse sinkt) zu einem $180°$ Phasensprung in $s(t)$, d. h. einer Richtungsumkehr des Zeigers von $s(t)$. Aus solch einem AM-Signal kann mit einem einfachen Demodulator für die Amplitude von $s(t)$ die Basisbandschwingung nicht mehr gewonnen werden.

Denkt man sich das Spektrum des Basisbandsignales kontinuierlich, wie es in Bild 4.6 um den Nullpunkt von ω gezeichnet ist, so ergibt sich durch AM mit $m < 1$ das bei Ω liegende Spektrum von $s(t)$. Zum anschaulichen Beweis denke das Basisband aus einzelnen, dicht beisammen liegenden Frequenzen ω zusammengesetzt, die in Gl. (4.10) dann gleich angeordnet erscheinen und so um den Träger Ω symmetrisch liegende Bänder, das obere und untere Seitenband, ergeben.

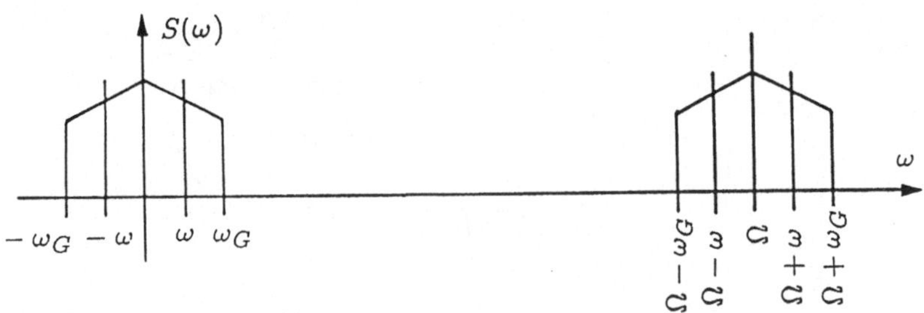

Bild 4.6: Spektrum von Basisband und AM-Signal

Aus diesem einfachen Beispiel sehen wir die Folge der Multiplikation zweier Signale $s_1(t)$ mit $s_2(t)$: Das Spektrum $S_m(\omega)$ des daraus resultierenden Signals entsteht durch „Überschiebung", d. h. Multiplikation und Integration der beiden Spektren $S_1(\omega)$ und $S_2(\omega)$ der einzelnen Signale. Mathematisch ausgedrückt ist das die **Faltung** von $S_1(\omega)$ mit $S_2(\omega)$, die durch $\otimes$ symbolisiert wird:

$$S_1(\omega) \otimes S_2(\omega) = \int S_1(u) \cdot S_2(u - \omega) du. \tag{4.11}$$

Wie sich aus der Definition der Fouriertransformation und Gl. (4.11) leicht zeigen läßt, gilt **ganz allgemein die Zuordnung von Multiplikation und Faltung** im Zeit- bzw. Frequenzbereich,

$$s_1(t) \cdot s_2(t) \leftrightarrow S_1(\omega) \otimes S_2(\omega), \tag{4.12}$$

$$s_1(t) \otimes s_2(t) \leftrightarrow S_1(\omega) \cdot S_2(\omega). \tag{4.13}$$

Die Gl. (4.12) findet, wie besprochen, ihre Anwendung bei der AM und auch bei der Pulsmodulation im nächsten Abschnitt. Die Gl. (4.13) ist für die Verformung von Signalen durch Filter wichtig.

4.3.2 Pulsmodulation (PM)

Der **Morsetelegraph** war die erste elektrische Nachrichtenübertragung, bei der Gleichstrom „getastet" wurde. Das entsprach einer Pulsmodulation im Basisband. Vor hundert Jahren zeigte **H. Hertz** die erste „Tastung" eines Hochfrequentz(HF)-Trägers, und wenig später konnte diese **G. Marconi** zur weitreichenden drahtlosen Nachrichtenübertragung ausnützen. Mit dem Fortschritt der Elektronik gewinnt die Digitaltechnik heute überragende

Bedeutung, und das einfachste Verfahren zur drahtlosen Datenübertragung ist die Pulsmodulation.

Als erstes Beispiel sei eine einmalige **Trägertastung** mit einem (elektronischen) Schalter besprochen. Das Trägersignal ist:

$$s_0(t) = A \cos \Omega t \ ,$$

und die Modulationsfunktion:

$$m(t) = 1 \text{ für } -t_p/2 < t < t_p/2 \ , \text{ sonst } 0.$$

Das HF-Signal ist

$$s(t) = m(t) \cdot s_0(t)$$

und auf der linken Seite in Bild 4.7 gezeichnet. Auf der rechten Seite des Bildes 4.6 ist das Amplitudenspektrum von $s(t)$ skizziert. Abweichend von der Rechnung ist in der Skizze $\mid S(f) \mid$ mit $f = \omega/2\pi$ nur in der Nähe von $f_0 = \Omega/2\pi$ und nur für positive Frequenzen gezeichnet. So sieht man klar den Nullstellenabstand $2/t_p$ des si-Spektrums eines Rechteckimpulses, der auch bei anderen wichtigen Modulationsarten auftritt.

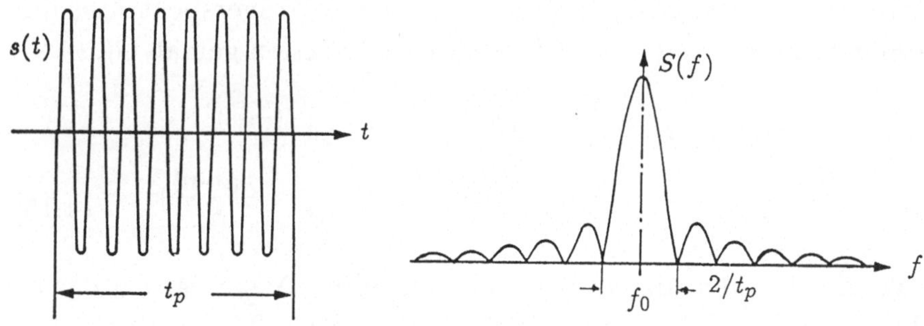

Bild 4.7: Getastete HF-Schwingung und ihr Spektrum

$S(\omega)$ ist symmetrisch zum Nullpunkt der ω-Achse. Es entsteht aus einer Faltung (Gl. (4.13)) des Trägerspektrums $S_0(\omega)$ (Gl. (4.8 b)) mit dem Pulsspektrum $M_0(\omega)$ (Gl. (4.6)),

$$s_0(t) \leftrightarrow S_0(\omega) = \pi A \delta(\omega - \Omega)(+\pi A \delta(\omega + \Omega)),$$

$$m(t) \leftrightarrow M_0(\omega) = t_p \operatorname{si}(\omega t_p/2),$$

$$S(\omega) = (1/2\pi)S_0(\omega) \otimes M_0(\omega) = (A/2)t_p \, \mathrm{si}((\omega - \Omega)t_p/2). \quad (4.14)$$

Die Faltung der si-Funktion mit der Diracfunktion an der Stelle Ω ergibt deshalb die si-Funktion an der Stelle Ω, weil die Faltung eines Funktionswertes gemäß Gl. (4.12) mit dem Diracimpuls (dessen Breite 0, aber Fläche definitionsgemäß 1 ist) den Funktionswert ergibt! Gl. (4.14) stellt sie nur für positive Frequenzen dar.

Das Spektrum eines getasteten Trägers erstreckt sich also sehr ungleichmäßig über ein breites Frequenzband. Es würde weit über den von der Post vorgegebenen Frequenzkanal hinausgehen und Nachbarkanäle stören. Um ein enges vorgegebenes Frequenzband auszunützen, muß man eine andere Modulationsfunktion $m(t)$ mit runden Formen wählen, bei der keine hohen Frequenzen für die Wiedergabe von Ecken notwendig sind.

So kommen wir zum 2. Beispiel für PM, der **AM mit einem Gaußimpuls**. Zur Demonstration einer zeitlichen Gewichtung wird die Amplitude des Trägers durch einen gesteuerten Verstärker in Form einer Gaußkurve verändert. Das Spektrum $S(\omega)$ für $\omega > 0$ der Gauß-gewichteten HF-Schwingung in Bild 4.8 ergibt sich so wie im vorigen Beispiel aus einer Faltung desselben Trägerspektrums mit dem Spektrum $M(\omega)$ der AM-Modulationsfunktion gemäß Gl. (4.9),

$$m(t) = e^{-(\frac{2t}{t_G})^2} \leftrightarrow M(\omega) = \sqrt{\pi} t_G e^{-(\frac{t_G \omega}{4})^2},$$

$$S(\omega) = (1/2\pi)S_0(\omega) \otimes M(\omega) = (A/4)\sqrt{\pi} t_G e^{-(\frac{t_G(\omega-\Omega)}{4})^2}. \quad (4.15)$$

Vergleicht man die Nullstellenbandbreite $2\Delta\omega_p = 4\pi/t_p$ der si-Funktion in Gl. (4.14) mit der Streuungsbreite $2\Delta\omega_G = 8/t_G$ in Gl. (4.15) bzw. Bild 4.7, so sieht man, daß für ungefähr gleich lange Impulse die Gaußwichtung den Hauptbereich des Spektrums, in dem etwa 90% der Impulsenergie stecken, um den Faktor $8/4\pi \doteq 0,64$ verschmälert hat und Nachbarfrequenzen im Abstand $D = \mid \omega - \Omega \mid$ mit der Funktion $\exp(-(D^2/\omega_G^2))$ stark und rasch gedämpft werden.

Obgleich man mit Glockenkurven-Impulsen eine viel ökonomischere Ausnützung des Frequenzbandes erzielt als mit einfach getastetem Träger, wird die zeitliche Wichtung etwa durch „sanfte" AM in der digitalen Übertragungstechnik nicht verwendet. Es ist

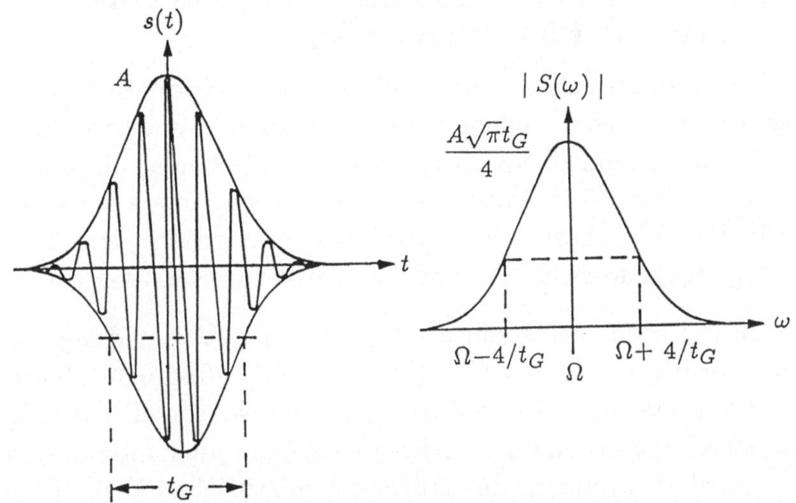

Bild 4.8: Glockenförmiger HF-Impuls und sein Spektrum

nämlich viel einfacher, aus einem breitbandigen Impuls durch Filterung im Frequenzbereich einen schmalbandigen zu machen. Dieses Filter schleift die Ecken und Sprünge des zeitlichen Impulsverlaufes weg und macht aus ihnen sanft geschwungene Rundungen, in denen keine weit ab von der Bandmitte liegende, die Nachbarkanäle störende Frequenzen stecken. Darüber wird in Kapitel „Filter" noch berichtet werden.

Man erkennt aber schon am Gaußimpuls, daß der Empfänger bei einer gestörten Übertragung die größte Chance hat, richtig eine „Eins" und nicht einen störenden „Knacks" zu erkennen, wenn er den Zeitpunkt und die ungefähre Amplitude kennt, mit denen der Impulsscheitel eintreffen wird. Im **Empfänger** wird dann ein **enges Amplituden- und Zeitfenster** vorgesehen, in dem die Demodulatorspannung liegen muß, damit eine Eins erkannt wird. Zeitlich daneben und in der Amplitude darunter liegende **Störungen** werden so **ausgeschaltet**. Um das zu erreichen, muß die Datenübertragung im regelmäßigen Takt erfolgen und der Empfänger mit diesem Takt synchronisiert sowie der Taktgleichlauf zwischen Sender und Empfänger ununterbrochen nachgeregelt werden (tracking).

4.3.3 Amplitudenunabhängige Modulationsverfahren: FM, PSK, FSK

In einigen Bemerkungen war schon von **Störungen der AM-Übertragung** die Rede. Jedem Hörer des Mittel- und Kurzwellenrundfunks sind schon die Knackgeräusche aufgefallen, die durch Blitze, Elektrogeräte, Zündfunken von Ottomotoren, usw. verursacht werden. Für den Radiohörer sind diese Knacker ärgerlich, eine **Datenübertragung** jedoch könnte dadurch **unbrauchbar** werden.

Man benützt schon seit mehr als 40 Jahren zur Vermeidung von Amplitudenstörungen gegen solche Knacker unempfindliche Modulationsverfahren. Das beim UKW-Rundfunk, Fernsehton (Richtfunk, Mobilfunk, usw.) angewendete Verfahren ist die Frequenzmodulation **(FM)**: Hier wird die Frequenz des Trägers, dem zeitlichen Verlauf des Basisbandsignals folgend, von ihrem Ruhewert Ω abgelenkt. Nehmen wir wieder ein Sinussignal der Frequenz ω als Modulationsfunktion an, so kann man mit dem Frequenzhub Δf das FM-Signal $s(t)$ so anschreiben:

$$s(t) = A\cos(\Omega t + (2\pi\Delta f/\Omega)\sin\omega t).$$

Der Trägerzeiger ändert mit der Modulation nicht seine Amplitude A sondern die Geschwindigkeit seines Umlaufes. Dementsprechend ist das Spektrum eines solchen FM-Signales viel komplizierter aufgebaut als das eines AM-Signales. Es besteht aus vielen „Seitenschwingungen“ mit Frequenzen $\Omega \pm n\omega$ (n =natürliche Zahlen), die mit wachsendem n rasch kleiner werden. Eine Näherungsformel für die vom FM-Signal für verzerrungsarme Übertragung benötigte HF-Bandbreite B lautet:

$$B = 2(\Delta f + f_G).$$

Dabei ist f_G die höchste zu übertragende Basisbandfrequenz. Da die Information bei FM nur in der Phase bzw. „Augenblicksfrequenz“ des HF-Trägers steckt, kann das **FM Signal** im Empfänger **amplitudenbegrenzt** werden, womit **AM-Störungen weggeschnitten** werden. Erst nach dem Begrenzer wird die Information durch einen Phasendiskriminator gewonnen, der eine frequenzproportionale Spannung abgibt.

Ein der FM ähnliches Modulationsverfahren ist die **Phasensprungmodulation (PSK – phase shift keying)** für Datenübertragungen. Im einfachsten Fall werden zwei Phasenverschiebungen ($\varphi = 0$ und π) des Trägers den Nullen und Einsen zugeordnet. Die dabei auftretenden Phasensprünge von 180° ergeben sich auch, wenn man den Träger mit einer (+1, −1)-Folge (entsprechend 0 und 1) multipliziert. Es handelt sich also um eine AM mit einer (+1, −1)-Folge, die das gleiche si-Spektrum wie der Tast-Impuls in Bild 4.7 ergibt. Bandpaßfilterung der PSK bewirkt ein Verschleifen der Phasenübergänge. Das vorher über AM-Störungsunterdrückung und am Ende von Abschnitt 4.3.2 über Synchronisation Gesagte gilt auch für diese Datenübertragung. Der Empfänger muß hier die Senderphase für φ im Demodulator einmal synchronisieren und beibehalten können. Dann kann er die Phasensprünge, d. h. Null und Eins erkennen. Zur Ausnützung der Richtfunkkanäle werden noch kompliziertere PSK-Verfahren angewandt, die z. B. 4 Phasenzustände und 4 Amplitudenstufen, d. h. 16 Zustände oder 4 Bit parallel übertragen (sog. 16 QAM).

Eine Modulationsart mit großem Störwiderstand ist die **Frequenzsprungmodulation (FSK: – frequency shift keying)**. Hier springt die Trägerfrequenz z. B. zwischen zwei, der Null und Eins zugeordneten Frequenzen. Das 300Bd-Telephonmodem ist beispielsweise FSK moduliert: Vier getastete Tonfrequenzen im Bereich von 500Hz bis 1800Hz besorgen den Null-Eins-Verkehr in beiden Richtungen. Der Empfänger ist als Begrenzer und selektives Filter für die ankommenden 0-1 Frequenzen mit nachfolgendem Einhüllenden-Detektor für die Impulse aufgebaut.

Bestimmte Modulationsverfahren (PSK, FSK) mit sehr schneller Impulsfolge, d. h. sehr großer Bandbreite bzw. vielen FSK-Frequenzen (**FH – frequency hopping**) werden in sog. Bandspreizsystemen verwendet. Hier sind einem Bit sehr viele Impulse zugeordnet. Damit kann eine fast stör- und abhörsichere Datenübertragung durch Korrelationsbildung mit dem Bit-Signal im Empfänger erreicht werden. Diese Modulationsverfahren werden in stark gestörter Umgebung (z. B. Fabriken) und für die sichere Übertragung geheimer wichtiger Daten (Militär, Wirtschaft) angewendet.

4.4 Das Zeitgesetz der Nachrichtentechnik

Die Übertragung und Verarbeitung von Information durch elektrische (und neuerdings auch optische) Signale ist die Aufgabe der Nachrichtentechnik. Das schon in einer Vorlesung im vorigen Semester behandelte Abtasttheorem zeigt die Möglichkeit, ein analoges Signal $s(t)$, dessen höchste spektrale Komponente f_G ist, durch Abtastung mit der doppelten Grenzfrequenz, d. h. in Zeitschritten $T = 1/2f_G$, unverzerrt wiederzugeben. Es müssen vom bandbegrenzten Signal also nur die Funktionswerte $s(nT)$ zu den Abtastzeitpunkten, z. B. als Impulse beliebiger Form, übertragen werden, damit (nach Formung bzw. Bandbegrenzung bis f_g) im Empfänger das Analogsignal wieder vollständig hergestellt wird.

Die für digitale Information triviale Aussage, daß die **Leistungsfähigkeit** eines Signalverarbeitungs- und -übertragungssystems durch die Zahl der **pro Zeiteinheit verarbeitbaren Impulse** charakterisiert ist, trifft also auch für Analogsysteme zu. Die Qualität eines elektronischen Informationssystems ist also umso größer, je kürzer die noch verarbeitbaren Impulse sind.

Die bis nun erworbenen einführenden Kenntnisse über Signale und ihre zugeordneten Spektren ermöglichen schon eine Abschätzung der Leistungsfähigkeit eines Nachrichtensystems durch seine verfügbare Bandbreite B. Als einfachsten Fall nimmt man einen Rechteckimpuls der Dauer t_p an. Gemäß Gl. (4.6) bzw. Bild 4.3 gilt folgender Zusammenhang, wenn wir mit B die Breite der Hauptkeule des Basisbandspektrums bezeichnen:

$$Bt_p = 1. \tag{4.16}$$

Diese, für alle verwendeten Signalimpulse und ihr Spektrum näherungsweise zutreffende Beziehung heißt **Zeitgesetz der Nachrichtentechnik**. Will man dieses Gesetz auf andere Impulsformen anwenden, so muß man dabei B bzw. t_p entsprechend definieren oder es ergibt sich durch Vorgabe von B und t_p eine andere Konstante in der Größenordnung von 1 auf der rechten Seite der Gl. (4.16). In grober Ausdrucksweise und als Merkhilfe beschreibt der Satz: „Die Bandbreite eines Übertragungssystems ist gleich der Zahl der damit durch einfache Pulsung übertragbaren Informationsbit" die Gl. (4.16). In der Atomphysik heißt die zu Gl. (4.16) analoge Beziehung **Heisenbergsche Unbestimmtheits- oder Unschärferelation.** Sie beasgt, daß das Produkt des Fehlers der Ortsbestimmung und des Fehlers der Impuls-(Geschwindigkeits-)bestimmung eines Teilchens mindestens so groß, wie das **Plancksche Wirkungsquantum** h ist.

Um die mathematischen Schrecken der Fouriertransformation abzubauen, werden dem interessierten Leser noch zwei Aufgaben gestellt:

1) Stelle eine Gl. (4.16) entsprechende Beziehung für Gaußimpulse auf.

2) Beweise $f_G \cdot T = 1$ **bei zeitlicher Abtastung** von Analogsignalen mit der Grenzfrequenz f_G **gemäß dem Abtasttheorem** im Abstand T mit **si-Impulsen**, die ihre Nullstellen bei nT $(n = 1, 2, ...)$ haben (siehe auch Bild 7.3).

5 Leitungen und Wellen

Elektrische Leitungen waren die ersten Bauelemente der Elektrotechnik; zunächst mit dem Zweck, den elektrischen Strom von einer Quelle (Batterie) zu einem Verbraucher (Widerstand, Elektromagnet, usw.) zu leiten und später auch der Übertragung von Information (Telephon, Fernschreiber, usw.) zu dienen. Die Energie- und Informationsnetze der Gegenwart benützen ausgedehnte Leitungssysteme, aufgebaut aus riesigen Überlandleitungen oder ölgefüllten Hochspannungskabeln bis zu Glasfaserkabeln, die dünner als ein Haar sind.

Alle diese Leitungen dienen der Übertragung elektromagnetischer Energie: Die Zielsetzung der Übertragung in der **Energietechnik** ist der Transport elektrischer Energie (meist in Form von 50Hz Wechselstrom) mit möglichst **geringen Verlusten** und Baukosten des Systems. Um die Stromverluste klein zu halten, transformiert man für Überlandleitungen auf sehr hohe Spannungen (380kV in Westeuropa, 750kV weltweit). Damit kommt man zu sehr großen Abmessungen der Masten und Isolatoren, aber der Leiterquerschnitt ist nicht mehr als ca. 5cm^2 für transportierte Leistungen bis zu 1GVA.

Leitungen in der **Nachrichtentechnik** dienen meist der Übertragung möglichst **großer Informationsmengen**. Für den Informatiker ist besonders die Übertragung von Impulsen und ihre dabei auftretende Veränderung von Interesse. Hier sind die nutzbare Frequenzbandbreite und die Leitungsdämpfung die wesentlichen Merkmale.

5.1 Die Leitungsgleichungen

Wir behandeln hier das Modell einer homogenen, erdsymmetrischen und unendlich langen Doppelleitung in x-Richtung. Als homogen bezeichnet man eine Leitung, deren elektrische Eigenschaften sich auf der ganzen Länge x nicht ändern, und Erdsymmetrie besagt, daß die zwei Drähte der Doppelleitung so angeordnet sind, daß sie gegen Erde gleiche Potentiale mit entgegengesetzter Polarität haben. Damit liegt an jeder Stelle x die Erde potentialmäßig in der Mitte zwischen beiden Drähten, und es fließt kein (kapazitiv influenzierter) Strom in der Erde. Folglich haben die Ströme in den beiden Leitern an der Stelle x entgegengesetzte Richtungen und sind gleich.

Das Bild 5.1 zeigt in der Mitte die Strom- und Spannungsverhältnisse an der Stelle x der homogenen Leitung. Das linke Ersatzschaltbild (ESB) modelliert die Spannungsänderung Δu und das rechte die Stromänderung Δi entlang des Stückes Δx der Leitung. Die Elemente dieses ESB sind auf die Längeneinheit bezogen und entlang der ganzen homogenen Leitung gleich. Es heißen
R' (in Ω/m) der **Widerstandbelag,**
L' (in H/m) der **Induktivitätsbelag,**
G' (in S/m) der **Ableitungsbelag** und
C' (in F/m) der **Kapazitätsbelag**
der Leitung. R' und L' werden hauptsächlich vom Material (insbesondere dem spezifischen Widerstand) und den Abmessungen der Leitungsdrähte bestimmt. G' und C' hängen vorwiegend vom Medium zwischen den Drähten ab, insbesondere seiner spezifischen Leitfähigkeit (d. h. den Ableitungsverlusten) und seiner relativen Dielektrizitätskonstanten. (Ein in der Praxis fast nie eingesetztes ferromagnetisches Medium könnte L' erhöhen.)

Die Kirchhoffschen Schleifen- und Knotenregeln für das linke und rechte ESB in Bild 5.1 stehen auf der entsprechenden Seite und darunter die Änderungen von Spannung Δu und Strom Δi entlang Δx, beschrieben durch Ohmsches, Influenz- und Induktionsgesetz (1.2), (1.14), (1.25 a):

$$u + 2(\Delta u/2) - (u + \Delta u) = 0, \quad i + \Delta i - (i + \Delta i) = 0,$$

$$-\Delta u = (R'i + L'\frac{di}{dt})\Delta x, \quad -\Delta i = (G'u + C'\frac{du}{dt})\Delta x.$$

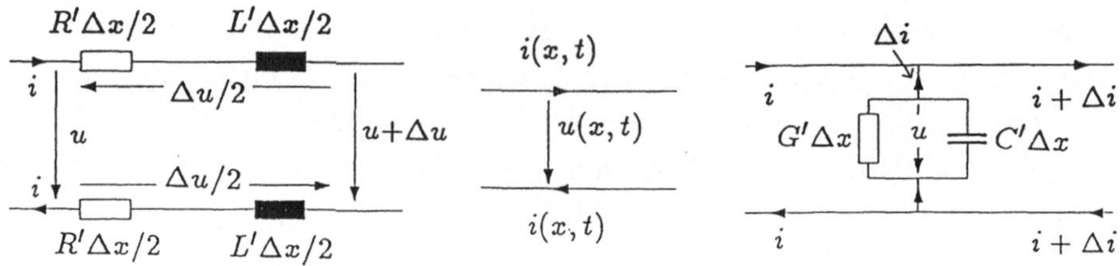

Bild 5.1: Homogene Leitung und ESB

Aus diesen Beziehungen gewinnt man 2 verkoppelte partielle lineare Differentialgleichungen durch Übergang der kleinen Δ-Größen in partielle Differentialoperatoren ∂. Diese beschreiben die Ableitung einer Funktion mehrerer Veränderlicher (z. B.: x, t) nach der gekennzeichneten Variablen (z. B. x), während die andere (z. B. t) als unabhängig betrachtet, also nach dieser nicht differenziert wird:

$$-\frac{\partial u}{\partial x} = R'i + L'\frac{\partial i}{\partial t}, \tag{5.1}$$

$$-\frac{\partial i}{\partial x} = G'u + C'\frac{\partial u}{\partial t}. \tag{5.2}$$

Die beiden Gln. (5.3) und (5.4) heißen **Telegraphengleichungen**, weil sie allgemein die Ausbreitung elektromagnetischer Vorgänge (z.B. von Wanderwellen durch Blitzeinschläge) auf Leitungen beschreiben.

Der bequemste Weg zur Lösung der aus den Gln. (5.1) und (5.2) hergeleiteten partiellen linearen Differentialgleichungen zweiter Ordnung führt über die Zerlegung der Signale in ihre spektralen Komponenten, so wie im vorigen Kapitel. Diese Schwingungen verändern ihre Amplitude und Phase entlang der Leitung, nicht jedoch ihre Frequenz. Für diese sinusförmige Anregung zerlegen wir $u(x, t)$ bzw.

$i(x,\ t)$ in das Produkt einer zeit- und einer ortsabhängigen Funktion. Der Mathematiker spricht von der Trennung der Variablen,

$$u(x,t) = \mathbf{U}(x)e^{j\omega t}, \quad i(x,t) = \mathbf{I}(x)e^{j\omega t}. \tag{5.3}$$

Die komplexen Amplituden **U** und **I** der Zeiger hängen nur von x ab. Zur Unterscheidung von den zeitabhängigen Zeigern werden sie nicht unterstrichen sondern fett gedruckt. Die Differenz der Argumente (zur Erinnerung: der Drehwinkel in der Gaußebene) von **U** und **I** bestimmen die Phasenverschiebung zwischen Spannung und Strom an der Stelle x. Gemäß dem Zeigeransatz Gl. (5.3) ist $\partial/\partial t$ durch $j\omega$ zu ersetzen. Damit entstehen aus den Gln. (5.1) und (5.2) die gewöhnlichen verkoppelten Differentialgleichungen :

$$-d\mathbf{U}/dx = \mathbf{I}(R' + j\omega L'), \tag{5.4}$$

$$-d\mathbf{I}/dx \quad = \mathbf{U}(G' + j\omega C'). \tag{5.5}$$

Wird Gl. (5.4) noch einmal nach x abgeleitet und in Gl. (5.5) eingesetzt bzw. in der umgekehrten Reihenfolge vorgegangen, so kommen wir zu gewöhnlichen linearen Differentialgleichungen 2. Ordnung für **U** und **I**:

$$d^2\mathbf{U}/dx^2 = \mathbf{U}(R' + j\omega L')(G' + j\omega C'), \tag{5.6}$$

$$d^2\mathbf{I}/dx^2 = \mathbf{I}(R' + j\omega L')(G' + j\omega C'). \tag{5.7}$$

Ein Lösungsansatz für die Telegraphengleichung in Form von **Wellengleichungen** (5.6), (5.7) ist mit jeder Funktion erfolgreich, die durch zweimalige Differentiation wieder entsteht (z. B. $\sin\gamma x$, $\operatorname{ch}\gamma x$, usw.).

In der Elektrotechnik hat sich in Verbindung mit der vereinfachenden Zeigerdarstellung die folgende Lösung bestens bewährt:

$$\mathbf{U}(x) = \underline{A}e^{-\underline{\gamma}x} + \underline{B}e^{\underline{\gamma}x}, \tag{5.8}$$

$$\mathbf{I}(x) = (\underline{A}/\underline{Z}_w)e^{-\underline{\gamma}x} - (\underline{B}/\underline{Z}_w)e^{\underline{\gamma}x}. \tag{5.9}$$

Hier sind $\underline{A}$ und $\underline{B}$ komplexe Spannungswerte an der Stelle $x =$ 0. Wird Gl. (5.8) in (5.6) eingesetzt, so ergibt sich die komplexe **Fortpflanzungs-** oder **Ausbreitungskonstante** $\underline{\gamma}$,

$$\underline{\gamma} = \alpha + j\beta = \sqrt{(R' + j\omega L')(G' + j\omega C')} \quad (\text{in m}^{-1}). \tag{5.10}$$

Wird die Lösung (5.8) und (5.9) in (5.4) und (5.5) eingesetzt, so findet man aus einem Koeffizientenvergleich den komplexen **Wellenwiderstand** $\underline{Z}_w$:

$$\underline{Z}_w = \sqrt{\frac{(R' + j\omega L')}{(G' + j\omega C')}} \quad (\text{in } \Omega). \tag{5.11}$$

Die **Leitungsgleichungen (5.8) bis (5.11)** beschreiben die **Ausbreitung von Sinuswellen** (Wanderwellen) auf der Leitung. Zur Verdeutlichung dieses Vorganges setzen wir den ersten Term der Lösung (5.8) für **U** in Gl. (5.3) ein:

$$u(x,t) = A_0 e^{-\alpha x} \cdot e^{j(\omega t - \beta x)}, \tag{5.12}$$

$$A_0 = u(0,0).$$

In (5.12) beschreibt der Faktor $e^{-\alpha x}$ das exponentielle Abklingen, die **Dämpfung** α der **Amplitude** A_0 mit x. Der Zeiger $e^{j(\omega t - \beta x)}$ **beschreibt eine in positive x-Richtung laufende sinusförmige Welle:** Betrachten wir diese an einem festen Ort $x = x_1$, so schwingt die Spannung sinusförmig ($e^{j\omega t}$) im Zeitverlauf. Betrachten wir die Spannung zu einem festen Zeitpunkt $t = t_1$, so verteilt sich die Spannung (als räumlicher Zeiger betrachtet) sinusförmig ($e^{-j\beta x}$) gemäß der **Phasen-** oder **Winkelkonstanten** β über die Leitung (die Dämpfung α bewirkt noch ein zusätzliches räumliches Abklingen).

Der zweite Term mit der **komplexen Spannungsamplitude** $\underline{B}$ der Lösung beschreibt eine in negative x-Richtung laufende Welle, die in dieser Richtung exponentiell abnimmt. Der Strom dieser **Rückwärtswelle** läuft in Gegenrichtung zu dem der Vorwärtswelle; deshalb das negative Vorzeichen in (5.9). Die Lösungen (5.8) und (5.9) zeigen, daß für beide Wellen $\underline{A}$ und $\underline{B}$ und jede Stelle x gilt:

$$\mathbf{U}(x)/\mathbf{I}(x) = \underline{Z}_w. \tag{5.13}$$

Der **Wellenwiderstand** $\underline{Z}_w$ ist also jene **Impedanz** $\underline{U}/\underline{I}$, die man in eine **unendlich lange oder** eine **mit** $\underline{Z}_w$ **abgeschlossene Leitung** hineinmißt.

Die **Dämpfungskonstante** α der Leitung – siehe Gl. (5.12) – wird i. allg. in dB pro m oder dB pro km angegeben. Mit der **Phasenkonstante** β werden wir uns im nächsten Abschnitt beschäftigen.

5.2 Wellenausbreitung

Der folgende Abschnitt behandelt zunächst die **Ausbreitungsgeschwindigkeit** einer Sinuswelle auf Leitungen und dann deren **Frequenzabhängigkeit**. Aus dem vorigen Kapitel wissen wir schon, daß alle informationstragenden Signale, insbesondere Impulse, aus vielen Frequenzen zusammengesetzt sind. Diese sollen alle die gleiche Laufzeit und Dämpfung auf der Leitung haben, denn ein Impuls schaut am Leitungsende elend aus, wenn seine verschiedenen spektralen Komponenten ungleich abgeschwächt zu verschiedenen Zeiten ankommen.

5.2.1 Die Phasengeschwindigkeit

In der Praxis haben fast alle Leitungen eine schwache Dämpfung α, d. h. über eine Wellenlänge ändert sich die Amplitude nur unmerkbar. Mit gutem Gewissen können wir deshalb für die **verlustlose Leitung mit $R' = G' = 0$ und $\alpha = 0$** die Ausbreitungsgeschwindigkeit berechnen. Für diese Leitung ergeben sich einfache Wellenparameter aus Gln. (5.10) und (5.11):

$$j\beta = j\omega\sqrt{L'C'}, \quad \alpha = 0, \tag{5.10 a}$$

$$Z_w = \sqrt{L'/C'}. \tag{5.11 a}$$

Die Phasenkonstante β und der Wellenwiderstand Z_w sind bei der verlustlosen Leitung also reell.

Nun wollen wir uns auf dieser verlustlosen Leitung die elektrische Sinuswelle anschauen: Dazu nehmen wir aus der Zeigerdarstellung für die Vorwärtswelle in Gl. (5.12) den reellen, meßbaren Anteil:

$$u(x,t) = \mathrm{Re}(\underline{A}\, e^{j(\omega t - \beta x)}) = \mid \underline{A} \mid \cos(\omega t - \beta x - \varphi_0). \tag{5.14}$$

Die Phasenverschiebung φ_0 entsteht aus der komplexen Amplitude $\underline{A}$, die vom gewählten Nullpunkt für x und t abhängt.

In Bild 5.2 ist $\varphi_0 = \pi/2$ für $t = 0$ gewählt, so daß am Punkt $x = 0$ gerade die Sinusschwingung beginnt, die im Zeitpunkt $t = 0$

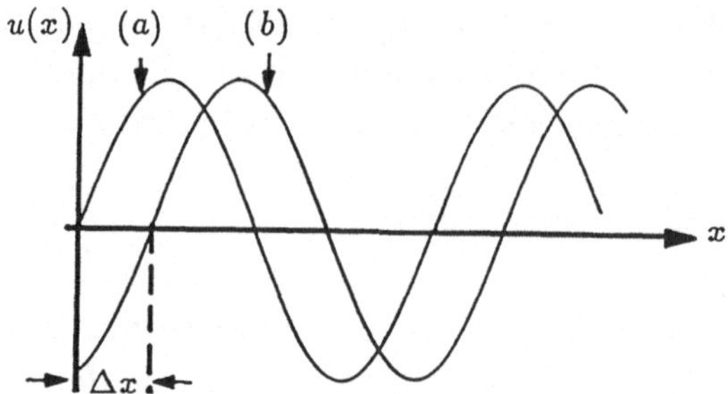

Bild 5.2: Sinuswelle auf einer Leitung zum Zeitpunkt t (a) und $(t + \Delta t)$ (b)

als Spannungsverteilung beobachtbar ist. Die auf der Leitung auftretende **Wellenlänge** λ ist die räumliche Periode in Gl. (5.14):

$$\beta \cdot \lambda = 2\pi \text{ oder } \lambda = 2\pi/\beta. \tag{5.15}$$

Um die Dynamik der Wellenausbreitung zu zeigen, ist neben der durch den Nullpunkt der x-Achse gehenden Schwingung (a) auch die zum Zeitpunkt $(t+\Delta t)$ auftretende Spannungsverteilung (b) gezeichnet. Sie ist um das Stück Δx nach rechts fortgeschritten. Da die Welle dabei ihre Form nicht ändert, gilt:

$$A_0 \sin(\omega t - \beta x) = A_0 \sin(\omega(t + \Delta t) - \beta(x + \Delta x)).$$

Diese Beziehung ist nur für gleiche Argumente (d.h. $(\omega \Delta t - \beta \Delta x) = 0$ erfüllt. Daraus ergibt sich mit Gl. (5.15) für die **Phasengeschwindigkeit** v_p

$$v_p = \frac{\Delta x}{\Delta t} = \frac{\omega}{\beta} = \frac{2\pi f}{2\pi/\lambda} = f \cdot \lambda = \frac{\lambda}{T}. \tag{5.16}$$

Den letzten Ausdruck $v_p = \lambda/T$ versteht man auch unmittelbar: Die Phasengeschwindigkeit ist die Wellenlänge λ, um die die Welle während einer Periode fortschreitet, gebrochen durch die Periodendauer T.

Man hätte sich also Bild 5.2 und die Herleitung von (5.16) ersparen können. Da aber der Ausdruck $v_p = \omega/\beta$ gebräuchlicher ist, und auch aus Gründen der Anschaulichkeit, bleibt Bild 5.2 im Text. Auch distanzierte Informatiker sollten sich ein Bild davon machen können, wie auf einer Sinuswelle ein spektraler Teil eines Bit-Impulses über die Leitungen reitet.

5.2.2 Die Gruppengeschwindigkeit

Mit einer unendlich langen, unveränderten Sinuswelle (der sogenannten **continuous wave, CW**) kann man überhaupt keine Information übertragen. Über Nachrichtenleitungen laufen vielmehr kurze Impulse mit großer Frequenzbandbreite oder auch schmalbandigere Signale. Jedenfalls wissen wir aus dem Zeitgesetz der Nachrichtentechnik, daß man umso größere Informationsmengen über ein ungestörtes Kabel bringt, je breiter sein verwendbares Frequenzband ist. Wie breit ist nun dieses für unverzerrte Signalübertragung verwendbare Band, und wie lange brauchen Signale (z. B. Impulse wie in Bild 4.7) auf ihrem Weg über die Leitung?

Wir wollen also wissen, mit welcher Geschwindigkeit die **Einhüllende** eines Signales über die Leitung läuft und ob sie **unverformt** am Ende ankommt. Als einfachstes Beispiel nehmen wir eine mit der Frequenz ω_N AM-modulierte Schwingung gemäß Gl. (4.10) und Bild 4.5. Dieses Signal wird über eine Leitung geschickt, deren Phasenkonstante β den in Bild 5.3 skizzierten Verlauf in der Nähe der Trägerfrequenz Ω haben möge; ihre Werte bei der Trägerfrequenz sowie der unteren und oberen Seitenschwingung werden mit β_t, β_u und β_o bezeichnet. Aus der Signalschwingung (4.10) und der Wellendarstellung (5.14) finden wir die aus drei Sinuswellen zusammengesetzte Welle des AM-Signals:

$$u(x,t) =$$

$$= A[\cos(\Omega t - \beta_t x) + \frac{m}{2}(\cos[(\Omega - \omega_N)t - \beta_u x] + \cos[(\Omega + \omega_N)t - \beta_o x])].$$

In der Nähe von Ω können wir die $\beta(\omega)$-Kurve durch ihre Tangente annähern:

$$\beta_u = \beta_t - (d\beta/d\omega)_t \omega_N,$$

$$\beta_o = \beta_t + (d\beta/d\omega)_t \omega_N.$$

Für unverzerrte Übertragung der Hüllkurve (Modulation) über eine Leitung der Länge L müssen wir fordern:

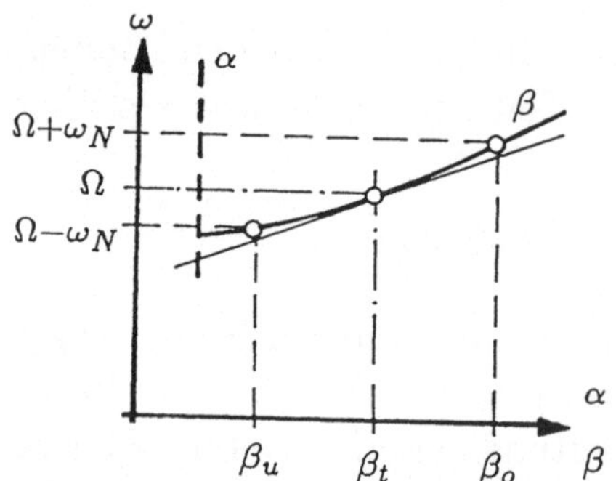

Bild 5.3: AM-Übertragung über eine Leitung mit Phasen (β) und Dämpfungsverlauf (α)

a) Alle drei Wellen müssen bei $x = L$ mit den gleichen Amplitudenverhältnissen ankommen, wie sie bei $x = 0$ das Signal bildeten: Gibt es im Übertragungsweg Abschwächung (Leitungsverluste), so muß die **Dämpfung α im Signalfrequenzband konstant** sein. In Bild 5.3 ist dies angedeutet.

b) Auch die relativen Phasenverhältnisse der 3 Wellen müssen am Leitungsende $x = L$ nach der **Signal- oder Gruppenlaufzeit t_G** mit den Phasenverhältnissen bei $x = 0$ übereinstimmen. D. h.:

$$\begin{aligned}\Omega t_G - \beta_t L =& (\Omega - \omega_N)t_G - \beta_t L + (d\beta/d\omega)_t \omega_N L = \\ =& (\Omega + \omega_N)t_G - \beta_t L - (d\beta/d\omega)_t \omega_N L.\end{aligned}$$

Damit definiert man die **Gruppengeschwindigkeit** v_G:

$$v_G = \frac{L}{t_G} = (\frac{d\beta}{d\omega})_t^{-1} = (\frac{d\omega}{d\beta})_t. \qquad (5.17)$$

Für unverzerrte Übertragung muß im ganzen Übertragungsbereich die **Gruppenlaufzeit konstant sein**, d. h. wegen Gl. (5.17) die **Phasenkonstante $\beta(\omega)$ linear mit ω gehen**.

Die in Bild 5.3 gezeichnete, gekrümmte $\beta(\omega)$-Kurve wird auf die angenommene, breitbandige AM also verzerrend wirken. Unverzerrt könnte man nur solche schmalbandigen Signale übertragen, über deren Bandbreite die $\beta(\omega)$-Kurve hinreichend mit der Tangente zusammenfällt.

5.2.3 Dispersion

Unter Dispersion versteht man allgemein die Abhängigkeit verschiedener physikalischer Größen von der Wellenlänge bzw. Frequenz einer Welle. Im engeren Sinne heißt in der Optik Dispersion die Abhängigkeit der Brechzahl $n(\lambda)$ von der Lichtwellenlänge. Im Glas ist die Brechung von blauem Licht größer als die von rotem (Blau hat eine kleinere Phasengeschwindigkeit als Rot). So entsteht im Prisma die Zerlegung von weißem Licht in Regenbogenfarben.

Den Elektrotechniker interessiert die Frequenzabhängigkeit $\beta(\omega)$ der Phasenkonstanten elektromagnetischer Wellen in verschiedenen Leitungstypen und Medien, wie sie an einem Beispiel im Dispersionsdiagramm Bild 5.4 dargestellt ist. Mit dem Dispersions- und Dämpfungsverlauf kann man den nutzbaren Übertragungsbereich angeben.

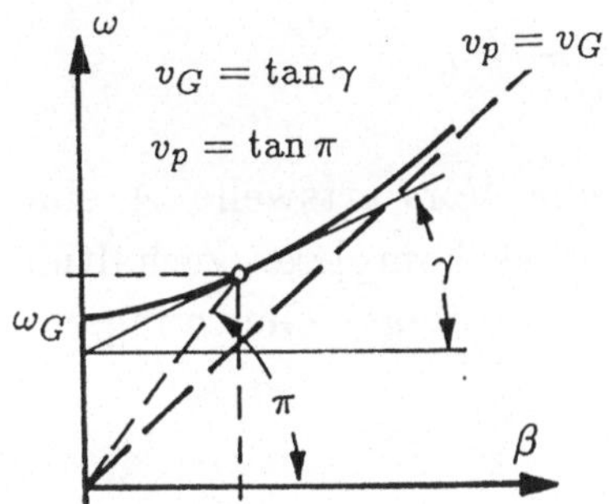

Bild 5.4: Dispersionsdiagramm eines Hohlleiters

In Bild 5.4 ist die Dispersion einer Hohlrohrleitung skizziert, in der elektromagnetische Energie als vom Rohr geometrisch abgeschlossenes Strahlungsfeld transportiert wird. Die Konstruktion von Phasen- und Gruppengeschwindigkeit aus Sehne und Tangente wird gezeigt, und die Grenzfrequenz ω_G ist eingezeichnet, unter der keine Wellenausbreitung im Hohlrohr mehr „Platz hat, weil die halbe Wellenlänge nicht mehr in den Querschnitt hineinpaßt". Mit einiger Überlegung sieht man aus Bild 5.4, daß bei ω_G die Phasengeschwindigkeit (folglich die Wellenlänge im Hohlrohr) unendlich und die Gruppengeschwindigkeit (mit der der Signalenergietransport erfolgt) Null wird.

Die **Gerade**

$$\beta = 2\pi/\lambda = \omega/v_p = \omega/v_G \tag{5.18}$$

ist in Bild 5.4 gestrichelt eingezeichnet. Sie stellt die dispersionsfreie Wellenausbreitung dar und trifft für tiefe Frequenzen bei einigen Leitungstypen zu. Auch die Ausbreitung elektromagnetischer Wellen im freien Raum wird durch sie beschrieben. Deshalb bezeichnet man sie als Schnitt bzw. Erzeugende des **Lichtkegels** (oder, nachlässig, als Lichtkegel selbst).

5.3 Reflexionsfaktor

Die durch die Leitungsgleichungen (5.8) und (5.9) beschriebene Leitung sei an der Stelle $x = 0$ mit der Impedanz $\underline{Z}_L$ abgeschlossen. Dann gilt:

$$\frac{\mathbf{U}(0)}{\mathbf{I}(0)} = \frac{\underline{A} + \underline{B}}{\underline{A}/\underline{Z}_w - \underline{B}/\underline{Z}_w} = \underline{Z}_L.$$

Ist $\underline{Z}_L \neq \underline{Z}_w$, so entsteht durch eine Vorwärtswelle $\underline{A}$ eine Rückwärtswelle $\underline{B}$ an der Stelle $x = 0$. Das komplexe Verhältnis $\underline{B}/\underline{A}$ heißt Reflexionsfaktor $\underline{\rho}$. Damit wird aus obiger Gleichung:

$$\underline{Z}_L = \frac{(1 + \underline{\rho})\underline{Z}_w}{(1 - \underline{\rho})}.$$

Für den **Reflexionsfaktor mit Betrag** r und **Phase** $\underline{\varphi}$ finden wir:

$$\underline{\rho} = \frac{\underline{B}}{\underline{A}} = \frac{\underline{Z}_L - \underline{Z}_w}{\underline{Z}_L + \underline{Z}_w} = r\, e^{j\varphi}. \tag{5.19}$$

Für **Leerlauf** ($\underline{Z}_L = \infty$) wird die Vorwärtswelle voll reflektiert ($\underline{\rho} = r = 1$, $\varphi = 0$). Die offene Leitung wirkt bis zu einer Länge von $-\lambda/4$ als **Kapazität**.

Für **Kurzschluß** ($\underline{Z}_L = 0$) wird die Vorwärtswelle voll, aber in Gegenphase reflektiert ($\underline{\rho} = -1$, $r = 1, \varphi = \pi$). Die kurzgeschlossene Leitung wirkt bis zu einer Länge von $-\lambda/4$ als **Induktivität**.

Ist die verlustlose Leitung nicht angepaßt, d. h. $\underline{Z}_L \neq \underline{Z}_w$, so entstehen auf ihr durch Zusammensetzung der Vorwärtswelle mit der

Rückwärtswelle **stehende Wellen**. Diese Wellen kann man direkt messen, indem man mit einer Meßsonde, welche die Schwingungsfrequenz gleichrichtet, die Leitung entlangfährt. Das Quadrat der Spannungsamplitude der stehenden Welle ist eine räumliche Sinusfunktion, die einem konstanten Wert überlagert ist. Aus dem Ort und dem Verhältnis der Minima und Maxima dieser Sinusverteilung kann man $\underline{\rho}$ und damit $\underline{Z}_L$ berechnen, wenn $\underline{Z}_w$ bekannt ist.

Ist die verlustlose Leitung angepaßt, d. h. $\underline{Z}_L = \underline{Z}_w$, dann mißt man nur die Vorwärtswelle in Form einer konstanten, von x unabhängigen Spannung an der Meßsonde. Für die Reflexionsfreiheit von Signalen ist Anpassung der Leitung über die ganze Signalbandbreite notwendig!

Der österreichische Physiker **E. LECHER** hat als erster Wellenausbreitung und stehende Wellen auf zwei parallel geführten Drähten nachgewiesen. Daher wird mit **Lecherleitung** die Paralleldrahtleitung bezeichnet, wie sie unserem Modell in Abschnitt 5.1 zugrunde liegt.

5.4 Freie EM-Wellen

Die Ausbreitung elektromagnetischer (EM)-Wellen im freien Raum wird von den meisten Lebewesen ausgenützt: als Artefakt die Informationsübertragung durch Radio, Fernsehen, usw., natürlich existent als optische Übertragung zum Auge sowie als lebenserhaltende Strahlung des Wärmehaushaltes und der Photosynthese.

Allen EM-Übertragungen ist gemeinsam, daß die Welle von einem Strahler oder einer Sendeantenne ausgeht, sich im Vakuum oder einem verlustarmen Medium (Luft) ausbreitet und von einer Empfangsantenne oder einem Strahlungsdetektor aufgenommen wird. Mathematisch können diese Mechanismen mit Hilfe der von **J. C. MAXWELL** 1864 synthetisierten Vektorgleichungen genau dargestellt werden, die Verallgemeinerungen der elektrischen Grundgesetze des 1. Kapitels sind. Die Behandlung der Maxwell-Gleichungen würde jedoch den hier vorgegebenen Rahmen sprengen. Andererseits wird die Informationsübertragung durch EM-Wellen (Satelliten, Glasfaserkabel, usw.) immer gebräuchlicher. Deshalb wird nun versucht, EM-Wellen mit einem vereinfachten Abstrahlungsmodell plausibel zu machen.

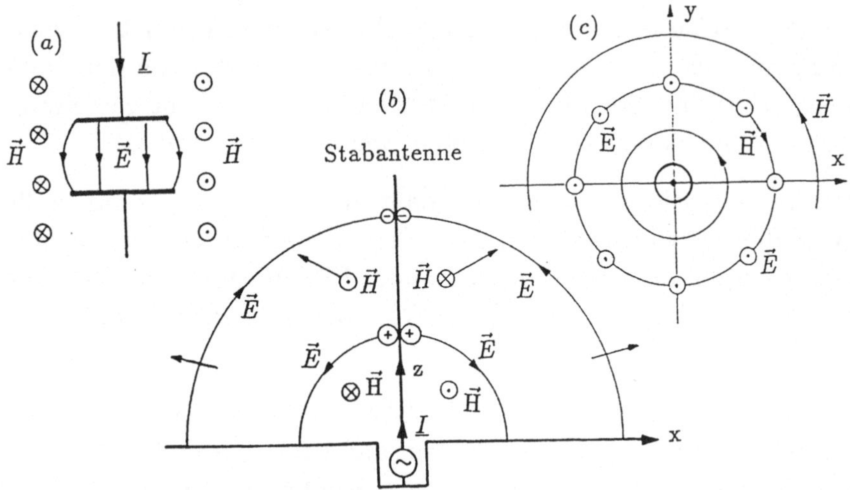

Bild 5.5: Verschiebungsstrom ($\vec{E}$) im Kondensator (a) und Abstrahlung des elektromagnetischen Feldes ($\vec{E}, \vec{H}$) von einer vertikalen Stabantenne im Aufriß (b) und Grundriß (c)

Das Bild 5.5 a greift zurück auf die Feldverhältnisse bei der Wechselstromleitung durch einen Plattenkondensator. Gemäß Bild 1.13 bzw. Gl. (1.8) bewirkt die durch den Strom erzeugte Spannung zwischen den Kondensatorplatten das elektrische Wechselfeld $\vec{E}$. Gleichzeitig bewirkt der Strom das magnetische Wechselfeld $\vec{H}$ in Form konzentrischer Kreise, die sowohl die Zuleitung zum Kondensator (der aus kreisförmigen Platten der Kapazität $C = \varepsilon A/d$ besteht) als auch diesen selbst konzentrisch umschlingen (vgl. Bild 1.16 und Gl. (1.17)).

Das ist der wesentliche Effekt für die Anregung und Ausbreitung von Wellen: Jeder Leitungsstrom $\underline{I} = j\omega C\underline{U}$ setzt sich in einem isolierenden Medium (eines Kondensators) als **Verschiebungsstromdichte $\vec{I}_V$**,

$$\vec{I}_V \doteq \underline{I}/A = j\omega C\underline{U}/A = j\omega\varepsilon\underline{U}/d \doteq j\omega\varepsilon\vec{E}, \qquad (5.20)$$

fort. Der Verschiebungsstrom wird genauso wie ein drahtgeführter Strom von den Magnetfeldlinien umschlungen: Die zeitliche Änderung des elektrischen Feldes wirkt als Fortsetzung des leitergeführten Stromes.

Bild 5.5 b zeigt eine senkrechte Stabantenne über einer leitenden Platte (Erde). Wird Wechselstrom an den Fußpunkt der Antenne gelegt, so wirkt diese als Leitung, d. h. es werden, dem sinusförmigen Verlauf des Stromes folgend, abwechselnd Stellen positiver und negativer Spannung bzw. Ladung mit der Phasengeschwindigkeit der „Eindrahtleitung" die Antenne hinauflaufen. Zwei solche Spannungsmaxima mit den von ihnen ausgehenden $\vec{E}$-Feldlinien sind skizziert. In der Mitte zwischen diesen Feldlinien fließt parallel dazu der maximale Verschiebungsstrom gegen Erde (die zeitliche Ableitung einer Sinusfunktion hat im Nulldurchgang das Maximum). Der Verschiebungsstrom erzeugt kreisförmige Magnetfeldlinien $\vec{H}$ parallel zur leitenden Platte, die im Antennengrundriß, Bild 5.5 c, skizziert sind.

Umso höher in der Antenne die Spannungsbäuche (Ladungen) hinaufkommen, umso kleiner werden sie, denn der Leitungsstrom in der Antenne geht sukzessive in Verschiebungsstrom über, bis er an der Antennenspitze Null wird. Auf diese Weise lösen sich die magnetischen und dazu normalen elektrischen Feldlinien von der Antenne und breiten sich gleichphasig als freie EM-Wellen im Raum aus. Genauso wirkt jeder elektrische Dipol (z. B. die Enden einer Doppeldrahtleitung) und jede Stromschleife als abstrahlende Antenne, wenn sie nur mit genügend hoher Frequenz angeregt werden. In allen Antennen wird leitungsgeführte elektrische Energie (die in $\underline{U} \cdot \underline{I}$ steckt) in Feldenergie in Form der $\vec{E}$-$\vec{H}$-Felder umgesetzt und in den Raum irreversibel abgestrahlt. (Bei einer Empfangsantenne läuft der reziproke Vorgang ab.) Durch Abgleich der Länge ($\sim \lambda/2$) einer Antenne kann ihr Wirkungsgrad optimiert werden. Wenn sie an das Kabel (Z_w) und dieses an den HF-Generator (Z_w) voll angepaßt ist, d. h. ihr Strahlungswiderstand gleich Z_w ist, so wird die maximale vom Generator verfügbare Leistung abgestrahlt.

Auch in Spulen (L) und Kondensatoren (C) findet eine Energieumsetzung elektrischer in Feldenergie statt. Diese Feldenergie wird aber fast ganz wieder zurückgewonnen.

Die transversalen elektromagnetischen (TEM) Wellen im Vakuum werden durch eine Gleichung beschrieben, die aus der verlustlosen Leitungsgleichung hervorgeht, wenn z. B.

$$u = E_z,\ i = H_y,\ L' = \mu_0,\ C' = \varepsilon_0$$

und

$$Z_w = Z_0 = \sqrt{\mu_0/\varepsilon_0} = 377\Omega, \tag{5.21}$$

$$\underline{\gamma} = j\beta = j\omega\sqrt{\varepsilon_0\mu_0}. \tag{5.22}$$

gesetzt wird. Mit (5.22) ergibt sich die **Lichtgeschwindigkeit** c,

$$c = v_p = \omega/\beta = 1/\sqrt{\varepsilon_0\mu_0}. \tag{5.23}$$

Damit kann man, Gl. (5.14) folgend, eine TEM-(Licht-)Welle beschreiben durch

$$E_z = A\ \cos\omega(t - x/c),$$

$$H_y = (A/Z_0)\ \cos\omega(t - x/c). \tag{5.24}$$

Ihr Dispersionsverlauf ist die gestrichelte Gerade in Bild 5.4. Alle TEM-Wellen breiten sich im Vakuum dispersionsfrei mit der Lichtgeschwindigkeit c aus, deren Wert mit $c = 299\ 792\ 458\text{m/s}$ festgelegt wurde und eine Basisgröße des derzeit allgemein verwendeten MKSA-(SI)-Maßsystems bildet.

5.5 Impulse auf Leitungen

5.5.1 Impulsreflexion

In Abschnitt 5.3 wurde die Reflexion einer Sinuswelle am nicht angepaßten ($Z_L \neq Z_w$) Leitungsende besprochen: Der Reflexionsfaktor ρ bestimmt gemäß (5.19) das Verhältnis der Rückwärts-($\underline{B}$) zur Vorwärtswelle ($\underline{A}$). Hier setzen wir nun einen rechteckförmigen Spannungsimpuls voraus, der gemäß Bild 5.6 a durch einen angepaßten Generator (d. h. sein Innenwiderstand $Z_G = Z_w$) an die Leitung geschaltet wird. Die Leitung sei **dispersions-** und **verlustfrei**, d. h. es gelten Gln. (5.10 a) und (5.11 a) und es gibt eine Ausbreitungsgeschwindigkeit $v_p = v_G = v$. Das hat zur Folge, daß alle Signalformen – wie groß auch ihr Frequenzspektrum (ihre Bandbreite) ist – unverzerrt übertragen werden. Weiter nehmen wir den **Abschlußwiderstand** Z_L **ohmsch** an, womit auch bei Reflexion die Signalform erhalten bleibt (kapazitives $\underline{Z}_L$ hätte z. B. einen Aufladevorgang am

Leitungsende zur Folge). Die Spannung wird im Abstand l_0 vom Generator bzw. l_1 von Z_L durch ein Oszilloskop beobachtet.

In Bild 5.6 b wird ein Spannungssprung bei $t = 0$ an die Meßleitung gelegt, die mit $Z_L > Z_w$ abgeschlossen ist. Der Sprung erscheint nach $t_0 = l_0/v$ mit $U_0/2$ und reflektiert bei $t_1 = (l_0 + 2l_1)/v$ mit $rU_0/2$ am Oszilloskop, hier ist

$$r = (Z_L - Z_w)/(Z_L + Z_w).$$

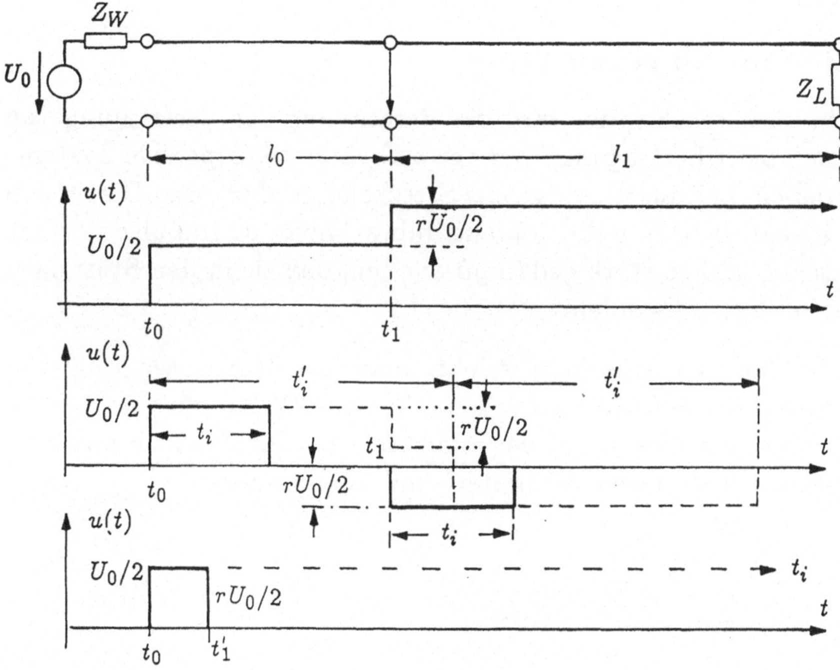

Bild 5.6: Reflexionen durch fehlangepaßte Leitung

Bild 5.6 c beschreibt für $Z_L < Z_w (r < 0)$ die Reflexion eines Impulses der Dauer $t_i < t_1$ voll gezeichnet und für $t_i' > t_1$ gestrichelt.

Bild 5.6 d demonstriert die Erzeugung von Impulsen aus Spannungssprüngen an einer kurzgeschlossenen Leitung ($Z_L = 0$, $r = -1$). Die sehr steil (d. h. breitbandig) herstellbare Sprungflanke schaltet nach der Zeit t_1' die Spannung ab. Mit kurzen (z. B. $Z_1' = 1,5\text{mm} << Z_1$) Kurzschlußleitungen lassen sich sehr kurze Impulse (10ps) gewinnen.

Reflektierte Impulse auf Leitungen können Störungen beim Sender und Empfänger bewirken: Die Impulsformverzerrung kann die **Bitfehlerwahrscheinlichkeit (BER bit error rate)** beim Empfänger erhöhen, Reflexionen können die Sendestufe stören. Im schlimmsten Fall ist auch der Sender nicht angepaßt ($\underline{Z}_G \neq Z_w$). Dann kommt es zu Vielfachreflexionen, d. h. ein Impuls kommt nach der doppelten Laufzeit zwar abgeschwächt, aber noch einmal zum Empfänger. Dadurch steigt BER dramatisch: **Achte auf Anpassung**, insbesondere bei Datenübertragung über **ungedämpfte Leitungen!**

5.5.2 Impulsverzerrung

Im nächsten Kapitel wird die Berechnung der Verformung von Impulsen bei Übertragung über verlustbehaftete dispersive Systeme beschrieben. Leitungen mit großer Streckendämpfung und Dispersion sind für schnelle Datenübertragung unbrauchbar, da Impulse zu stark verwaschen und so stark gedämpft werden, daß sie in den Störungen (Rauschen) verschwinden.

Eine böse Überraschung erlebte man mit dem ersten England-USA-Seekabel 1860: Morsezeichen, die mit kV-Amplituden gesendet wurden, erschienen auf der anderen Seite des Atlantik mit mV-Amplituden und enorm verbreitert und abgerundet.

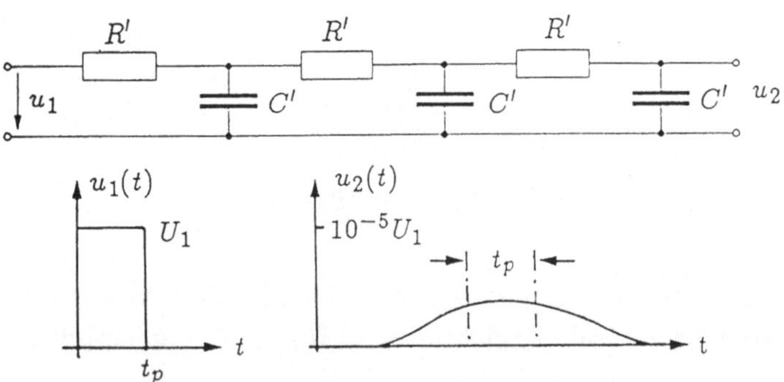

Bild 5.7: Modell des Thomsonkabels und Impulsverzerrung

W. THOMSON, der spätere Lord KELVIN, schlug das in Bild 5.7 skizzierte Modell für dieses Kabel vor, das nach ihm benannt wurde. Die Serienschaltung der Tiefpaßglieder führt zu einer Ausbreitungskonstanten mit großer Dämpfung und stark dispersiver Phasendrehung (setze in Gl. (5.10) $L' = G' = 0$):

$$\underline{\gamma} = \sqrt{R' j\omega C'} \;\rightarrow\; \alpha = \beta = \sqrt{\omega R' C'}/\sqrt{2}.$$

Ähnliche Impulsverzerrungen entstehen in den modernen höchstintegrierten IC, wenn durch schlechten Entwurf des IC zu lange Verbindungsleitungen auftreten. (In solchen **VLSI – very large scale IC –** ist die gesamte Leitungslänge schon einige 10 bis 100m!)

5.6 Nachrichtenkabel

Auch der Informatiker kann vor der Aufgabe stehen, Signalverbindungen aufzubauen, die von den Herstellern seiner Geräte nicht geliefert werden; besonders dann, wenn die Geräte von mehreren konkurrierenden Firmen kommen. Ein kurzer Überblick über die Typen der dafür verfügbaren Kabel und ihre übertragungstechnischen Eigenschaften soll diese Wahl erleichtern.

5.6.1 Zweidrahtleitung

Eine Lecherleitung wird in der Praxis durch das **Flachbandkabel** angenähert. Es besteht aus zwei Drähten mit gleichen Durchmessern a, die durch einen Kunststoffsteg im Abstand d (typisch 1cm) parallel geführt und auch isoliert werden. Wellenwiderstand Z_w (typisch 240Ω) und Ausbreitungskonstante β sind:

$$Z_w = 120\Omega \cdot \mathrm{arch}(d/a), \qquad \beta \doteq \omega/c.$$

Durch den teilweisen Feldverlauf im Kunststoffsteg (ε_r) liegt die Ausbreitungsgeschwindigkeit etwas unter der Lichtgeschwindigkeit c. Solche billige Kabel sind im 100MHz-FS-Bereich relativ dämpfungsarm, koppeln aber stark mit äußeren Feldern. Das bedeutet leichte Stör- und Abhörbarkeit.

Induktiv oder kapazitiv weniger störbar ist die **verdrillte Leitung**. Sie besteht aus zwei isolierten Drähten, die verdrillt und dabei durch ihre Ummantelung in gleichem Abstand gehalten werden. Da dieser Abstand zwischen hin- und rückfließendem Strom sehr gering ist, hat diese Zweidrahtleitung fast kein äußeres Magnetfeld (d. h. induktive Kopplung), und durch die räumliche Drehung der 2 Drähte gibt es auch fast keine kapazitive Störbarkeit. Für Datenübertragung mit erdsymmetrischer Spannung (dafür gibt es spezielle Leitungstreiber und Empfänger-IC) bis etwa 100kBd und Längen bis wenige 100m (typisch: einige 10m) sind diese Leitungen ausreichend. Sie werden mit der Schwachstrominstallation des Hauses verlegt und dienen der Verbindung von Telephonen, Terminals, einfacher Rechnerperipherie u. dgl. Obwohl sich diese billigsten Kabel im angegebenen Bereich bestens bewähren, darf man trotzdem nicht hohe Ansprüche bezüglich Dämpfung und BER an sie stellen.

5.6.2 Koaxialleitung

Die Koaxialleitung besteht aus einem runden Innenleiter mit dem Durchmesser d, der durch meist scheibenförmige Isolatorstützen oder ein massives Dielektrikum (relative DK ε_r) in einem drehzylindrischen leitenden Außenmantel mit dem Durchmesser D koaxial geführt ist. In Bild 5.8 a ist der Querschnitt durch ein Koaxkabel mit dem Feldbild darin dargestellt. An jedem Punkt des Kabels ist der Vorwärtsstrom am Innenleiter entgegengesetzt gleich dem Rückwärtsstrom am Mantel (besser: der Summe der Strombeläge parallel zur Achsenrichtung an der Innenfläche des Mantels). Deswegen gibt es kein $\vec{H}$- oder $\vec{E}$-Feld im Außenraum des Kabels und keine kapazitive oder induktive Stör- und Abhörbarkeit (ohne Anbohren). Wellenwiderstand Z_w und Phasenkonstante β des weitreichend dispersionsfreien Kabels sind:

$$Z_w = 60\Omega \cdot \ln(D/d)/\sqrt{\varepsilon_r}, \quad \beta = (\omega/c)\sqrt{\varepsilon_r}.$$

Die Dämpfung α ist i. allg. proportional zu f^2 und wird für große Durchmesser kleiner. Z_w ist meist 50Ω, aber auch 60Ω und 75Ω Kabel werden verwendet. ε_r liegt meist bei $2,25$, so daß man mit $v_p = 2c/3$ oder $v_p \doteq 5\text{ns/m}$ rechnen kann. Koaxkabel finden wegen der geringen Störbarkeit Anwendung vom Audio-HIFI-Verstärker über schnelle (MBd) Datenübertragungen bis zu festen Mikrowellenleitungen für 35GHz. Je nach Anforderung an die Qualität der Übertragung liegt ihr Durchmesser D zwischen 1mm, über typisch 5-8mm, bis zu 50mm.

Für Mikrowellen sind allerdings nur dünne (< 3mm) Kabel verwendbar, da in dicken Kabeln Hohlleitermoden (siehe Abschnitt 5.6.3) entstehen können: Die in Bild 5.8 a skizzierte transversale, d. h. TEM-Feldverteilung geht (teilweise) in eine mit longitudinalen $\vec{E}$- oder $\vec{H}$-Komponenten über.

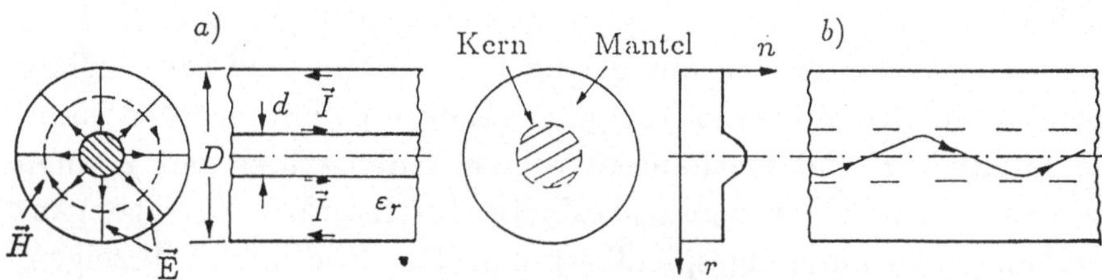

Bild 5.8: a) Feldbild in der TEM-Koaxialleitung und b) Skizze eines Glasfaserkabels

5.6.3 Wellenleiter

Für den Mikrowellenbereich (1GHz bis einige 100GHz) wurden ab 1940 Wellenleiter entwickelt, welche durch die Maxwell-Gleichungen und Randbedingungen bestimmte Konfigurationen von $\vec{E}$ und $\vec{H}$ Feldern als Welle führen können. Diese $\vec{E}$-$\vec{H}$-Muster sind in sich abgeschlossen, d. h. sie koppeln mit der Umgebung nicht und heißen Wellen- oder Ausbreitungsmoden. Ein solcher Modus hat meist entweder eine $\vec{E}$- oder $\vec{H}$-Komponente in Ausbreitungsrichtung, es handelt sich nicht mehr um TEM-Wellen wie im freien Raum und Koax-Kabel. Diese Moden werden in rechteckigen (selten: runden) Hohlrohren geführt oder laufen entlang von Streifen-Plattenanordnungen, die Abkömmlinge der normalen Leitungen sind. Das Dispersionsdiagramm des meist verwendeten Rechteckhohlleiter-Grundmodus wurde schon in Bild 5.4 diskutiert. Anwendungen finden solche Wellenleiter in Mikrowellensystemen (Richtfunk, Radar, Herde, usw.).

5.6.4 Glasfaserkabel

Während die breitbandigen Mikrowellenleitungen des vorigen Abschnittes für den Informatiker wenig Bedeutung haben, gewinnen die Glasfaserkabel (optischen Fibern, fibre optics) zum Transport großer Informationsmengen über Lichtimpulse einen sehr rasch wachsenden Anteil gegenüber allen herkömmlichen Kupferleitungen.

Mit großem technischen Geschick ist es im letzten Jahrzehnt gelungen, spezielle Glasfibern in Längen von mehr als 20 km herzustellen, in denen infrarote (IR) und auch sichtbare EM-Strahlung in Form von Wellenmoden mit geringer Dämpfung und sehr kleiner Dispersion in extrem breiten Frequenzbändern geführt werden kann. Diese Lichtleiter sind mechanisch robust und flexibel und können ohne wesentliche Übertragungsverluste durch präzise Lichtbogenschweißungen zusammengespleißt werden. Das Bild 5.8 b soll zeigen, wie die EM-Strahlung im Zentrum der Glasfaser geführt wird: Der Kern der Fiber besteht aus Glasmaterial mit etwas größerem Brechungsindex n, der $\sqrt{\varepsilon_r}$ proportional ist.

Die **Multimoden-Faser** (auch mit Gradientenfaser bezeichnet) hat parabolisch zunehmendes ε_r in einem Kern von etwa 50μm Durchmesser (Haarquerschnitt). Der im flachen Winkel α eintretende Lichtstrahl wird nach dem Brechungsgesetz von SNELLIUS ($n_1 \sin\alpha_1 = n_2 \sin\alpha_2$, mit $n \sim \sqrt{\varepsilon_r}$) aus dem optisch dünneren Glas (niederes ε_r) in das optisch dichtere total reflektiert, so daß der in Bild 5.8 angedeutete Strahlverlauf entsteht.

Der parabolische Verlauf von ε_r mildert die Dispersion: Ausbreitungsmoden unter steilerem Reflexionswinkel α_1 kommen zwar weiter nach außen und haben einen längeren Weg, laufen aber dort im Glas mit kleinerem ε_r schneller. Damit bleiben die spektralen Komponenten eines Lichtimpulses (und damit seine Einhüllende) zusammen.

In der **Monomode-Faser** ist der optisch dichtere Kern nur $3 - 5\lambda$ dick und geht abrupt in den Mantel aus Glas mit niederem ε_r über. Im Kern dieser Fiber wird folglich die EM-Strahlung in Form eines EM-Modus geführt, der den im vorigen Abschnitt besprochenen Hohlleitermoden ähnelt. Die Dispersion ist daher kleiner als bei der Multimode-Faser und damit die nutzbare Bandbreite größer. Dafür kann der aktive Kern dieser Faser viel schwieriger hergestellt, gespleißt oder über Präzisionsstecker verbunden werden.

Das Diagramm in Bild 5.9 zeigt einen Vergleich der Dämpfung verschiedener, 1km langer, professioneller Weitverkehrkabel in Abhängigkeit von der nutzbaren Bandbreite f_G. Bei den Lichtfasern für IR mit $\lambda = 1,3\mu$m, einer Wellenlänger mit geringer Dämpfung, ist dabei f_G nach dem Zeitgesetz der Nachrichtentechnik als Reziprokwert der kürzest möglichen Signalimpulsdauer, also als höchstmögliche Taktfrequenz der Datenübertragung, aufzufassen. RG 14 und RG 19 bezeichnen koaxiale Weitverkehrkabel mit 14mm und 19mm Außendurchmesser. GRA ist eine typische Gradientenfaser, MOM eine Monomode-Fiber.

Aus dem Diagramm erkennt man, welch enorme Steigerung der übertragbaren Datenmenge dadurch erzielbar ist, daß man zu optischen Trägerfrequenzen ($\lambda = 1,3\mu$m entspricht $f_t = 2,3 \cdot 10^{14}$Hz!) geht: Die relative Bandbreite f_D/f_t des AM-modulierten Lichtes bei $f_D = 1$GHz Datenrate bleibt kleiner als 10^{-5}, und die Wellenleiter-Dispersion der Faser hat bei $\lambda = 1,3\mu$m eine Nullstelle. Im Wellenlängenbereich von $1,45$ bis $1,65\mu$m ist derzeit (1990) die Faserdämpfung mit $0,1$dB/km am geringsten. Der Übertragungsbereich von 2THz überschreitet den f_G-Bereich in Bild 5.9 um mehr als eine Dekade und die Dämpfung fällt fast mit der Abszisse zusammen.

Deshalb sind die Taktraten bei der optischen Datenübertragung nicht durch die Lichtleiter, sondern durch die Elektronik für Lichtimpulssender, -verstärker und -empfänger begrenzt.

Ein großer Vorteil der optischen Nachrichtenübertragung ist die verschwindende Kopplung von EM-Feldern anderer Frequenz (Audio, HF, Mikrowellen) mit dem Lichtimpuls in der Faser. Solche Übertragungen können daher so **nicht gestört** und **abgehört** werden. (Auch ein Abzweigen der Lichtimpulse aus der unverletzten Faser ist sehr schwierig.) Dies trifft auch für billige, kurze Lichtfaser-Übertragungen (bis etwa 1km Leitungslänge) im nahen IR bei $\lambda = 0,83\mu$m zu. Sie ermöglichen Datenübertragung in explosiver Umgebung – es kann ja bei Kurzschluß oder Unterbrechung kein Funke

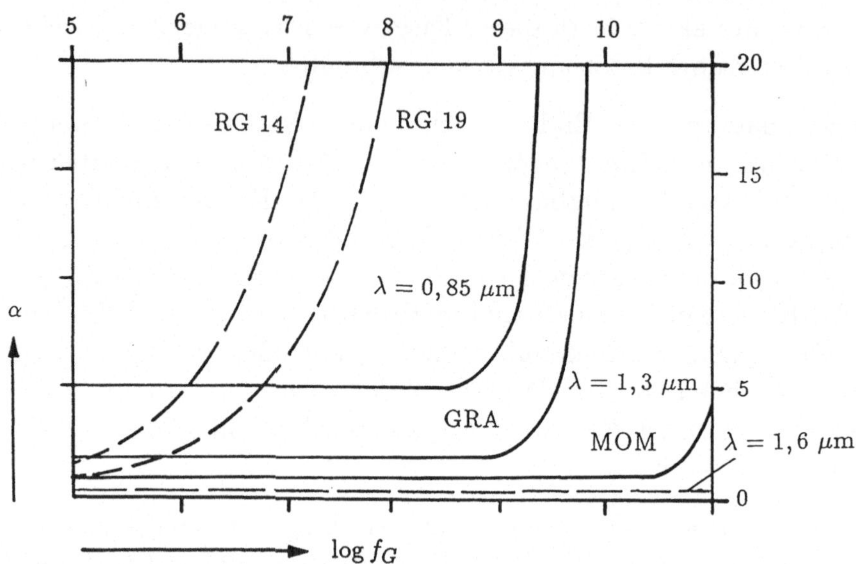

Bild 5.9: Kabeldämpfung α in dB/km als Funktion der nutzbaren Bandbreite f_G

auftreten – oder zwischen hochspannungsführenden Bauelementen, denn die Faser ist mit ihrem Kunststoffmantel ein idealer elektrischer Isolator. Elektrisch empfindliche Regel- und Steuerrechner können oft nur über Lichtleitfasern bzw. Optokoppler mit den Industriemaschinen verbunden werden.

5.7 Leitungsresonatoren

In Abschnitt 5.4 wurden stehende Wellen auf Leitungen behandelt. Ist der Reflexionsfaktor $\underline{\rho} \neq 0$, so wird ein Teil der Vorwärtswelle $\underline{A}e^{-\underline{\gamma}x}$ als Rückwärtswelle $\underline{B}e^{\underline{\gamma}x}$ reflektiert, und es bildet sich eine stehende Welle auf der Leitung aus. Wir betrachten nun den in der Praxis realisierbaren Fall der kurzgeschlossenen Leitung, d. h. $\underline{\rho} = r = -1$. (Eine offene Leitung wirkt immer als strahlende Antenne mit Energieumsetzung, d. h. unvollkommener Reflexion $\rho \neq 1$.) Am Ende ($x = L$) der kurzgeschlossenen Leitung ($r = -1$) verschwindet die Spannung, und der Strom hat ein Maximum. In der Optik und Mikrowellentechnik entspricht der Kurzschluß der idealen Spiegelebene, in der das transversale elektrische Feld $\vec{E} = 0$ und $\vec{H}$ ein Maximum ist.

Die Berechnung des Spannungs($\vec{E}$-Feld)-verlaufes vor dem Kurzschluß (Spiegel) bei $x = L$ geht von Gln. (5.8), (5.5), von $\rho = -1$, d. h. $\underline{B} = -\underline{A}$ und Verlustfreiheit ($\underline{\gamma} = j\beta$) aus:

$$u(x,t) = \underline{A}e^{j\omega t}(e^{-j\beta x} - e^{j\beta x}) = -j\underline{A}e^{j\omega t}2\sin\beta x.$$

Setzt man $x' = -(x-L)$ und wählt den Zeitnullpunkt so, daß die Phase von $-j\underline{A}$ verschwindet, so folgt:

$$u(x',t) = 2 \mid \underline{A} \mid \sin\beta x' e^{j\omega t}. \tag{5.25}$$

Die Spannungs-(und Strom-) Amplituden der Vorwärts- und Rückwärtswelle addieren sich und bilden eine **stehende Sinuswelle** (Kosinuswelle für den Strom) mit der doppelten Amplitude der Vorwärtswelle. Ein in Bild 5.10 a skizzierter Leitungsresonator ist nun so aufgebaut, daß an einer Nullstelle der stehenden Sinuswelle (hier: $x = 0$) ein zweiter Kurzschluß (Spiegel) eingefügt ist. Dieser kann als Spannungsgenerator mit vernachlässigbarem Innenwiderstand $Z_i \doteq 0$, d. h. z. B. als Kurzschluß mit kleiner Magnetfeld-Koppelschleife oder als schwach durchlässiger Spiegel, aufgebaut sein.

Durch Vielfachreflexionen baut sich im Resonator eine sehr große Spannung bzw. Feldstärke auf. Die ersten Stehwellen-Resonatoren kennt man aus der Optik. Sie heißen **FABRY-PEROT-Interferometer** und dienen seit 1899 zur genauen

Lichtwellenlängenmessung durch Abstandsänderung zweier Spiegel. Gemäß Gl. (5.25) lautet die Resonanzbedingung für solche Resonatoren:

$$\beta L = n\pi \quad \text{oder} \quad L = n(\lambda/2),\ n = 1,2,\dots . \tag{5.26}$$

Dabei bezieht sich $\lambda = v_p/f$ auf die Phasengeschwindigkeit der betreffenden EM-Welle im Resonator.

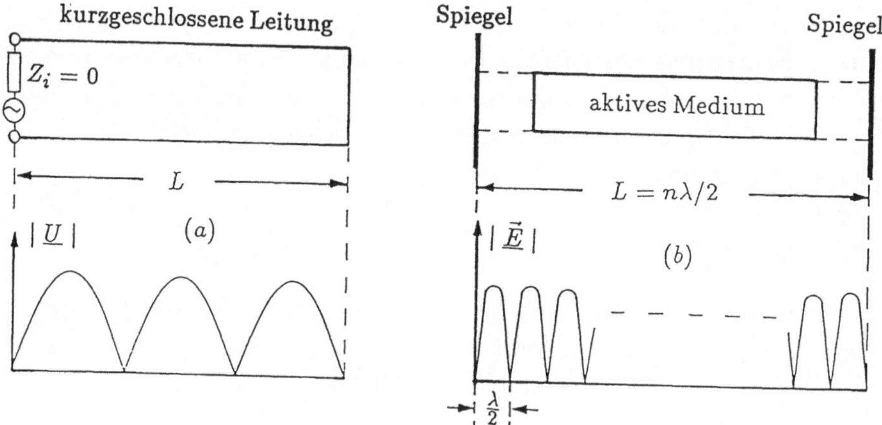

Bild 5.10: Stehende Wellen: (a) elektrische, (b) optische im Laserresonator

In der Energietechnik machen in langen leerlaufenden oder von Kurzschlüssen betroffenen Überlandleitungen reflektierte bzw. stehende Wellen große Schwierigkeiten. Bei $f = 50$Hz wirkt eine $\lambda/4 = 1500$km lange leerlaufende Leitung als Kurzschluß! Für die zukünftige Energieversorgung Europas scheint die Stromgewinnung aus der Sonnenstrahlung in der Sahara sich als menschheitsfreundliche Langzeitlösung anzubieten. Zum Energietransport müßten allerdings Gleichstromleitungen herangezogen werden, oder es müßte zur Wasserstoff-Energiewirtschaft übergegangen werden.

In der Hochfrequenztechnik finden von etwa 300MHz bis 40GHz koaxiale oder Streifenleitungsresonatoren und im Mikrowellenbereich Hohlraumresonatoren mit sehr kleinen Verlusten, d. h. großer Güte, Verwendung.

Der Fabry-Perot-Resonator ist ein Grundelement der meisten **LASER** (Light Amplification by Stimulated Emission of Radiation), die Quellen sehr schmalbandiger (d. h. einfärbiger) Leichtstrahlung sind. Ein Gas- oder Festkörperlaser ist in Bild 5.10 b gezeichnet. Im „gepumpten“, d. h. mit Schwingungsenergie versorgten aktiven Medium wird von den Molekülen die Lichtstrahlung **nicht spontan** (d. h. mit beliebiger Phase), sondern durch die stehende Welle des Fabry-Perot-Resonators in gleicher Phase mit dieser, d. h. **stimuliert**, an die Welle abgegeben: So entsteht eine **kohärente Strahlung**. Das aktive Medium kann ein Kristall sein, der durch eine Blitzlampe gepumpt wird, oder ein Gas, das so wie in einer Leuchtstoffröhre durch eine elektrische Gasentladung zum Strahlen angeregt wird. Ohne die Endspiegel gibt diese Lampe spontan emittierte inkohärente Strahlung ab, deren Farbe durch das angeregte Molekül bestimmt ist (Ne: rot, Ar: blau).

Überragende Bedeutung für die Informationsübertragung gegenüber allen anderen Lasern gewinnt die **HL-Laserdiode**: Im p-n-Übergang bestimmter (sogenannter direkter) Halbleiter (GaAs, InP, AlAs, u. ä.) können die Elektronen bei der Rekombination mit Löchern Lichtstrahlung jener Energie (d. h. Frequenz) abgeben, die der Bindungsenergie des Kristallgitters (dem Bandabstand ΔW) entspricht. Aus dieser spontanen Emission in der billigen **Lumineszenz-Diode (LED)** wird die kohärente Strahlung der Laserdiode, wenn der p-n-Übergang durch spiegelnde parallele Spaltflächen des HL-Kristalles begrenzt ist. Daraus tritt die sehr schmalbandige Laserstrahlung aus, wenn ein hoher Durchlaßstrom (meist in Form sehr kurzer Impulse) durch den Halbleiterlaser fließt. Diese Strahlung wird zur Informationsübertragung auf den Kern der Lichtleitfaser fokussiert und durch sie weitergeleitet. Als Detektor dient am anderen Faserende eine Photodiode. Die überragende Leistungsfähigkeit optischer Übertragungssysteme wird noch erwähnt werden.

Neben diesen Anwendungen hat der Laser viele neue Problemlösungen ermöglicht, die ohne kohärente, monofrequente Lichtstrahlung undenkbar sind:

- Das Eichnormal der Länge; abgeleitet aus dem Frequenznormal, der Cs-Hyperfeinstrukturabsorption bei $f_{\mathrm{Cs}} = 9{,}172\,631\,770\mathrm{GHz}$ und der Naturkonstanten Lichtgeschwindigkeit: $c = 299\ 792$

458m/s. Daraus wird definiert 1m $= (f_{\mathrm{Cs}}/c)$ Cs-Wellenlängen und durch Laserinterferometrie und Stehwellenmessung dargestellt (siehe Abschnitt 1.12).

- Höchst präzise relative Abstandsmessungen durch Auszählung und Teilung der Stehwellen sichtbarer Laserstrahlung (He-Ne-Laser). Z. B. beim sogenannten waver stepper für die Maskenbelichtung in der IC-Herstellung.
- Laser zum Schneiden (bis 10mm Stahl) und Schweißen.
- Laserschnitte und Verbindungen in der Mikrochirurgie des Auges, der Gefäße, Nerven, usw.
- Präzise geodätische Entfernungsbestimmung durch Laufzeitmessung reflektierter Laserimpulse oder AM-modulierter gebündelter Strahlung.

6 Filter

In den vorigen Kapiteln war oft die Rede von Signalverzerrungen durch Bandbegrenzung, Dispersion u. dgl. Beispielsweise verunstaltet die Auf- und Entladung eines Kondensators im RC-Glied Rechteckimpulse total und erniedrigt sie im Thomson-Kabel vollkommen.

Im folgenden soll gezeigt werden, wie man den wesentlichen Aufgaben der Signalverarbeitung durch Filter beikommt, deren Übertragungseigenschaften im Frequenzbereich spezifiziert sind.

6.1 Die Übertragungsfunktion $\underline{H}(\omega)$

Im dunklen Drang zur vereinfachenden Abstraktion zeichnet der Elektrotechniker ein Kästchen wie das in Bild 6.1 mit $\underline{H}(\omega)$ bezeichnete, betrachtet es als **„black box"**, versieht es mit 4 Anschlußklemmen oder einem Ein- und einem Ausgang und bezeichnet es als (zeitinvariantes) **Zweitor** oder – traditionell – als **Vierpol**.

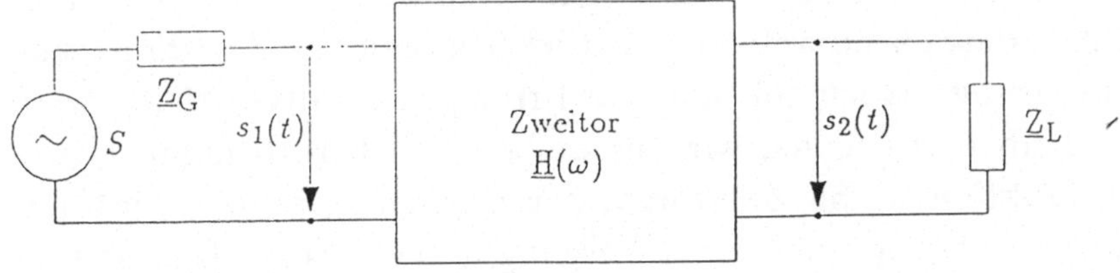

Bild 6.1: Messung von $\underline{H}(\omega)$ an einem Zweitor

Ein Zweitor heißt linear, wenn für jede Frequenz das Ausgangssignal linear vom Eingangssignal abhängt. **Die Linearität** ist durch das **Superpositionsprinzip definiert**, d. h. **die Funktion** h **ist linear, wenn gilt:**

$$h(x_1 + x_2) = h(x_1) + h(x_2). \tag{6.1}$$

Ein Zweitor ist passiv, wenn nicht mehr elektrische Energie herauskommt, als hineingesteckt wurde. Beispiele: $i(u)$ von R, L, C ist passiv und linear, $i\ (u)$ einer Diode ist passiv und nichtlinear, $I_D(U_{GS})$ eines MOSFET ist aktiv und nichtlinear.

Auf den ersten Blick wird man als Übertragungsfunktion $\underline{H}(\omega)$ ganz grob die Frequenzabhängigkeit des Verhältnisses von Aus- zu Eingangssignal bezeichnen. Schärfer wird die Definition, wenn wir uns die **Messung von** $\underline{H}(\omega)$ überlegen: Wir beschränken uns auf passive lineare Zweitore, nehmen unsere Erfahrungen von den Leitungen und versuchen, zunächst von links ein Signal $s_1(t)$ ohne Reflexion in die „black box" hineinzubringen und rechts das Ausgangssignal $s_2(t)$ reflexionsfrei zu messen. Der Reflexionsfreiheit sicherstellende Anpassungswiderstand des Zweitores ist sein Wellenwiderstand $\underline{Z}_w$. Analog zu den Leitungen definieren wir: Der **Wellenwiderstand** $\underline{Z}_w$ ist der **Eingangswiderstand einer unendlichen Kette von Zweitoren**, die jeweils **spiegelsymmetrisch** (Rücken an Rücken) **zusammengeschaltet sind**. So eine Kette ist überall angepaßt, d. h. an keiner Verbindung treten Reflexionen auf. Oder: Man mißt den Wellenwiderstand als **Vierpol-Eingangswiderstand**, wenn dieser mit seinem **Wellenwiderstand abgeschlossen** ist.

In der Übertragungstechnik muß man die Reflexionsverhältnisse (als „Betriebsparameter") berücksichtigen. In der vorliegenden Einführung jedoch soll nur das Prinzip der Filter erklärt werden. Deshalb beschränken wir uns auf einfach berechenbare Übertragungsfunktionen von Zweitoren, deren Eingang an einer idealen Spannungsquelle liegt und deren Ausgang unbelastet ist. Das ist eine gute Näherung für alle Fälle bei Frequenzen bis einigen MHz.

Zur Messung von $\underline{H}(\omega)$ wählen wir also in Bild 6.1 $\underline{Z}_G = 0$ und $\underline{Z}_L = \infty$. Als Signalgenerator S wird ein Sinusgenerator verwendet, dessen Frequenz ω_K nach jeder Messung verändert wird. Wird ω_K in diskreten, dezimalen Schritten durch den messenden Menschen oder den entsprechend programmierten Prozessor verstellt, dann heißt S **Synthesizer**. Gleitet die Frequenz stetig über ein Band B hin und her, dann ist S **ein Wobbler**. (Damit kann man sich $|\underline{H}(\omega)|$ am Bildschirm eines Oszilloskopes anschauen: Dazu muß die Amplitude von $s_1(t)$ über den Meßbereich konstant bleiben, an die vertikale Bildschirmachse wird $s_2(t)$ und an die horizontale eine zur Meßfrequenz ω_K proportionale Spannung gelegt.)

Mit dem Synthesizer wird die Übertragungsfunktion für die Frequenz ω_K als Verhältnis von $s_2(t)$ zu $s_1(t)$ nach Betrag A und Phase $\gamma\omega_K$ mit einem Sinussignal gemessen: Wenn

$$\underline{s}_1(t) = A_1\, e^{j\omega_K t} \quad \text{und} \quad \underline{s}_2(t) = A_2\, e^{j(\omega_K t - \varphi(\omega_K))},$$

dann ist

$$\underline{H}(\omega_K) = \underline{s}_2(t)/\underline{s}_1(t) = (A_2/A_1)\, e^{-j\varphi(\omega_K)}. \tag{6.2}$$

Der Betrag $|\underline{H}|$, das Amplitudenverhältnis, heißt **Übertragungsmaß** oder **Dämpfung** D und wird **in dB** angegeben. Über den ganzen interessierenden Frequenzbereich wird ω_K schrittweise verstellt und bei jedem Schritt $|\underline{H}|$ gemessen.

$$D(\omega) = 20 \log |\underline{H}(\omega)| = 20 \log(A_2(\omega)/A_1(\omega)). \tag{6.3}$$

Genauso wird die Phase $\varphi(\omega)$ bei jedem Frequenzschritt gemessen und registriert.

Mit unserer Messung haben wir also die spektralen Komponenten des Ausgangssignals mit den entsprechenden des Eingangssignales verglichen. Stillschweigend sind wir von den diskreten ω_K-Werten zur kontinuierlichen Funktion übergegangen. Wegen der Linearität von $\underline{H}(\omega)$ gilt für Spektren $\underline{S}_1(\omega)$ beliebiger Signale $\underline{s}_1(t)$,

$$\underline{S}_2(\omega) = \underline{H}(\omega)\, \underline{S}_1(\omega) \tag{6.4}$$

mit

$$\begin{aligned} \underline{S}_1(\omega) &= FT^-\, (\underline{s}_1(t)), \\ \underline{s}_2(t) &= FT^+\, (\underline{S}_2(\omega)). \end{aligned}$$

Um die Verzerrung eines Signales $(\underline{s}_1(t))$ beim Durchgang durch ein Zweitor zu berechnen, muß man also

a) das komplexe Spektrum $\underline{S}_1(\omega)$ von $\underline{s}_1(t)$ bestimmen (meist mit Fourier-Tafel)

b) dieses mit $\underline{H}(\omega)$ nach Betrag und Phase multiplizieren und schließlich

c) das Ergebnis $\underline{S}_2(\omega)$ wieder in den Zeitbereich Fourier–rücktransformieren.

Zweitore mit einer durch die gewünschte Signalbeeinflussung vorgegebenen (meist **starken**) **Frequenzabhängigkeit von** $\underline{H}(\omega)$ heißen **Filter**.

Die eingangs etwas abstrakt definierte Linearität besagt nun, daß die Behandlung (6.4) (die Filterung) einer Summe zweier Signale: $\underline{s}_1(t) = \underline{u}_1(t) + \underline{v}_1(t)$, zum selben Ergebnis führt wie getrennte Filterung jedes einzelnen Signals $\underline{u}_1(t)$ und $\underline{v}_1(t)$ durch gleiche Filter und Signaladdition im Ausgang. Es sei nochmals auf die Linearität der Fouriertransformation für den interessierten Leser hingewiesen.

Die **Berechnung** von $\underline{H}(\omega)$ erfolgt durch Aufstellung des komplexen Verhältnisses der Aus- zur Eingangswechselspannung mit Hilfe der Kirchhoff-Regeln. Für das RC-Glied wurde dies in Abschnitt 2.6 durchgeführt.

Die Leitung ist ein spezielles Zweitor. Ohne eingehende weitere Erklärung können daher die für eine Leitung der Länge L im vorigen Kapitel diskutierten Begriffe auf Filter verallgemeinert werden. Dabei wird der jeweilige Begriff für die Leitung linksbündig und der Zweitor-Ausdruck rechtsbündig angeschrieben. Alle Begriffe sind Funktionen der Frequenz!

„ÜBERTRAGUNGSFUNKTION"

$\underline{U}_L/\underline{U}_0 = e^{-\alpha L} \cdot e^{-j\beta L}$ $\qquad$ $\underline{H} = |\underline{H}| \cdot e^{j\varphi}$

DÄMPFUNG

linear : $e^{-\alpha L}$ $\qquad$ linear : $|\underline{H}|$

$D[\text{dB}] = -\,20 \cdot \log e \cdot \alpha L = 8.686 \cdot \alpha L$ $\qquad$ $D[\text{dB}] = 20 \log |\underline{H}|$

Eine Leitung und ein **passives Zweitor** schwächt immer ab: $D[\mathrm{dB}] < 0$. Durch Einbau eines **Verstärkers** kann ein **aktiver Vierpol** entstehen $D[\mathrm{dB}] \geq 0$:

PHASE

$L \cdot \beta[\mathrm{rad}]$	$\varphi[\mathrm{rad}]$

GRUPPENLAUFZEIT

$t_G = L \cdot (d\beta/d\omega)$	(6.5)	$t_G = d\varphi/d\omega$

Wegen seiner großen Bedeutung sei das für Leitungen diskutierte Kriterium für verzerrungsfreie Übertragung hier für Filter wiederholt:

Für **verzerrungsfreie Filterung** eines Signals der Bandbreite B muß in B die Signallaufzeit $t_G = d\varphi/d\omega$ konstant sein, d. h. die **Phase linear** von ω abhängen. Phasennichtlinearitäten sind besonders für Modulationsarten schädlich, bei denen die Information in der Phase steckt (FM, PM). In B soll $|\underline{H}|$ **konstant** sein, damit am Filterausgang das Amplitudenverhältnis der spektralen Komponenten erhalten bleibt.

Später werden wir sehen, wie eine erwünschte Signalformung durch bestimmte Übertragungsfunktionen erreicht wird.

6.2 Die Stoßantwort

In Abschnitt 4.2.2 wurde der Diracstoß $\delta(t)$ als Funktion endlichen Energieinhaltes mit einem unendlich ausgedehnten konstanten Spektrum $FT^-(\delta) = 1$ definiert. Wird in Bild 6.1 ein **Diracstoß** an den **Vierpoleingang** gelegt, so ist dessen (verformtes und um t_G verzögertes) **Ausgangssignal die Stoßantwort** $h(t)$. Ihr Zusammenhang mit der Übertragungsfunktion ist leicht berechenbar:

$$\begin{aligned} s_1(t) = \delta(t), \quad S_1(\omega) = 1, \\ \underline{S}_2(\omega) = \underline{H}(\omega) \cdot S_1(\omega) = \underline{H}(\omega), \\ \underline{h}(t) = FT^+(\underline{S}_2(\omega)) = FT^+(\underline{H}(\omega)). \end{aligned} \tag{6.6}$$

Stoßantwort und Übertragungsfunktion sind ein Fourierpaar. Das ist eine Anwendung des Zeitgesetzes der Nachrichtentechnik auf Filter: Einer Filterbandbreite B entspricht wegen (6.4) ein Ausgangsimpuls mindestens der Dauer $1/B$, wenn man auch noch so schmale Impulse an den Filtereingang legt.

Als konkretes Beispiel gehen wir auf das Einschwingverhalten des Schwingkreises in Abschnitt 2.8 zurück: Das Produkt der Abklingzeitkonstante d^{-1} mal 3dB - Bandbreite B ist $B/d = \pi^{-1}$ (Gln. (2.20) und (2.21)). Tatsächlich schaut die Stoßantwort von Schmalbandfiltern so ähnlich wie Bild 2.8 aus!

Wozu braucht man überhaupt die Übertragungsfunktion, wenn ein Filter genauso durch seine Stoßantwort beschrieben werden kann? Dafür gibt es triftige Gründe:

- $h(t)$ läßt sich nur schwierig und ungenau messen. Rechnergesteuerte Meßplätze, wie die zur sukzessiven genauen Messung von $\underline{H}(\omega)$, gibt es für die direkte Aufnahme von $h(t)$ nicht.
- Über den im $\underline{H}(\omega)$-Meßplatz eingebauten Fourierprozessor kann $h(t) = F^{+}(\underline{H}(\omega))$ schnell und sehr genau (entsprechend dem durchgemessenen Frequenzbereich von $\underline{H}(\omega)$) berechnet werden.
- Eine Ausgangssignalberechnung im Zeitbereich würde auf eine gegenüber der Multiplikation sehr schwierige Faltungsoperation führen: Aus

$$\underline{S}_2(\omega) = \underline{H}(\omega)\underline{S}_1(\omega)$$

folgt

$$\underline{s}_2(t) = \underline{h}(t) \otimes \underline{s}_1(t) \tag{6.7}$$

gemäß den Regeln der Fouriertransformation Gl. (4.13).

Das physikalische Bild der Faltung (6.7) des Eingangssignals mit der Filter-Stoßantwort hilft aber, bei Transversal- und Digitalfiltern die Filterfunktion anschaulich zu verstehen.

6.3 Typische Filterfunktionen

In den vorigen Abschnitten wurden die wesentlichen Spezifikationen von Zweitoren besprochen. Welche Funktionen kann man nun durch Filterschaltungen mit speziell gewählten Übertragungsfunktionen erreichen? Zur Beantwortung dieser Frage werden zunächst in Bild 6.2 die 4 Grundtypen von Filtern durch den Frequenzgang $|\underline{H}(f)|$ definiert:

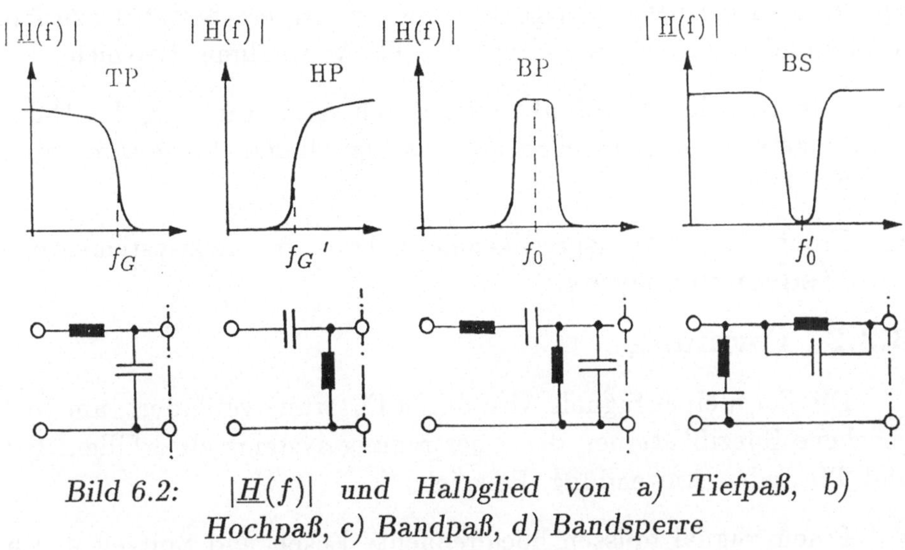

Bild 6.2: $|\underline{H}(f)|$ *und Halbglied von a) Tiefpaß, b) Hochpaß, c) Bandpaß, d) Bandsperre*

a) Der **Tiefpaß** (TP) läßt nur Frequenzen unter f_G durch.

b) Der **Hochpaß** (HP) läßt nur über der Frequenz f_G' durch.

c) Der **Bandpaß** (BP) selektiert ein schmales Frequenzband um eine Mittenfrequenz f_0 aus.

d) Die **Bandsperre** (BS) unterdrückt ein schmales Frequenzband um f_0'.

Zu den Dämpfungsverläufen in Bild 6.2 sind darunter *L*-*C*-Schaltungen in Form von Halbgliedern dargestellt, aus denen ein symmetrischer Vierpol entsteht, wenn man ein spiegelverkehrtes, gleiches Halbglied in Kette schaltet. Diese *L*-*C*-Schaltungen ergeben ziemlich steile Flanken von $|\underline{H}(f)|$, d. h. Übergänge zwischen dem Durchlaß- zum Sperrbereich (passband - stopband). Die RC-Filter in Bild 2.5 sind vergleichsweise dazu sehr flach: sie sind Filter der niedrigsten, ersten Ordnung. (Eine anschauliche Darstellung von der „Ordnung" eines Filters ist die Steilheit seines $|\underline{H}(f)|$ Verlaufes an der Flanke, d. h. die höchste dort wirksame Potenz der Kurve.) Aus den Frequenzgängen kann man schon die meisten **Funktionen** der Filter ableiten.

6.3.1 Selektion

Aus einem Gemisch mehrerer Signale mit nicht überlappenden Spektren wird eines herausgefiltert und weiterverarbeitet. Dazu findet besonders der BP, aber auch der TP Anwendung. Beispiele:

- Selektion der Rundfunksender durch **Abstimmung** des Empfängers, d. h. Einstellen auf das Signalband des gewünschten Senders.
- Trennung der Fernsprechkanäle in Trägerfrequenzsystemen mit **Frequenzmultiplex**.

6.3.2 Formung

Die Form eines Signals wird durch Filterung verändert, um vorgegebene Spezifikationen des Übertragungssystems zu erfüllen. BP und TP finden Anwendung. Beispiele:

- Einem Signal müssen hochfrequente Ecken und Spitzen durch TP-Filterung bis f_G weggeschnitten werden, damit es eindeutig durch Abtastung mit $2f_G$ diskretisiert werden kann (beim Telephon ist $f_G = 4\text{kHz}$). Dieses Filter heißt **Antialiasing**-Filter.
- Formung von Impulsen durch TP- oder BP-Filter mit sogenannter Nyquist-Flanke. In Datenübertragungssystemen mit dem Takt f_T wird im Empfänger zu fixen Zeitpunkten n/f_T das Signal abgetastet und detektiert. Wegen der Bandbegrenzung sind die Impulse wesentlich länger als $1/f_T$ (z. B. $\text{si}(n\pi/f_T)$). Durch Filter mit $t_G =$ **const und Nyquist-Flanken** gibt es zu den Zeitpunkten n/f_T nur den Wert des n-ten Impulses, und die **Impuls-Interferenz** (d. h. der additive Wert) aller benachbarten Impulse ist **Null** (vgl. Abschnitt 6.6).

6.3.3 Störungsunterdrückung

Es werden durch eine BS die störenden Frequenzen bzw. Frequenzbänder nicht durchgelassen. Beispiele:

- Die BS läßt eine bestimmte Störfrequenz nicht durch.
- Zur Unterdrückung von Netzstörungen, die durch Schaltvorgänge in der Energieversorgung zu gleichbleibenden Zeit-

punkten innerhalb der Periode auftreten (etwa Thyristorsteuerungen), also mit 50Hz periodisch sind, können alle Harmonischen von 50Hz durch sogenannte Kammfilter ausgefiltert werden. Die Fernsteuerung über das Netz (z. B. für Nachtstromschalter) erfolgt mit langen Impulsen von Frequenzen, die zwischen den 50Hz-Harmonischen liegen und selektiv ausgefiltert und detektiert werden.

- Im Flugzeugradar wird die Trägerfrequenz des Radar-Sendeimpulses (d. h. die Reflexion von Festzielen) im Empfänger unterdrückt, und nur dopplerverschobene Frequenzen werden angezeigt. Dieses Verfahren heißt moving target identification (MTI).

6.3.4 Verhalten von Regelkreisen

In Regelkreisen wird ein Regler oder Verstärker eingesetzt, dessen Funktion durch **Rückkopplung** des Ausgangssignals zum Eingang bestimmt wird. Der Einbau eines Filters (meist TP, HP oder BP) in die Rückkopplungsschleife (Loopfilter) ermöglicht, das Einschwingverhalten und den Frequenzgang (d. h. die „Geschwindigkeit“) des Regelsystems zu bestimmen. Beispiele:

1) Ein UKW-Sender rastet ein auf der Abstimmskala eines guten Empfängers (bzw. bei modernen selbstsuchenden Empfängern auf der digital angezeigten Senderfrequenz). Das bewirkt die Selbstabstimmung (**AFC automatic frequency control**). Dabei wird die Ausgangsspannung U_D des Frequenzdiskriminators, die sich in einem engen Bereich linear mit f ändert und so eine FM-Demodulation bewirkt, über einen TP geführt, dessen f_G unterhalb des Hörbereiches liegt. Die so gefilterte Spannung U_D verändert elektronisch die Empfängerabstimmung derart, daß sie immer auf der Mittenfrequenz des Senders eingestellt bleibt. Soll der nächste UKW-Sender empfangen werden, so muß die Abstimmung über den Fangbereich hinaus verstellt bzw. die AFC entriegelt werden. Durch das FM-Signal wird die Abstimmung wegen des TP nicht verstellt.

2) Ein rückgekoppelter IC-Transistorverstärker (sogenannter **Operationsverstärker**) kann durch bestimmte RC-Schaltungen in

seinem Rückkoppelnetzwerk TP-, HP- und BP-Filter höherer als erster Ordnung darstellen. Das sind **aktive Filter** im Audiobereich, die durch Wegfall von Induktivitäten billiger, leichter und auch verzerrungs- und verlustärmer als herkömmliche LC-Filter (Bild 6.2) sind. Die einfachsten derartigen Filterschaltungen sind **Integrierer** und **Differenzierer**, die im Gegensatz zu RC-Gliedern gleicher Funktion fast exakt über den ganzen Betriebsspannungsbereich sowie auch bei sehr tiefen Frequenzen arbeiten.

6.3.5 Korrelation

Ein BP- oder TP-Filter trennt dann ein Nutzsignal $\underline{s}(t)$ von einer Störung $\underline{r}(t)$ am besten, wenn es in seinen Spezifikationen genau auf $\underline{s}(t)$ abgestimmt ist und $\underline{r}(t)$ möglichst unterdrückt. Dabei kann $\underline{r}(t)$ durchaus im gleichen Frequenzbereich wie $\underline{s}(t)$ liegen und auch (bei normaler AM-Detektion) größer als $\underline{s}(t)$ sein.

Diese Heraushebung des Nutzsignales $\underline{s}(t)$ aus der Störung $\underline{r}(t)$ bewirkt das **Optimalfilter (matched filter, MF)** dessen Stoßantwort $\underline{h}(t)$ bzw. komplexe Übertragungsfunktion $\underline{H}(\omega)$ folgende Bedingungen erfüllen:

$$\underline{h}(t) = \underline{s}(-t), \qquad \underline{H}(\omega) = \underline{S}^*(\omega). \tag{6.8}$$

Wird an ein solches Filter das Eingangssignal $\underline{s}_1(t) = \underline{s}(t) + \underline{r}(t)$ gelegt, so liefert die Faltung (6.7) mit der MF-Bedingung (6.8) für einen Signalimpuls der Dauer T

$$\begin{aligned}
\underline{s}_2(t) &= \int_{-T/2}^{+T/2} \underline{h}(\tau)\, \underline{s}_1(\tau - t) d\tau = \\
&= \int_{-T/2}^{+T/2} \underline{s}(-\tau)\, (\underline{s}(\tau - t) + \underline{r}(\tau - t)) d\tau = \\
&= \int_{-T/2}^{T/2} \underline{s}(\tau)\, \underline{s}(\tau + t) d\tau + \int_{-T/2}^{T/2} \underline{s}(\tau)\, \underline{r}(\tau + t) d\tau = \\
&= \mathrm{AKF}(s) + \mathrm{KKF}(\underline{r} \cdot \underline{s})
\end{aligned}$$

Dieses Filter bildet die **Autokorrelationsfunktion (AKF)** des **Signals** und die **Kreuzkorrelationsfunktion (KKF)** von **Signal und Störung**. Für Impulse mit wachsendem T, nimmt die AKF stetig zu, während die KKF gegen Null geht, falls Signal und Störung unkorreliert sind, d. h. keine Ähnlichkeiten aufweisen.

Zur Erläuterung des physikalischen Prinzips wurde hier Korrelation im strengen Sinn vorgestellt. Zwei korrelierte **Sinusschwingungen** bezeichnet man als **kohärent** und meint damit, daß ihr Frequenzabstand zeitlich konstant bleibt. Falls er Null ist, sind die zwei Schwingungen mit fester Phasenbeziehung synchronisiert und kohärent im strengen Sinn. Ein Detektor, der Kohärenzeigenschaften mit dem Empfangssignal ausnützt, ist viel empfindlicher und rauschärmer als z. B. ein einfacher AM-Einhüllendendetektor, da er auf die Phaseninformation anspricht. Das trifft für den Frequenzdiskriminator der AFC vom Abschnitt 6.3.4 zu und besonders für synchronisierte Phasendiskriminatoren für PSK (Abschnitt 4.3.3). In jüngster Zeit wurde die Möglichkeit kohärenter Filterung bzw. Detektion auch für optische Signale experimentell nachgewiesen.

Der Text der letzten Seiten wird dem ächzenden Informatikstudenten im zweiten Semester spezifisch elektrotechnisch und wenig wichtig für seine Berufsausbildung erscheinen. Zu seinem Trost und seiner Lernmotivation sei gesagt, daß z. B. solche kohärente Filteralgorithmen immer mehr in der digitalen Signalverarbeitung in speziell entworfenen IC-Prozessoren ablaufen. Z. B. ist korrelatives Filtern, Signalformung, usw. eine wesentliche Methode der Mustererkennung bzw. der Bildverarbeitung, mit der eine rasch zunehmende Zahl von Informatikern beschäftigt ist. Protokolle in asynchronen Schnittstellen dienen der Synchronisation des Datenflusses, womit die Kohärenz zwischen Informationsquelle und -senke hergestellt ist. Auch digitale Regelungen mit vorgegebenem Zeitverhalten (das ja durch den Frequenzgang des Filters in der Rückkoppelschleife weitgehend bestimmt ist) werden immer wichtiger.

6.4 Transversale und digitale Filter

Die herkömmlichen Bauformen von Filtern basieren auf der Speicherung elektrischer und magnetischer Energie in Kondensator und Spule. Je steiler die Filterflanken sein sollen, desto länger muß die Stoßantwort $h(t)$ sein und je mehr Kondensatoren und Spulen sind als Speicher nötig.

In letzter Zeit werden diese Bauformen immer mehr durch **transversale** und auf demselben Prinzip aufgebaute **digitale Filter** ersetzt. Hier verwendet man Bauelemente zur Signalspeicherung, die fast überall statt der teuren Induktivitäten und Kapazitäten nun speichernde Halbleiterbauelemente, getaktete dynamische Schreib-Lesespeicher (DRAM), mechanische (akustische) Wellen auf piezoelektrischen Kristallen u. ä. einsetzen. Ihr allgemeines Prinzip beruht auf der **Herstellung der Übertragungsfunktion** $\underline{H}(\omega)$ **durch** die mit Hilfe von Verzögerungsgliedern in zeitlichen Abtastpunkten über Gewichtungsfaktoren **festgelegte Stoßantwort** $h(t)$.

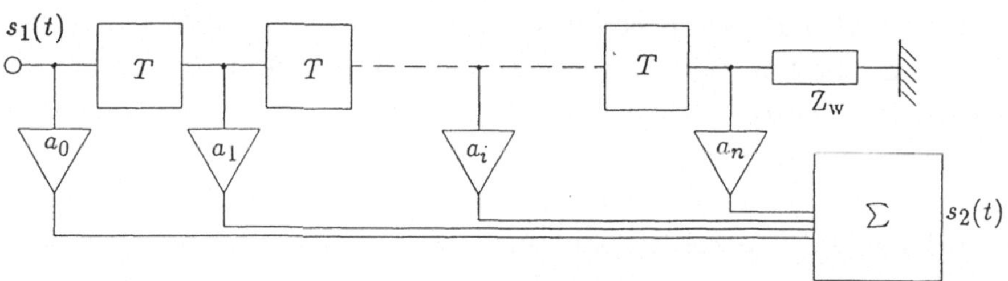

Bild 6.3: Prinzip des Transversalfilters

In Bild 6.3 ist der Aufbau eines **nicht rekursiven (finite impulse response, FIR) Transversalfilters skizziert**. Es besteht aus einer Kette von n Verzögerungsgliedern (T) einer sogenannten **Laufzeitkette** (z. B. einer Leitung), an der $\underline{s}_1(t)$ liegt und die reflexionsfrei abgeschlossen sowie hinter jedem Verzögerungsglied **ohne Energieentnahme** (d. h. Signalbeeinflussung) angezapft wird. Im Übertragungsfrequenzbereich des Filters $\underline{H}(\omega)$ sei die Laufzeitkette **dispersions-** und **dämpfungsfrei**. Die Anzapfungen werden mit den reellen Faktoren α_i (z. B. Spannungsteilern) gewichtet und bilden über die summierende Schaltung in Bild 6.3 das Ausgangssignal $\underline{s}_2(t)$. Damit ist:

$$\underline{s}_2(t) = \sum_{i=0}^{n} a_i \underline{s}_1(t - iT). \tag{6.9}$$

Wird an den Eingang der Stoß $\delta(t)$ angelegt, so ergibt Gl. (6.9) die Stoßantwort $h(t)$,

$$h(t) = \sum_{i=0}^{n} a_i \delta(t - iT). \tag{6.10}$$

Durch Fouriertransformation findet man mit Gl. (4.8 c) die Übertragungsfunktion $\underline{H}(\omega)$:

$$\underline{H}(\omega) = \sum_{i=0}^{n} a_i e^{j\omega iT}. \tag{6.10 a}$$

Diese Dimensionierungsformel für $\underline{H}(\omega)$ kann man auch direkt aus der Gl. (6.9) für das Ausgangssignal ableiten, wenn man die aus der Fourier-Formel (4.5) ableitbare Beziehung

$$\underline{s}_1(t - t_0) \leftrightarrow \underline{S}_1(\omega)e^{j\omega t_0}$$

anwendet:

$$\underline{S}_2(\omega) = \underline{S}_1(\omega) \sum_{i=0}^{n} a_i e^{j\omega iT} = \underline{S}_1(\omega)\underline{H}(\omega).$$

Daraus ergibt sich Gl. (6.10) für $\underline{H}(\omega)$.

Wie kann man nun eine vorgegebene Funktion $\underline{H}(\omega)$ annähern?

- Zunächst muß man $T \leq 1/2f_G$ gemäß dem Abtasttheorem wählen, wenn $\underline{s}_1(t)$ eine Grenzfrequenz (Bandbreite) f_G hat.
- Mit T sind nun die Frequenzwerte $\omega_i = 2\pi/iT$ gegeben, an denen $\underline{H}(\omega)$ durch Wahl der a_i abzutasten ist.
- Eine Abschätzung der Zahl n der benötigten Abtastpunkte ergibt sich aus der Flankensteilheit bzw. den stärksten Krümmungen ($\sim d^2|\underline{H}|/d\omega^2$) von $|\underline{H}(\omega)|$: Die Fouriertransformation des vorgebenen $|\underline{H}(\omega)|$ möge eine Stoßantwort $h(t)$ liefern, die innerhalb einer gesamten Signalimpulszeit T_S wesentlich von Null verschiedene Werte annimmt. D. h. die Stoßantwort muß während der Dauer T_S beschrieben werden, und so ergibt sich $n \doteq T_S/T$.

- Die Gewichte a_i sind die Werte von $h(t)$ zu den Abtastzeitpunkten $t_i = iT$ mit $0 < i < n$.

Für die Dimensionierung eines BP als Transversalfilter ergibt sich z. B. n umso größer, je größere Sperrdämpfung, d. h. kleinere Schwankungen von $|\underline{H}(\omega)|$, für $\omega \to 0$ und $\omega \to \infty$ gefordert werden. (Wäre nur die si-Funktion als $|\underline{H}(\omega)|$ gefordert, so ergäbe sich eine rechteckige Stoßantwort, d. h. ein T_S langes Transversalfilter mit gleichen Gewichtungen a_i Das wäre ein Optimalfilter MF für den Rechteckimpuls der Dauer T_S.)

Die Modifikation des Transversalfilters zur **Verarbeitung zeitdiskreter Signale** ist das **Digitalfilter**. Ein zeitdiskretes Signal ist durch seine Werte in den diskreten Zeitpunkten iT gegeben, d. h. im Rechnertakt. (Nach dem Abtasttheorem beschreibt es ein zeitkontinuierliches Signal der Grenzfrequenz $f_G = 1/2T$.)

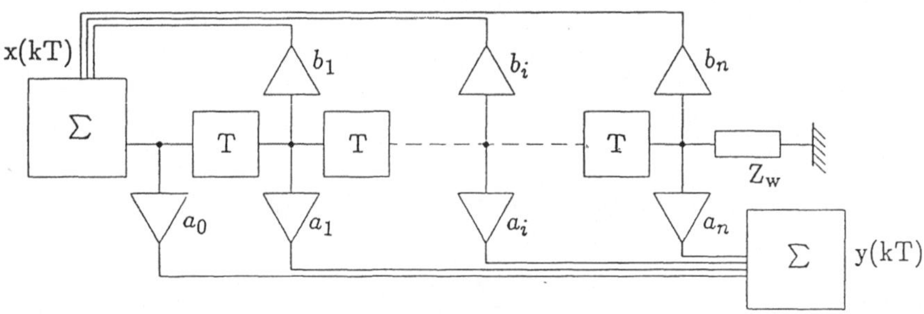

Bild 6.4: Rekursives Digitalfilter

In Bild 6.4 ist ein **rekursives (infinite impulse response IIR) Digitalfilter** skizziert. Die Zeitverschiebung ist jeweils eine Taktzeit T und kann z. B. als Schieberegister mit Parallelausgängen ausgebildet sein. Die Gewichtungen sind digitale Multiplikatorschaltungen. Damit keine aktive Rückkopplung über den oben gezeichneten, rekursiven Teil entsteht, müssen alle $b_j < 1$ sein. Würde ein Anzapfungswert mit $b_j > 1$ an den Eingang rückgeführt, so könnte das Ein- und Ausgangssignal mit jedem Durchlauf der Rückkopplungsschleife immer mehr anwachsen: Das System würde instabil. (In der Analogtechnik führt das zur Selbsterregung einer Schwingung, in der Digitaltechnik zum Rechnerabsturz.) Der Ausgangswert $y(kT)$ zum

Zeitpunkt kT ergibt sich aus dem Bild:

$$y(kT) = \sum_{i=0}^{n} a_i(x(kT - iT) + \sum_{j=1}^{n} b_j\, x(iT - jT)). \tag{6.11}$$

In der Summe über j kommt die Rekursivität des Filters zum Ausdruck, die zur unendlich langen Stoßantwort führt. Mit solchen Stoßantworten lassen sich nach den Gesetzen der Fouriertransformation auf ein Frequenzband begrenzte Übertragungsfunktionen exakt darstellen: Die Schwierigkeiten bei der Wahl von n für das FIR-Filter kann man beim IIR-Filter vermindern.

In der digitalen Form des Transversalfilters Gl. (6.11) kommen alle Vor- und Nachteile der Digitaltechnik zum Tragen:

- Signalwerte $x(kt)$ und $y(kT)$ sowie Gewichtungen a_i und b_j sind innerhalb der Quantisierungsstufen exakt.
- Über die Programmierung lassen sich die Gewichtungen a_i und b_j und damit $\underline{H}(\omega)$ verändern und Signalen anpassen: durch Software adaptive Filter.
- RAM Speicher für Signale und Gewichtungen ermöglichen Mittelwertbildung und Korrelation (es gibt schon korrelative IC für 4 mal 64 Bit-Signale).
- Als Nachteil, besonders der nicht als IC ausgeführten digitalen Filter, ist ihre viel größere Komplexität und ihr größerer Leistungs- und Raumbedarf gegenüber analogen Lösungen zur äquivalenten Signalverarbeitung zu vermerken.

Spezielle Übertragungsfunktionen (z. B. solche mit nichtlinearer Frequenzabhängigkeit der Phase) lassen sich nur durch zwei parallele, digitale Kanäle realisieren. Man spricht von **inphase**- und **quadrature**-(**I** und **Q**)Kanal und meint damit eine Abtastung mit $2f_G$ bei $\varphi = 0$ und $\pi/4$.

6.5 Bauformen von Filtern

Als Überblick sei eine kurze Zusammenstellung der heute häufig verwendeten Typen von Filtern gegeben.

- **L-C-Filter** in der Energietechnik und im Frequenzbereich bis etwa 1GHz.
- **Leitungsresonatoren** ab etwa 300MHz bis in den Mikrowellenbereich.
- **Hohlraumresonator**-Filter im Mikrowellenbereich.
- **Aktive Filter** bis etwa 50kHz, die aus R-C-rückgekoppelten Operationsverstärkern bestehen (Beispiel 2 des Abschnittes 6.3.4).
- **Schaltkapazitäts-Filter (switched capacitor, SC)** bis einige MHz. Es wird die getaktete Auf- und Entladung von MOS-Kondensatoren, die mit Operationsverstärkern in einem IC integriert sind, zum Aufbau zeitdiskreter aktiver Filter verwendet.
- **Charge Coupled Devices (CCD)** sind in MOS-Technik ausgeführte Transversalfilter, in denen das Signal in Form eines Ladungspaketes durch eine Kette von MOS Kondensatoren getaktet durchgeschoben und über MOS-FETs angezapft wird. Eine in sich geschlossene, kreisförmig angeordnete Kondensatorkette ergibt ein IIR-Filter mit BP-Charakteristik.
- **Oberflächenwellen (surface acoustic wave, SAW)-Filter** sind Transversalfilter, in denen ein elektrisches Signal in gewichteten, kammförmigen Interdigitalwandlern auf piezoelektrischen Kristallen in eine akustische Welle umgesetzt und nach einer Laufstrecke genauso wiedergewonnen wird. Ihr Einsatzbereich sind BP-Filter von 10MHz bis 4GHz.
- **Mechanische Resonatorfilter** bestehen z. B. aus gekoppelten Stahlstäben, die über elektromechanische Wandler zu mechanischen Schwingungen angeregt werden. Einsatzgebiet: Audiobereich bis 500kHz.

- **Keramische und Quarzresonatoren**: Eine Scheibe wird piezoelektrisch zu Resonanzschwingungen angeregt. Verwendung von 0.1MHz bis 50MHz als BP oder Resonator für hochstabile (Quarz-)Oszillatoren.

- **Optische Filter** für Frequenzen über 1000GHz. Aufgebaut als optische Gitter, dispersive Prismen, $n\lambda/4$-Blättchen, Fabry-Perot-Resonatoren, gefärbte Scheiben (das sind Filter, die Absorptionsspektren bestimmter Moleküle ausnützen), usw.

6.6 Datenübertragung im begrenzten Frequenzband*

Die Übertragungsbandbreite ist knapp und teuer und durch ein **Kanalraster** genau festgelegt. Nachbarkanäle dürfen nicht gestört werden: Es sind sehr selektive Bandfilter nötig. Die beste Ausnützung des scharf begrenzten Bandes wird durch eine Maximierung der **Bitrate** (oder Baudzahl) f_T bei Minimierung der **Bitfehlerrate** (BER) und **Sendeleistung** P_s (d. h. der Senderkosten) erreicht. Bild 6.5 zeigt das Prinzip eines Übertragungssystems für Datenimpulse: Der vorgegebenen Übertragungsfunktion des Übertragungskanals $\underline{H}_{\ddot{U}}(\omega)$ entsprechend, sind Modulation $\underline{S}_1(\omega)$ und Übertragungsfunktion des Sende- und Empfängerfilters so dimensioniert, daß die Abtastung des Empfängersignals durch das Tor (hier als AND-gate gezeichnet) zu den (synchronisierten) Taktzeitpunkten n/f_T eindeutige Werte von 0 und 1 liefert.

Die Maximierung des Signal-Rauschverhältnisses (SNR: Signal-to-Noise Ratio) erfolgt durch die Verwendung eines **Optimalfilters** (MF) als Empfängerfilter $\underline{H}_E(\omega)$, das dem Signalspektrum beim Empfänger $\underline{S}_{1E}(\omega)$ angepaßt ist,

$$\underline{H}_E(\omega) = \underline{S}^*_{1E}(\omega), \tag{6.8}$$

$$\underline{S}_2(\omega) = \underline{S}_{1E}(\omega)\underline{H}_E(\omega) = \underline{S}_{1E}(\omega)\underline{S}^*_{1E}(\omega). \tag{6.4}$$

Dadurch wird im Empfänger die Autokorrelationsfunktion (AKF) des Signals gebildet. Die Fouriertransformation ergibt aus dem konjugiert komplexen Spektrum eine Vorzeichenumkehr und aus der Multiplikation eine Faltung im Zeitbereich, daher die AKF von

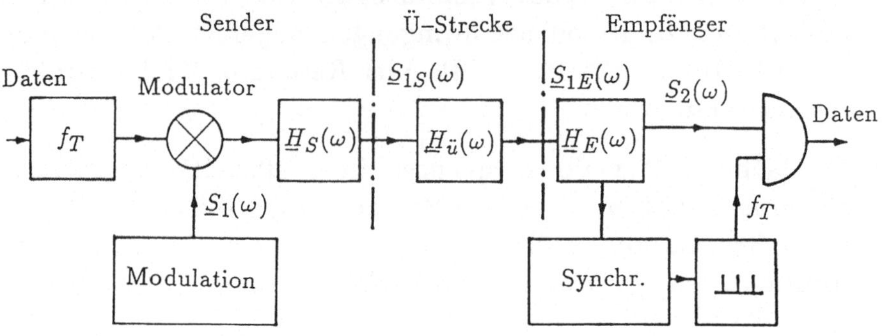

Bild 6.5: Prinzip eines Datenübertragungssystems

$\underline{s}_{1E}(t)$, wie dies in Abschnitt 6.3.5 gezeigt wurde,

$$\underline{h}_E(t) = \underline{s}_{1E}(-t),$$

$$\underline{s}_2(t) = \int \underline{s}_{1E}(\tau - t)\underline{h}(\tau)d\tau = \int \underline{s}_{1E}(\tau)\underline{s}_{1E}(\tau + t)dt.$$

Die Stoßantwort des Optimalfilters $h_E(t)$ ist das gespiegelte Empfängersignal $s_{1E}(t)$, d. h. dieses „paßt" im Abtastzeitpunkt genau in das Filter. Alle davon abweichenden Signale passen schlechter hinein: Ihre Kreuzkorrelationsfunktion ist stets kleiner als die AKF. So entsteht das beste SNR, und man benötigt die kleinste Sendeleistung P_s für eine feste BER.

Eine weitere wesentliche Bedingung für das Funktionieren des abtastenden Empfängers ist die **Vermeidung von Intersymbol-Interferenz:** Da ein festbegrenztes Frequenzband für das Signalspektrum

$$\underline{S}_2(\omega) = \underline{S}_1(\omega)\underline{H}_S(\omega)\underline{H}_{\ddot{U}}(\omega)\underline{H}_E(\omega). \qquad (6.4\text{ a})$$

vorliegt, dauert ein Symbol $\underline{s}_2(t) = F_T^{-1}\{\underline{S}_2(\omega)\}$ (das einem Bit entsprechende Signal) viel länger als $1/f_T$ (theoretisch unendlich lang). Um BER zu minimieren, muß man $\underline{S}_2(\omega)$ so wählen, daß $s_2(t)$ im Abtastzeitpunkt am Tor einen genau definierten Wert, aber in den Abtastzeitpunkten aller zeitlich benachbarten Symbole einen Nulldurchgang hat, d. h. keine Intersymbol-Interferenz entsteht: $\underline{S}_2(\omega)$ muß das **NYQUIST-Kriterium** erfüllen: Es muß **bezüglich** $f_T/2$ **schiefsymmetrisch** sein. (Bei idealem Rechteckspektrum innerhalb

$\pm f_G$ ist $s_2(t)$ die $\mathrm{si}(2\pi f_G t)$ Funktion, die keine Intersymbolinterferenz ergibt.) Die in Bild 6.6 gezeigte Flächengleichheit der schraffierten Bereiche wird durch Gl. (6.18) ausgedrückt, die im Basisband für eine beliebige Abweichung Δf von $\pm f_T/2$ angeschrieben wird:

$$|\underline{S}(\pm f_T/2 + \Delta f)| + |\underline{S}(\pm f_T/2 - \Delta f)| = 2|\underline{S}(\pm f_T/2)|. \qquad (6.13)$$

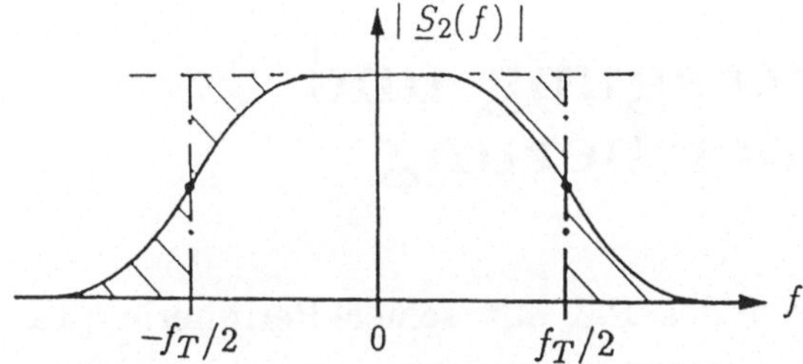

Bild 6.6: $\underline{S}_2(f)$ *erfüllt das Nyquistkriterium*

Es sei nochmals darauf hingewiesen, daß das Signalspektrum $\underline{S}_2(f)$ vor dem Datendetektor vom Signal $\underline{s}_2(t)$ und allen Übertragungsstrecken und Filtern gemäß Gl. (6.4 a) gebildet wird. Treten z. B. wetterbedingt Veränderungen in der Übertragungsstrecke auf, so muß das Empfängerfilter diese kompensieren (equalizer filter). Es wird deshalb meistens als Digitalfilter ausgeführt, dessen Software eine interessante Aufgabe für den übertragungstechnisch vorgebildeten Informatiker ist.

7 Datenübertragung und optische Speicherung

Die Verbindungsleitungen des PC mit seiner Peripherie (Tastatur, Bildschirm, Drucker, Plotter, usw.) sowie zwischen zentralem Prozessor und Terminal sind kritische und störungsanfällige Elemente des lokalen Rechnersystems. Weltweit werden die Zugriffsmöglichkeiten auf Datenbanken und Softwarezentren durch Kabel- und Satellitenverbindungen gewährleistet. Der in solchen immer weitreichenderen EDV-Systemen eingebundene Informatiker, der täglich Datenverbindungen – von den hausinternen bis zu den transkontinentalen – herstellen muß, sollte grundlegende Kenntnisse über diese Übertragungen besitzen.

Der folgende, kurz gefaßte Überblick (der technische Details der Vorlesung „Logische Schaltkreise" vorbehält) stellt einige Ausführungsformen der Datenverbindungen der Gegenwart zusammen. Für den im Text- und Formelverständnis bis hierher schon vorgedrungenen Leser sollte dieses kurze Schlußkapitel nur eine Stoffwiederholung sein, gezeigt an Beispielen aus der Praxis.

Am Eingang dieses letzten Kapitels sei der vor der Prüfung mehr oder weniger zitternde Student etwas beruhigt: Der obligate Stoff, den die Vorlesung in der verfügbaren Zeit erfaßt, reicht in der Regel nur bis zum Abschnitt 6.3.3. Die mit * gekennzeichneten Abschnitte und Übungsbeispiele sollten dem Leser eher den Mund wäßrig machen, in ein Gebiet einzudringen, das traditionell und jetzt immer mehr eine sehr enge Symbiose von Informatik und Nachrichtentechnik ist.

7.1 Schnittstellen

Als Schnittstelle (interface) bezeichnet man die Verbindung zwischen zwei Geräten, die im Datenaustausch stehen. Beispiele: Rechner-Peripherie, Prozessor-gesteuerte Meßgeräte, Terminal-Modem, usw. Die Schnittstelle muß für beide Geräte hard- und softwaremäßig durch ein Protokoll genau definiert sein.

Über eine **serielle Schnittstelle** laufen die einzelnen Bit-Impulse zeitlich im Takt. Die pro Sekunde übertragbare Informationsmenge entspricht der höchstmöglichen Taktfrequenz f_T der Schnittstelle.

An einer **parallelen Schnittstelle** stehen die k Bit eines Datenwortes parallel an und werden über k Bitleitungen übertragen, die alle gleichzeitig im Takt (strobe) an die Empfängereingänge gelegt werden. Die übertragbare Informationsmenge ist daher kf_T.

In allen Schnittstellen müssen **Steuer- und Überwachungsleitungen** oder/und im **Protokoll** der (bidirektionalen) Datenübertragung **Steuer- und Überwachungszeichen** vorgesehen sein. Die **Synchronisation** und der **Nachlauf** des Bit-Taktes f_T wird damit entweder durch Strobe-Leitungen oder durch Synchronisationszeichen vor kurzen Datenblöcken gewährleistet.

In längeren (ab einigen Metern) Interface-Kabeln sollte jeder Stromkreis (Bitleitung) zur Störverminderung zumindest verdrillt aufgebaut sein. Jedoch wird die Kabellänge oft durch die Leistungsfähigkeit der vorgeschalteten Verstärker begrenzt, die meist, als der Schnittstellen-Norm angepaßte IC, gemäß Abschnitt 3.6, kaskadierte Puffer sind.

Kommerzieller und technischer Gründe wegen gibt es viele verschiedene Interface-Ausführungen. Aus dem Bestreben kleiner, preiswerter Hersteller und der elektrotechnischen Ingenieurverbände, EDV-Geräte untereinander kompatibel zu machen, haben sich einige meist verwendete Interface-Normen herausgebildet, die angeführt seien:

Die **CENTRONICS**-Schnittstelle hat den Namen vom Drucker dieser Firma, ist parallel mit $k = 7$ oder, falls nötig, $k = 8$ aufgebaut und übermittelt die Buchstaben, Ziffern und alle weiteren Zeichen nach **ASCII** (American Standard Code for Information Interchange).

Der **IEEE-488**-Bus (IEEE = Institute of Electrical and Electronics Engineers; größte internationale elektrotechnische Organisation mit Sitz in USA, dz. etwa 300 000 Mitglieder) wird auch unter anderen Namen gehandelt: **IEC 625, GPIB, HPIB**: Durch Kabel (insgesamt bis 20m Länge), deren Stecker aufeinander (elektrisch parallel) sitzen, können bis zu 15 verschiedene elektronische Geräte, insbesondere Testgeneratoren, Meß- und Registriergeräte, von einem Steuerrechner betrieben werden. So lassen sich komplizierte Meß-, Auswerte- und Regelsysteme einfach aufbauen.

Die serielle Schnittstelle **V24/V28 (RS232C)** wird meist für Datenfernübertragung als Verbindung zum MODEM (siehe Abschnitt 7.2) und auch zum Peripherieanschluß verwendet. Die Spannung wird als L im Bereich 3V bis 25V, als H mit −25V bis −3V erkannt (typisch $H/L = -12\text{V}/12\text{V}$), die Leitungslänge bis zum Modem sollte i. allg. kleiner als 15m sein, womit $f_T = 20\text{kHz}$ erreichbar ist.

Die **STROMSCHLEIFE** als serielle Schnittstelle bietet in rauher Umgebung wesentliche Vorteile: Der Bitgenerator ist als Stromquelle mit dem bemerkenswert großen Quellstrom $I_H = 20\text{mA}$ bzw. $I_L = 0$ ausgeführt. Der Sender merkt eine Leitungsunterbrechung an $I_H = 0$. Leitungs- und Übergangswiderstände spielen für den Empfänger keine Rolle, solange $I_H = 20\text{mA}$ fließt. Auch einen Kurzschluß kann der Sender am Zusammenbruch seiner Klemmenspannung feststellen.

Ohne Modem können größere Entfernungen (bis 1km) mit Kabeln an koaxialen (**V11**) und geschirmt verdrillten (**V10**) seriellen Schnittstellen überbrückt werden. Diese angepaßten Leitungen erlauben $f_T = 20\text{MBd}$ (V11) bzw. $f_T = 300\text{kBd}$ (V10). Weitere Schnittstellen sind zusammen mit den dazu passenden ICs in den „Interface Data Books" der Halbleiterhersteller definiert.

7.2 Telephonkabel-Verbindungen

Das Fernsprechnetz befindet sich derzeit weltweit in langsamer Umstellung von einem analogen System mit 4kHz Bandbreite zu einem digitalen PCM-(Pulse Code Modulation)-ISDN-(Integrated Services Digital Network), über das Telephon, Fernschreiber, BTX, usw. laufen werden. Die PCM-Norm sieht eine Abtastrate von 8kHz und eine logarithmische Amplitudenquantisierung in 8 Bit, d. h. 256 Stufen, vor. Verglichen mit der alten 4kHz-Bandbreite müssen in PCM also pro Teilnehmer 64kBd (ohne Adressen- und Gebührenimpulse) übertragen werden. Damit ergibt sich einerseits ein großer Bedarf an leistungsfähigen Übertragungsleitungen, andererseits wird für zusätzliche Datenverbindungen im ISDN zukünftig genug Platz sein.

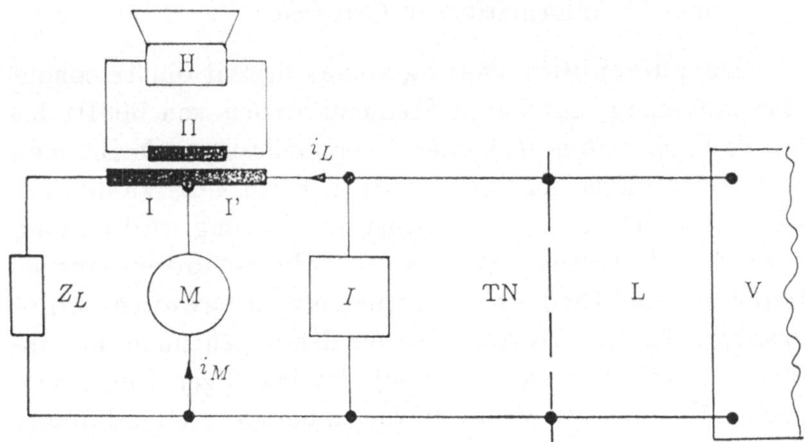

Bild 7.1: Telephon-Gabelschaltung

Das Telephonieren in beiden Richtungen über einen einzigen Stromkreis wird durch die Gabelschaltung (Bild 7.1) ermöglicht: Der Telephonapparat TN besteht aus elektromagnetischer Hörkapsel H, Mikrofon M, Impulsgeber I, Leitungsnachbildung $\underline{Z}_L$ und einem mittelangezapften Differentialtransformator mit folgender Funktion: Das Sprachsignal fließt als Mikrofonstrom i_M je zur Hälfte über die Trafowicklungen I und I', da $\underline{Z}_L$ die gleiche Impedanz wie die Leitung L hat. Die zwei durch $i_M/2$ entstehenden magnetischen Flüsse sind entgegengesetzt gleich, d. h. sie heben sich auf: In Wicklung II und H entsteht durch i_M kein Signal; man hört sich im Hörer nicht sprechen.

Das ankommende Sprechsignal bzw. der Leitungsstrom i_L fließt hauptsächlich über I, I′ und $\underline{Z}_L$ (M ist hochohmig gegenüber $\underline{Z}_L$). Die von i_L über I und I′ entstehenden Flüsse haben gleiche Richtung und erzeugen summiert in II das über H hörbar gemachte Signal. Über die so angepaßte lokale Leitung L (einige km) sind alle Fernsprechteilnehmer an die Vermittlungseinrichtung V angeschaltet. Mit dem Impulsgeber I teilt TN der Vermittlung V die gewünschte Telephonnummer mit. Im Digitalsystem erfolgt in V die TP-Filterung (Antialiasing), Analog → Digital-Umwandlung (ADC), PCM-Kennung und Durchschaltung (beim Angerufenen erscheint die Nummer des Anrufers am Display), Vergebührung, usw. Derzeit ist die Softwareentwicklung für digitale Kommunikationssysteme ein Hauptarbeitsgebiet für Informatiker in Österreich.

Für die **Datenfernübertragung** stehen derzeit die Telephonsprechkreise mit einem nutzbaren Frequenzbereich von 300Hz bis 3,4kHz zur Verfügung. Aus leidvoller Telephonierpraxis kennt man jedoch die EM-Störungen im Sprechkreis in Form von Wählimpulsen, fremden Gesprächen, usw. Zur Störverminderung wird deshalb zusätzlich zur Gabelschaltung im **FSK Telephon-Modem** eine selektive Modulation und Demodulation eingesetzt: **Je zwei verschiedene, versetzte Frequenzen** werden für den abgehenden und ankommenden 0/1-Datenverkehr festgelegt. Im jeweiligen Empfänger sind zwei schmalbandige BP-Filter für die zu empfangenden Impulse vorgesehen, die als getastete Trägerschwingung (Bild 4.7) ankommen. Für einen Datentakt von 300Bd kann man also nach dem Zeitgesetz der Nachrichtentechnik den Empfangs-BP mit einer Bandbreite von etwa 300Hz auslegen. Damit wird von diesem BP nur ein kleiner Teil des Störungsspektrums von 300Hz-3,4kHz aufgenommen: Das Nutzsignal überwiegt und wird durch das Überschreiten eines Schwellwertes hinter dem BP und Gleichrichter erkannt. Die Versetzung der Träger für 0 und 1 muß in beiden Übertragungsrichtungen größer als 300Hz sein.

Die Zeitdauer t_G der Datenübertragung über Telephonleitungen setzt sich aus der Signallaufzeit über die Leitungen und der Verarbeitungszeit in den Modems und Vermittlungseinrichtungen zusammen. Innerhalb des Ortsnetzes liegt t_G unterhalb einer ms.

7.3 Weitverkehr-Kabelstrecken

Für die Weitverkehr-Kommunikation, die Städte, Regionen, Länder und Kontinente miteinander verbindet, hat sich die digitale Kommunikation durchgesetzt und wird laufend verbessert, d. h. die Fehlerwahrscheinlichkeit BER wird durch raffinierte Modulation und Codierung den physikalischen Grenzen angenähert.

Da mit der Länge der Übertragungsstrecke das Nutzsignal abnimmt und das Störsignal zunimmt, müssen die Impulse nach einer Verstärkerfeldlänge L_v (derzeit oft 10km) regeneriert werden: Bild 7.2 zeigt die Weitverkehrübertragung eines Telephonats: Das Analogsignal $s_1(t)$ geht über den Antialiasing TP zum ADC, dessen Impulse die über das Kabel laufende Welle (meist FM) modulieren. Durch Kabeldämpfung (und nicht ganz vermeidbare Dispersion) kommen die Impulse nach L_v dem Störpegel so nahe, daß sie im Repeater oder Relaisverstärker RP kohärent detektiert und elektronisch verstärkt werden müssen. Damit wird die entlang L_v dazugekommene Störung des Impulses wieder rückgängig gemacht: Nach jedem Repeater ist jeder Impuls wieder genauso schön wie am Anfang der Strecke und BER niedrig.

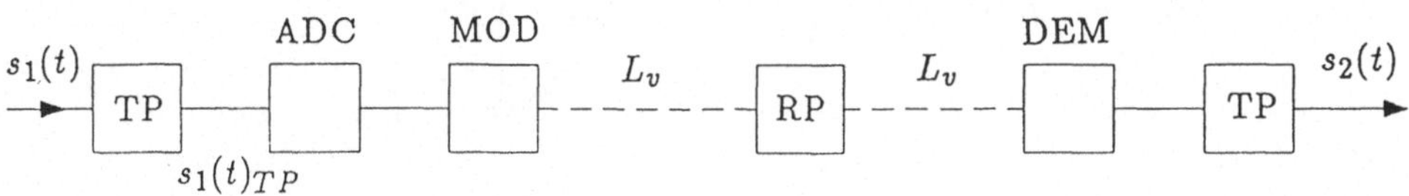

Bild 7.2: Weitverkehr-Telephonübertragung

Auf langen Strecken sind viele Impulsrepeater RP notwendig. Erst am Empfangsort werden die kohärent demodulierten Impulse durch TP-Filterung in das Analogsignal $s_2(t)$ rückgeführt.

Die digitale Übertragung analoger Signale soll nun etwas eingehender in Bild 7.3. dargestellt werden: Zunächst muß das Signal mit dem Antialiasing Tiefpaß *TP* gefiltert werden. So entsteht das bis zur Grenzfrequenz f_G bandbegrenzte Signal $s_1(t)_{TP}$, das oben in Bild 7.3 a gestrichelt gezeichnet ist. Die Abtastwerte $a_n(t)$ werden zu den Zeitpunkten nT (mit $T \leq 1/2f_G$ gemäß dem Abtasttheorem) gewonnen. Würde der Antialiasing TP weggelassen, so könnten gegen f_G höherfrequente Überlagerungen des Signales falsche Abtastwerte ergeben.

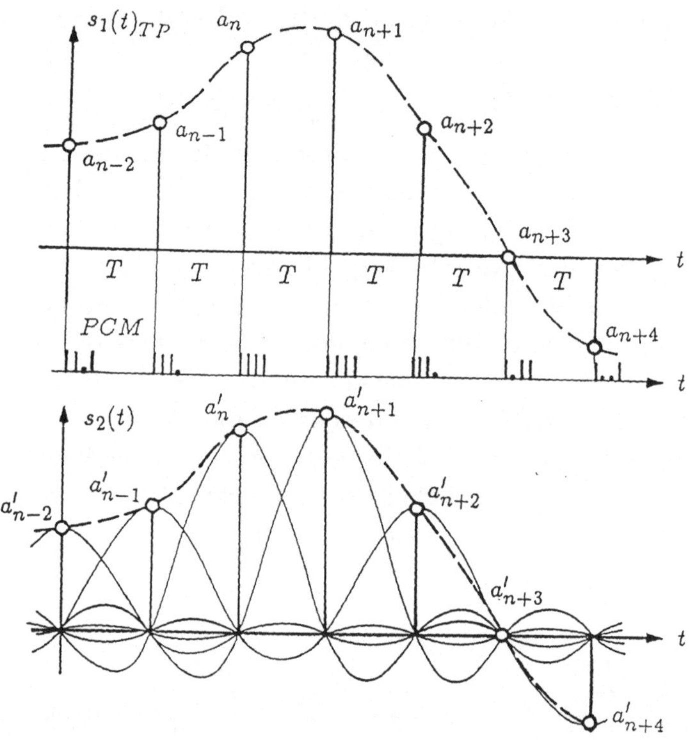

Bild 7.3: Abtastung, PCM–Kodierung und Rückumwandlung eines Analogsignales (ADC : siehe Seite 49).

Im nächsten Schritt werden die Abtastwerte in Binärzahlen umgewandelt (dadurch entsteht ein Amplitudenfehler, das sogenannte Quantisierungsrauschen) und als *PCM* (Pulscodemodulation) übertragen. In Bild 7.3 b ist eine 3-Bit *PCM* mit einem Taktimpuls zum Abtastzeitpunkt skizziert. Nach Durchlaufen der Übertragungsstrecke (Bild 7.2) kommen die PCM Signale mit einer sehr kleinen BER beim Empfänger an. Im Empfänger werden die PCM Binärzahlen wieder in Pulsamplituden umgewandelt, die als Werte a'_n in Bild 7.3 c gezeichnet sind. Legt man diesen amplitudenmodulierten Puls (dessen einzelne Impulse Diracimpulse im spektralen Bereich bis f_G annähern) an den Demodulationstiefpaß TP, so entstehen gemäß Gl. (4.7) gewichtete si-Impulse, die durch Überlagerung das Ausgangssignal $s_2(t)$ ergeben. Es gibt hier keine Intersymbolinterferenz, da $f_G = 1/2T$ für den (idealen) Demodulationstiefpaß gewählt wurde (vgl. Bild 4.3). Somit stimmt $s_2(t)$ bis auf die Quantisierungs- und Übertragungsfehler mit $s_1(t)_{TP}$ überein. In der Praxis kann das Demodulationsfilter nur gemäß Abschnitt 6.6. ausgeführt werden. Damit ergeben sich am Ausgang Impulse, die so wie si-Impulse keine Intersymbolinterferenz haben aber schneller als diese abklingen.

Im digitalen Übertragungsabschnitt wird BER $< 10^{-9}$ angestrebt, aber die Signallaufzeit t_G kann bis zu einigen 10ms betragen. Speziell für Datenverbindungen werden von der Post eigene „Stromkreise", d. h. Datenkanäle, vermietet, die viel billiger als Telephonverbindungen sind.

7.4 Funkverbindungen

Wegen der Grabungsarbeiten können Kabelstrecken sehr teuer kommen, auch sind sie durch Bagger oft gefährdet. Mit der Verfügbarkeit der Mikrowellen ab den fünfziger-Jahren werden deshalb zusätzlich **Richtfunkstrecken** eingesetzt. Man erkennt ihre End- bzw. Relaisstellen an den Türmen oder hohen Gebäuden mit Parabolspiegeln und Hörnern als Mikrowellenantennen. Die verwendeten Mikrowellenfrequenzen im Bereich von 2GHz bis 40GHz breiten sich quasi-optisch aus, d. h. etwa der Horizont begrenzt die Länge L_v einer Richtfunkstrecke. Die Dämpfung ist stark wetterabhängig: Starker Regen kann die Verbindung unterbrechen. Die Signallaufzeit mit Lichtgeschwindigkeit (c) bleibt im ms-Bereich.

Schon seit 1970 gibt es interkontinentale Mikrowellen-Verbindungen über **geostationäre Satelliten** als Relaisstation, die sich als sehr profitabel erwiesen haben und sich deshalb schnell vermehren. (Geostationär erscheint ein Satellit dann, wenn er sich in einer

Kreisbahn von etwa 36 000km Höhe über dem Äquator mit genau 24 Stunden Umlaufzeit bewegt.) Satellitenrichtfunkstrecken leiden fast nicht unter wetterbedingter Dämpfung, aber ihre Technologie ist sehr anspruchsvoll, d. h. teuer, und das Signal wird in einer Richtung pro Satellitenstrecke etwa um $t_G \doteq 250$ms verzögert. Vier Satellitenstrecken würden die Telephonantwort in Wien aus Kalifornien um mehr als eine Sekunde verzögern, was Telephongespräche sehr erschwert. Deshalb wird eine weltweite Telephonverbindung i. allg. zumindest in einer Richtung über Seekabel aufgebaut.

Da Interkontinentalverbindungen sehr teuer sind, sollten für Datenverbindungen mit Übersee folgende Regeln beachtet werden:

- Ein Kostenvergleich zwischen den mietbaren Datenkanälen bzw. Telephonverbindungen sollte zum besten Preis/Leistungs-Verhältnis führen.
- Daten und Software sind der Übertragungsstrecke anzupassen, besonders Totzeiten der Übertragung sind zu vermeiden bzw. einzurechnen, da diese genauso bezahlt werden müssen.

7.5 Optische Verbindungen

7.5.1 Optokoppler

Zur gleichspannungsmäßigen Potentialtrennung an Schnittstellen zwischen Subsystemen bzw. Geräten werden Optokoppler verwendet. Diese bestehen aus einer Lumineszenzdiode, in der der Eingangsstrom I_1 eine proportionale Lichtstrahlung im nahen IR erzeugt. Die Strahlung wird über Linsen oder kurze Lichtfaserstücke auf eine Photodiode oder einen Phototransistor fokussiert. Das ist ein Bipolartransistor, in dessen Basis durch Lichtstrahlung Elektron-Lochpaare erzeugt werden, von denen die Minoritätsträger vom Kollektor abgesaugt werden. Der dadurch entstehende Basisstrom tritt mit B verstärkt als Kollektorstrom I_c auf. Wegen der notwendigen großen Basis-Kollektorkapazität sind Phototransistoren langsam. Phototransistorkoppler haben deshalb eine Grenzfrequenz $f_c \leq$ 300kHz und $I_c/I_1 = 30\%$. Bei Photodiodenkopplern hingegen ist die Grenzfrequenz f_c = 40MHz und das Stromübersetzungsverhältnis $0,1\%$.

7.5.2 Lichtfasersysteme

Hier sei auf den Abschnitt 5.6.4 verwiesen und eine abschließende Zusammenfassung gebracht.

Lokale Lichtfaserübertragungen werden heute dort eingesetzt, wo es auf Trennung von Hochspannungen und/oder große EM-Störsicherheit bzw. Abhörfestigkeit ankommt. Als Gütemaß für ein Fasersystem wird das Produkt aus Faserlänge L und damit erzielbarer maximaler Bitrate f_G angegeben. Bei den relativ dicken (200μm) und preiswerten Multimodefasern liegt $L \cdot f_G$ zwischen 5 und 200MHz·km. Die Dämpfung bei $\lambda = 0,82\mu$m, der hier oft verwendeten LED-Wellenlänge, ist wenige dB/km. Deshalb erscheinen diese Fasern als lokale Telephon- und Datenleitungen eine große Zukunft zu haben.

Weitverkehr-Lichtfaserkabel verwenden Monomodefasern mit sehr geringer Dämpfung (~0,3dB/km) und sehr geringer Dispersion bei $\lambda = 1,6\mu$m, Lf_G kann bis 20THz·km betragen. Zur Regeneration des Lichtimpulses muß dieser, genauso wie bei Kupferkabel- und Funkstrecke nach der Verstärkerfeldlänge L_v regeneriert werden. Bild 7.4 skizziert ein Lichtfaserübertragungssystem:

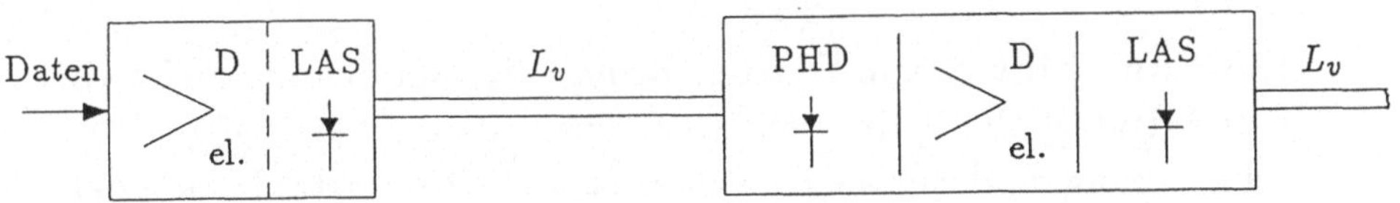

Bild 7.4: Lichtfaser-Datenkabel für den Weitverkehr

Die elektrischen Impulse D werden verstärkt und pulsen die Laserdiode LAS, die den Lichtblitz in die optische Faser schickt. Nach der Länge L_v trifft dieser im Repeater auf eine Photodiode PHD, deren Strom elektrisch verstärkt und der nächsten Laserdiode LAS zugeführt wird.

Das bestehende Transatlantikkabel hat 6 Fasern mit Impulsraten $f_T = 300$MHz und Verstärkerfeldlängen $L_v = 50$km. In einigen

Jahren werden einige derart leistungsfähige Verbindungen für den Telephon-, Audio-, Video- und Datenverkehr verfügbar sein. Wobei man hofft, durch weitere Reduktion der Dämpfung und Dispersion auf Zwischenverstärker bald verzichten zu können. Der direkte Zugriff des Informatikers auf Datenbanken und Software in der ganzen Welt wird so durch die Elektrotechnik immer einfacher und schneller.

7.6 Optische Speicher

In den letzten Jahren finden in mittleren und großen Rechnern zunehmend optische Plattenspeicher Anwendung. Ihr großer Vorteil gegen der magnetischen Floppy Disk bzw. Festplatte besteht im **berührungslosen Schreib– und Lesevorgang** durch ein optisches Strahlsystem: Damit kann zwischen der bewegten optischen Speicherplatte und dem feststehenden Strahlsystem ein großer Sicherheitsabstand gewahrt werden. Es tritt damit der bei den magnetischen Speichern so gefürchtete Head crash nicht mehr auf, der durch den unabdingbar äußerst dünnen Luftpolster (100 nm bis 1 μm) zwischen dem Schreib–Lesekopf und der rotierenden Platte bzw. das Aufgleiten des magnetischen Schreib–Lesekopfes (Bild 1.23) bei Start und Stop bedingt ist.

Weitere Vorteile der optischen gegenüber der magnetischen Speicherplatte sind:

Die **Portabilität** von Platten **hoher Speicherkapazität** (bis 640 MByte), dank der relativen Unempfindlichkeit gegen Verschmutzung und schwache Deformation. Die portable magnetische Floppy Disk erreicht nur zwei Tausendstel dieser Kapazität.

Die Widerstandsfähigkeit der gespeicherten Informationen gegenüber äußeren Einflüssen, besonders magnetischen Feldern. Ein auf die optische EPROM–Platte wirkendes Magnetfeld löscht nur dann deren Bitmuster, wenn die Platte gleichzeitig auf eine Temperatur über 150°C gebracht wird und die in der CD–ROM eingepreßte Information ist nur durch brutale mechanische Vernichtung (z. B. Zerkratzen) zerstörbar.

7.6.1 Die ROM–CD

Dieser optische Plattenspeicher benützt die gleichen Bauelemente und beruht auf dem gleichen Funktionsprinzip wie die Compact Disk (CD) der Unterhaltungselektronik. Die Daten–CD unterscheidet sich von der üblichen CD im wesentlichen nur durch ihren mit Unterhaltungsmusik oder –bildern nicht korrelierten Informationsgehalt bis etwa 600 MByte und dessen codierte Anordnung in Spuren und Sektoren, die einen sehr raschen Zugriff auf viele adressierte Datenblöcke ermöglicht. Es werden so durchschnittliche Zugriffszeiten auf eine gewählte Adresse von 0,1 s bis 1,5 s erzielt, die mit den Zugriffszeiten der schon viel länger entwickelten Magnetplatten vergleichbar sind. Heute gibt es CD–ROM mit technischen, juristischen, wirtschaftlichen, mathematischen usw. Nachschlagewerken, die jedes den Inhalt von etwa 20 Buchbänden umfassen und auch viele speicherplatzintensive graphische (auch farbige) Darstellungen enthalten können.

Das Funktionsprinzip der CD soll mit Hilfe von Bild 7.5 nun erklärt werden: Die Daten sind auf der CD spiralig (wie auf einer Schallplatte) oder konzentrisch im Spurenabstand von 1.6 μm angeordnet. Die 0 – 1 Zustände sind in Form von etwa 1 μm langen und 0.6 μm breiten Gruben (pits) und dazwischenliegenden Plateaus (lands) in das transparente, einseitig mit einem Aluminiumbelag verspiegelte Kunststoffsubstrat (1) eingepreßt. Wie das Bild 7.5 a zeigt, wird das Bitmuster durch einen in die Plateau–Ebene fokussierten Laserstrahl ausgelesen, der auf einen Brennpunkt mit etwa 0.6 μm Durchmesser fokussiert ist. Die spiegelnde, bit–modulierte Ebene ist auf der Unterseite durch das 1,2 mm dicke Substrat und auf der Oberseite durch eine Schutzschicht gegen mechanische Verletzung geschützt.

Die Abstandsperiode (pitch) der Gruben ist über die gesamte CD gleich, so daß über einen Regelmechanismus, der die Taktfrequenz der Abtastung konstant hält, eine konstante Ablesegeschwindigkeit von 1,3 m/s eingestellt wird, d. h. die Platte sich beim Ablesen der äußeren Spuren langsamer dreht als beim Ablesen der inneren. So wird die maximale Datendichte erreicht.

Das Auslesen und die adaptive Einstellung des Brennpunktes ist im Bild 7.5 b unten skizziert: Das polarisierte Licht einer schwa-

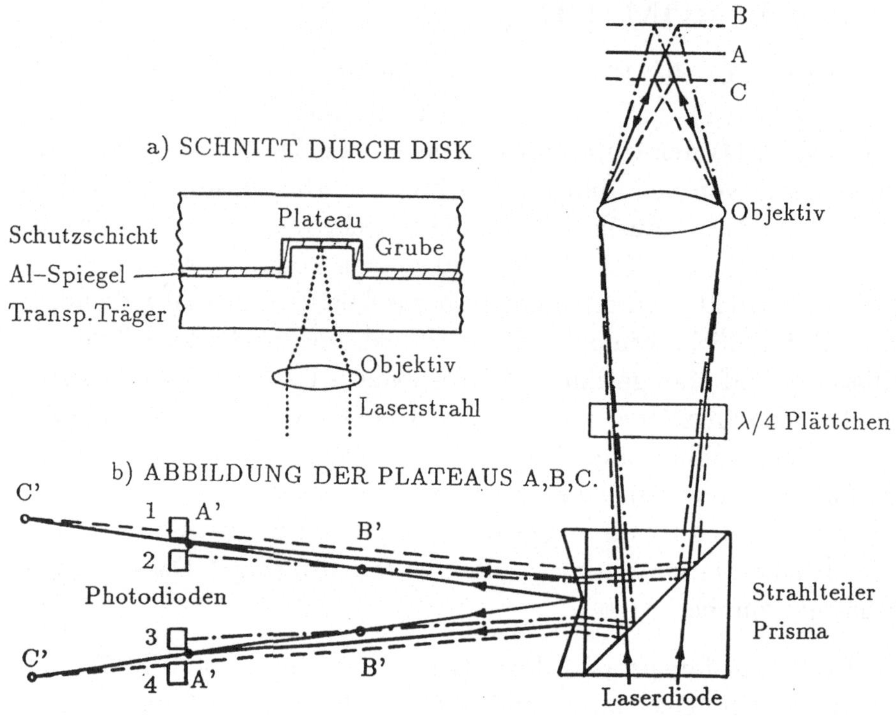

Bild 7.5: Schnitt durch eine Spur einer CD–ROM (a) und Skizze der Fokus–Regelung und Informations–Abtastung (b).

chen (~ 5 mW) Laserdiode (unterhalb des Prismas nicht gezeichnet) wird durch das Strahlteilerprisma, ein $\lambda/4$–Plättchen und ein Objektiv in die Signal–Ebene der CD fokussiert. Das in diesem Brennpunkt reflektierte Licht wird vom Teiler–Prisma um 90° umgelenkt und durch einen optischen Doppelkeil auf die vier Photodioden 1 bis 4 geworfen. Das Strahlteilerprisma läßt das horizontal polarisierte Licht der Laserdiode durchgehen, reflektiert jedoch das von der CD reflektierte Licht, da dieses nach zweimaligem Durchgang durch das $\lambda/4$–Plättchen eine dadurch um 90° gedrehte Polarisationsebene hat (als Polarisationsebene bezeichnet man die Schwingungsebene des elektrischen Feldvektors). Die im Bild gestrichelt und strichpunktierten Strahlengänge sollen zeigen, daß bei einer zu nahen Einstellung der reflektierenden Plateau–Ebene die äußeren Dioden mehr Licht als die inneren bekommen (gestrichelt) und umgekehrt bei einer zu fernen (strichpunktiert). Ein über viele Plateaus summierender Regelmechanismus kann aus der Differenz der Diodenströme den Fokus einstellen. Gleichzeitig ergeben die im Abtasttakt erfolgenden schnellen Änderungen der Lichtintensität die dynamische Bitfolge. Die Schwankung der Lichtintensität kommt bei einer (teilweisen) Beleuchtung einer Grube dadurch zustande, daß diese etwa $\lambda/4$ (120 nm) tief ist, so daß der in der Grube reflektierte Strahl mit dem am Plateau reflektierten destruktiv (auslöschend) interferiert. Auch zur Justierung der Spur während der Plattendrehung werden ähnliche opto–elektronische Regelsysteme verwendet.

Zur Erzielung einer besseren Bitfehlerrate als 10^{-15} beim Auslesen werden zwei fehlerkorrigierende Verfahren angewendet:

Jedes, aus 8–Bit bestehende Byte ist auf 14 Bitperioden entlang der Spur ausgedehnt, so daß die 256 möglichen Bytes mit einer in einem IC gespeicherten Zuordnungstabelle gemäß dem geringsten Fehlerabstand aus 16 384 Bitkonfigurationen entstehen.

Um auch größere Plattenfehler (Kratzer, Fingerabdrücke) korrigieren zu können, werden 24 Datenbytes um 1 Steuerbyte und 8 Korrekturbytes erweitert und in Form einer Matrix codiert. Mit dem Reed–Solomon–Code, der Spalten und Zeilen aller entsprechend angeordneten Bytes auf Paritäten überprüft, werden Fehler erkannt und korrigiert. So gesichert, lassen sich etwa 600 MByte auf einer CD mit 12 cm Durchmesser abspeichern. Dabei sind die Hardware–Kosten einer in Stückzahlen von etwa 1000 hergestellten CD etwa 10 US–Dollar und sinken auf 5 US–Dollar bei 10 000 Stück.

7.6.2 Die magneto–optische EPROM Disk

Diese Datenspeicherplatte ist auch gleich groß wie eine normale CD und ähnelt in ihrer Farbe einer Vinyl–Schallplatte. Ihre Oberfläche jedoch wird von spiraligen oder konzentrischen Rillen gebildet, die im Abstand von 1 μm nur 70 nm tief sind. Durch diese feine Gitterstruktur erscheint die Plattenoberfläche je nach Betrachtungswinkel in verschiedenen Regenbogenfarben. Die Rillen ermöglichen die fokussierte Führung des Schreib– und Leselasers, so ähnlich wie dies in Bild 7.5 skizziert wurde.

Die Information wird in einem sehr dünnen hartmagnetischen Film gespeichert, in dem die Rillen Streifen von magnetischen Domänen trennen. Der Nordpol der remanenten magnetischen Induktion einer Domäne liegt dabei entweder ober oder unter der Schicht (die magnetische Polarisation steht in wechselnder Richtung normal auf diese), je nachdem, ob es sich um eine gespeicherte 1 oder 0 handelt. Das Schreiben des Speichers wird durch die starke Temperaturabhängigkeit der Hysterese dieser Magnetschicht aus Mischungen von Gadolinium, Yterbium, Kobalt und Eisen ermöglicht. Bei Raumtemperatur hat dieses Material eine Koerzitivfeldstärke H_c von mehr als $4 \cdot 10^5$ A/m, d. h. diese große Magnetfeldstärke ist nötig, um die Polarisierung umzudrehen (vergleiche Bild 1.21). Wird jedoch die Schichttemperatur auf 150°C erhöht, so sinkt H_c auf nahezu null. In der unbeschriebenen EPROM–Disk enthalten alle magnetischen Domänen Nullen, d.h. sie sind nach unten polarisiert. Wird nun diese Platte durch das Feld eines normal starken permanenten oder elektrisch erregten Magneten bei Raumtemperatur gedreht, dessen Anordnung und Polung im Bild 7.6 skizziert ist, so wird wegen des großen H_c keine Domäne umgedreht. Erst wenn während weniger Nanosekunden ein Laser von etwa 8 mW Leistung das Gebiet einer Domäne auf über 150°C erwärmt, dann dreht sich die Richtung der Remanenz B_r im Feld des Magneten sofort um 180° und damit ist nach Abschalten des wärmenden Lasers stabil eine 1 eingeschrieben.

Soll diese wieder gelöscht werden, dann wird das Feld des Magneten umgedreht und die Domäne klappt bei Erwärmung mit dem Schreiblaser wieder in die ursprüngliche 0–Richtung.

Das Lesen der in der magnetischen Polarisierung der Domänen gespeicherten Information erfolgt mit Hilfe des magneto–optischen Kerreffektes. Dieser Effekt bewirkt eine Drehung der Polarisationsebene (d.h. des $\vec{E}$–Vektors) eines an dem magnetisierten Medium reflektierten Lichtstrahles. (Plausibel kann man sich vorstellen, daß die in den Elementarmagneten kreisenden Elektronen die elektrische Schwingung der einfallenden Welle aufnehmen, entsprechend ihrer Kreisbewegung verdrehen und dann als gedreht Dipolantennen wieder abstrahlen.) Dabei ist die Richtung der Verdrehung der Polarisationsebene des reflektierten Lichtes durch die Richtung der Magnetisierung bestimmt, d.h. für 0– und 1–Domänen entgegengesetzt.

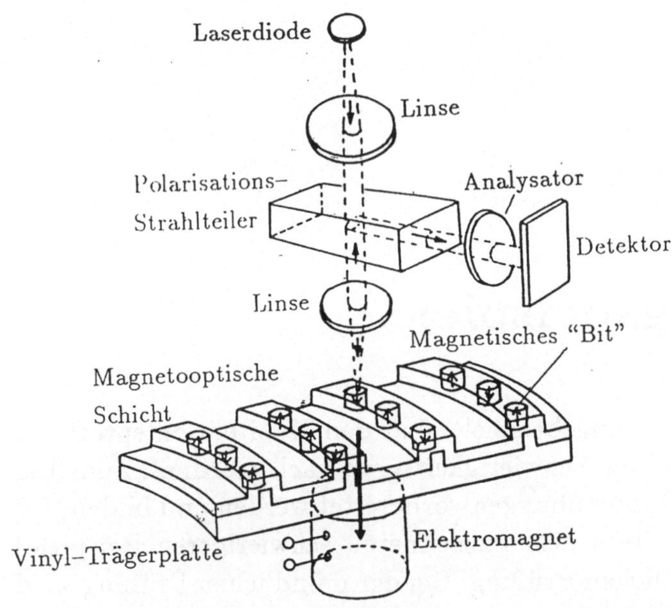

Bild 7.6: Radialer Schnitt durch eine EPROM–Disk, den Erregermagneten und Lichtkegel des Schreib–Lese–Lasers

Das Lesen der EPROM–Disk erfolgt nun durch eine Analyse der Polarisation des reflektierten Laserlichtes in einem optischen Polarisator, der wie bei der CD–ROM in Photodioden mit der Information schwankende elektrische Signale erzeugt. Genauso wie in den Antireflex–Polarisationsbrillen wird vom Polarisator nur eine Polarisationsrichtung durchgelassen und die dazu senkrechte unterdrückt. Das einfallende Licht stammt von der gleichen Laserdiode, die schon für das Schreiben benutzt wurde, nur ihre Intensität wird beim Lesen auf einen Bruchteil, durch entsprechend schwächeren Strom, reduziert. Damit erwärmt sich die Speicherschicht fast nicht und die magnetische Polarisation der Domänen bleibt erhalten.

Wegen ihrer Kapazität von 600 MByte, ihrer schnellen Zugriffmöglichkeit, Portabilität und ökonomischen Herstellbarkeit wird die EPROM–Disk in Zukunft für datenintensive Aufgaben (z. B. Bildverarbeitung) weitgehend eingesetzt werden.

8 Übungsbeispiele

Die folgenden Übungsbeispiele sind den Kapiteln entsprechend numeriert und etwa dem Schwierigkeitsgrad nach geordnet. Zum Teil müssen sie für die Rechenübungen vorbereitet werden und bilden (bis auf die mit einem Stern gekennzeichneten schwierigeren Beispiele) den Stoff der schriftlichen Prüfung. Bei der mündlichen Prüfung wird das Verständnis aller in der Vorlesung behandelten Kapitel und der zugehörigen Beispiele verlangt.

Rechnerische Lösungen

Es ist vor dem Auswerten der aufgestellten Gleichungen, die physikalische Größen (z. B. Länge, Arbeit, Strom, Kapazität, usw.) verknüpfen, die **Richtigkeit der Gleichungen mit Hilfe der Maßeinheiten zu überprüfen**. D. h. für jede Größe ist ihre Maßeinheit (manchmal schlampig mit Dimension bezeichnet) in die Gleichung einzusetzen. Als Ergebnis muß sich nach Kürzen der Faktoren der Maßeinheiten (z. B. für Kraft: $\text{kg} \cdot \text{m} \cdot \text{s}^{-2}$) die Maßeinheit der berechneten Größe ergeben: Um Irrtümer auszuschließen, rechne immer im SI-System (m, kg, s, A). Setze z. B. $1\mu\text{m}$ als 10^{-6}m ein, dann paßt der jeweilige Zahlenwert mit allen anderen SI-Größen zusammen (z. B. mit $\mu_0 = 4\pi \cdot 10^{-7}\text{Vs} \cdot \text{A}^{-1}\text{m}^{-1}$).

Graphische Lösungen

Gegenüber einer punktweisen Berechnung hat eine graphische Darstellung den Vorteil, die Veränderung einer Größe (z. B. I) bei Variation einer anderen (z. B. U) im Diagramm sofort erkennen zu können. Obwohl die Genauigkeit der Zeichnung i. allg. viel geringer als die der Rechnung ist, reicht sie für die Lösung vieler technischer

Probleme aus. Allerdings **muß der Maßstab der Darstellung so gewählt werden**, daß die Zeichnung (mit sauberen Linien) mindestens eine halbe, besser **eine ganze A4-Seite ausfüllt!**

8.1 Grundlagen

1.1 Welchen Widerstand haben 100m lange Drähte mit 0,1mm^2 Querschnitt (a) aus Cu ($\rho = 0,018 \cdot 10^{-6}\Omega$m), (b) aus Konstantan ($\rho = 0,4 \cdot 10^{-6}\Omega$m)?

Diese zwei Drähte werden in Serie an 9V geschaltet. Zeichne die Schaltung (ZS)! Welche Spannung liegt an jedem von beiden, und welche Leistung wird in jedem dissipiert?

1.2 Dieselben zwei Drähte werden parallel an 5V gelegt. ZS! Welcher Gesamtwiderstand ergibt sich, und welche Ströme fließen (a) aus der Spannungsquelle, (b) in jedem Draht? Welche Leistung verbraucht jeder Draht?

1.3 Zwei Widerstandsdrähte von gleicher Länge und je einem Querschnitt von 0,1mm^2($\rho_1 = 0,4 \cdot 10^{-6}$ Ωm, $\rho_2 = 4 \cdot 10^{-6}\Omega$m) werden parallel geschaltet. ZS! Wie lang sind die Widerstandsdrähte, und in welchem Verhältnis stehen die durch sie fließenden Ströme, wenn ein Gesamtstrom von 11mA durch die Schaltung fließt und an ihr 20V liegen?

1.4 Zwei Widerstandsdrähte von gleicher Länge und gleichem Querschnitt werden in Serie an 60V geschaltet ($\rho_1 = 0,4 \cdot 10^{-6}\Omega$m, $\rho_2 = 0,1 \cdot 10^{-6}\Omega$m). ZS! Wie verteilt sich die Gesamtspannung U_g auf die beiden Widerstandsdrähte?

1.5 Wie lange muß ein Heizdraht sein, welcher an 220V angeschlossen 1kW abgibt und aus Chromnickeldraht ($\kappa = 0,91$S $\cdot$ m/mm^2!) von 0,45mm $\oslash$ besteht?

1.6 Zeige, daß für die Serienschaltung von n Widerständen gilt:

$$R_{\text{ges}} = \sum_{i=1}^{n} R_i.$$

1.7 Zeige, daß für die Parallelschaltung von n Widerständen gilt:

$$G_{\text{ges}} = \sum_{i=1}^{n} G_i.$$

1.8 Berechne alle auftretenden Spannungen, Ströme und Verlustleistungen für die folgende Schaltung:

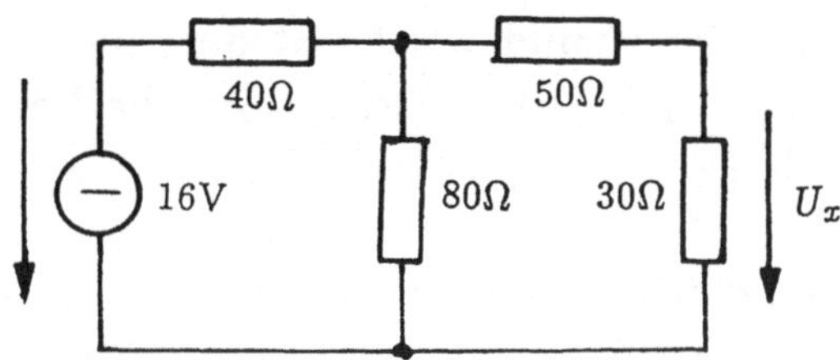

1.9 Berechne die Strom-, Spannungs- und Leistungsverteilung in dem Netzwerk ($I_K = 1,4$A):

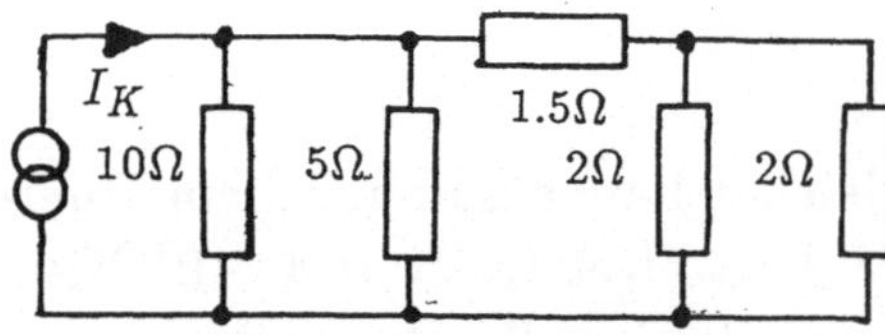

1.10 An die Parallelschaltung von 300Ω und 200Ω wird ein Serienwiderstand von 200Ω angeschlossen. Dieser Schaltung wird von einer Stromquelle ein Strom I_K = 5mA aufgeprägt. ZS und berechne alle unbekannten Ströme, Spannungen und Verlustleistungen.

1.11 In der Wheatstone-Brücke fließt der Strom $I_G = 180\mu A$ in der angegebenen Richtung durch das Galvanometer, dessen Innenwiderstand $R_i = 22,2k\Omega$ ist. Wie groß ist R_x?

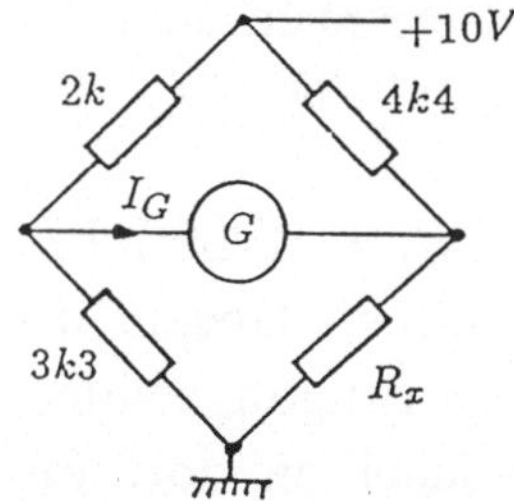

1.12 Ein Drehspulmeßwerk hat einen Innenwiderstand von $2,5k\Omega$ und Vollausschlag bei $40\mu A$. Wie kann man das Meßwerk erweitern: (3 k3 bedeutet 3,3 kΩ)
   a) auf 1V, 10V, 25V, 100V, 1kV Endausschlag,
   b) auf $100\mu A$, 1mA, 25mA, 1A und 10A Endausschlag? Welchen Innenwiderstand des Vielfachmeßgerätes mißt man in diesen Bereichen, ZS!

1.13 Bestimme in der Schaltung den Widerstand R_x, wenn das Galvanometer keinen Ausschlag anzeigt ($R_i = 22k\Omega$).

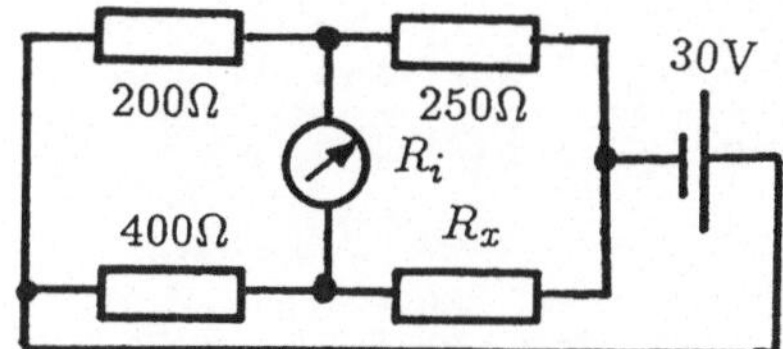

1.14 Ein 12V-Autoakku ist mit 44Ah voll aufgeladen. Wie lange brennen (a) ein Parklicht (5W), (b) alle 4 Begrenzerlampen (20W), (c) die Scheinwerfer (120W)?
Dieselbe Batterie treibt eine Wasserpumpe mit einem elektromechanischen Wirkungsgrad von 30% an. Wieviel kg ($\doteq l$) Wasser pumpt eine volle Ladung auf 5m Höhe?

1.15 Eine 12V-Starterbatterie mit dem Innenwiderstand $R_i = 0,02\Omega$ wird im Sommer mit 150A und im Winter mit 250A beim Starten belastet. Wie teilt sich (in %) die Leistung auf Batterie und Starter auf, und welche Arbeit (in kWh) hat die Batterie in 10s geleistet? ZS!

1.16 Beim Startvorgang muß eine Autobatterie ($U_L = 12$V) im Sommer 800W und im Winter 1200W leisten. Welche Ströme fließen dabei, und mit welcher Verlustleistung (in %) erwärmt sich der Akku selbst durch seinen Innenwiderstand $R_i = 0{,}015\Omega$?

1.17 Von einem Modem liefert eine Impulsquelle ($R_i = 100\Omega$) Impulse mit $U_L = 10$V über eine Leitung mit einem Gesamtwiderstand von 70Ω an eine Schnittstelle mit dem Eingangswiderstand $R_e = 50\Omega$. Mit welcher Spannung erscheinen dort die Impulse, und wie verteilt sich die Leistung auf Modem, Leitung und Schnittstelle? ZS!

1.18* Für welche Belastungsverhältnisse kann man durch Beschaltung einer realen Spannungsquelle mit einem Widerstand das Verhalten einer idealen Stromquelle annähern? ZS!

1.19 Die gezeichneten Kondensatoren seien ideal; d. h. ihr Leckstrom sei 0. An die Schaltung werden 80V Gleichspannung gelegt. Wie groß sind a) die gesamte Kapazität sowie b) die Ladungen und c) die Spannungen jedes einzelnen C?

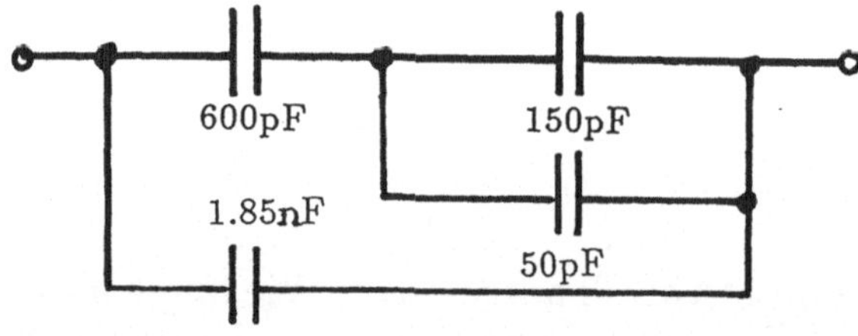

1.20 Ein Kondensator von 1μF wird über 1MΩ auf 10V aufgeladen. In welcher Zeit nach dem Einschalten hat er 1V, 5V, 6,3V, 9,9V? ZS!

1.21 Eine Kapazität C, die zum Zeitpunkt $t = -0$ die Ladung $Q_0 = C \cdot U_0$ besitzt, wird über den Widerstand R entladen. ZS! Berechne und zeichne den Verlauf $i(t)$!

1.22 Die Kapazität C wird durch eine ideale Stromquelle während der Zeit T mit I_0 aufgeladen. Skizziere $u_c(t)$ für $0 \leq t \leq \infty$.

1.23 Skizziere den Ladestrom $i(t)$ eines Kondensators, wenn ein linearer zeitlicher Anstieg der Kondensatorspannung $u_c(t)$ während der Zeit T beobachtet wird!

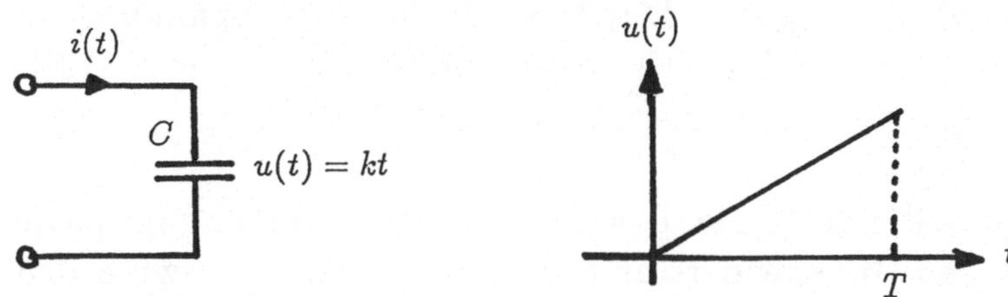

1.24 Ein Elektrolytkondensator von 1000μF wird über $R_v = 100$kΩ aufgeladen. Der Leckwiderstand von C ist $R_p = 1$MΩ. ZS! Welcher Spannungsendwert U_E stellt sich ein, und nach welcher Zeit sind 10%, 50% und 95% von U_E erreicht? Hinweis: Verwende die Kirchhoff-Regeln und berechne zuerst U_E.

1.25 Welche aktive Fläche A hat ein Tantal-Elko von 10μF bei einer wirksamen Dicke des Dielektrikums $d = 2\mu$m ($\varepsilon_r = 25$, $\varepsilon_0 = 0{,}885 \cdot 10^{-11}$As/Vm)?

1.26 Ein Plattenkondensator mit $C = \varepsilon A/d = 300$pF wird bei einem Abstand $d = 1$mm auf 100V aufgeladen. Dann werden die Platten ohne Ladungsveränderung* auf $d = 10$mm auseinandergezogen. Welche Spannung hat nun der Kondensator, und welche Arbeit mußte dabei gegen das elektrische Feld geleistet werden?
* praktische Durchführung?

1.27 Ein eingedrehter Drehkondensator von 500pF wird auf 100V aufgeladen, dann vom Ladegerät getrennt und auf 100pF verstellt. Wie groß ist dann die Spannung am Kondensator, und welche Ladung sitzt auf den Kondensatorbelägen?

1.28 An zwei parallelen Metallplatten im Abstand $d = 1$mm wird eine Spannung $U = 1000$V angelegt. Wie groß ist die elektrische Feldstärke zwischen den Platten, und welche Kraft wirkt auf ein Elektron im homogen vorausgesetzten Feld des Plattenkondensators?

1.29 In einem evakuierten Plattenkondensator mit waagrecht liegenden Platten ($d = 1$mm) schwebt ein mit 10 Elektronen geladenes Kügelchen der Masse 10^{-12}g (Millikan-Versuch zur Bestimmung der Elementarladung q_e). Durch welche positive Spannung an der oberen Platte stellte sich dieser Schwebezustand ein? (Erdbeschleunigung $g = 9{,}81\text{m/s}^2$, $q_e = -1{,}6 \cdot 10^{-19}$As).

1.30 Eine supraleitende Spule L wird durch eine Spannungsquelle (U_0) mit dem Innenwiderstand R_i magnetisiert. Skizziere den Stromverlauf in der Spule, und gib dessen Zeitkonstante an. ZS!

1.31 Eine Toroid-Spule mit 2000 Windungen ist auf einen Ringkern mit $D = 5$cm, $A = 1\text{cm}^2$, $\mu_r = 8000$ gewickelt. Der ohmsche Drahtwiderstand ist 15Ω und wird als Serienschaltung zur Induktivität berücksichtigt. Wie verläuft die Spannung u_k an den Klemmen der Spule nach dem Anschalten einer idealen Spannungsquelle von 6V (analytisch und graphisch) ZS! Hinweis: Stromverlauf.

1.32 Eine Induktivität L wird an eine ideale Spannungsquelle U_L ($R_i = 0$!) im Zeitintervall $0 < t < T$ geschaltet. ZS! Skizziere $i_L(t)$ für $0 \leq t \leq T$. Was passiert beim Abschalten von U_L bei $t = T$, wenn dies a) durch Unterbrechen der Zuführung und b) durch Kurzschließen von U_L erfolgt?

1.33 Eine kurzgeschlossene supraleitende Spule wird vom Strom I_0 durchflossen. Im Zeitpunkt $t = 0$ wird der Kurzschluß aufgehoben, und der Strom fließt über R. Berechne und zeichne den Verlauf $i(t)$ für $t > 0$! ZS!

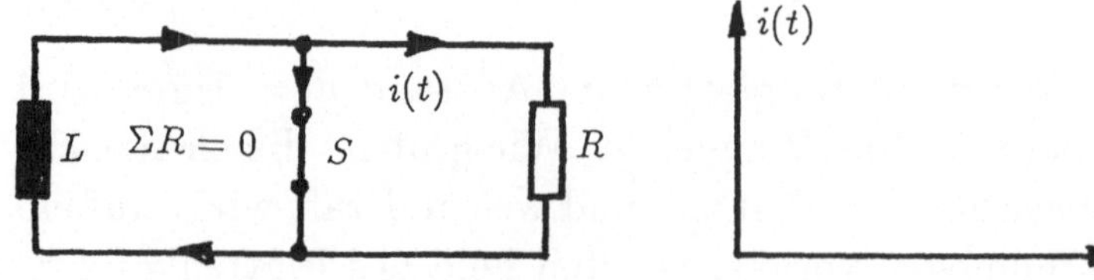

1.34 Im Fahrdraht einer elektrischen Bahn entstehen Stromänderungen (besonders beim Anfahren und bei Unterbrechungen) von 1kA in 1ms. Wie groß ist die dadurch in einer Flachspule vom Querschnitt $A = 1\text{m}^2$ mit $N = 100$ Windungen entstehende Spannung, wenn diese im Abstand von 10m in einer Lage größter induktiver Kopplung liegt? Skizziere Bahn und Spulenlage und vernachlässige den Einfluß des Rückstromes durch Schienen bzw. Erde.

1.35 Durch Unachtsamkeit wurden in einem Installationsrohr ein Klingel-(K)- und ein Datenleitungsdraht miteinander verdrillt, so daß beide auf einer Länge $L = 50\text{m}$ als parallel im Abstand 2mm aufzufassen sind. Die Datenrückleitung erfolgt in einem Draht mit dem mittleren Abstand 12mm von K und die Klingelrückleitung über Erde. Welche Spannung entsteht induktiv in der (an einem Ende als kurzgeschlossen betrachteten) Datenleitung, wenn in der Klingelleitung Stromänderungen von 2A in $1\mu\text{s}$ auftreten ($\int dr/r = \ln r$)?

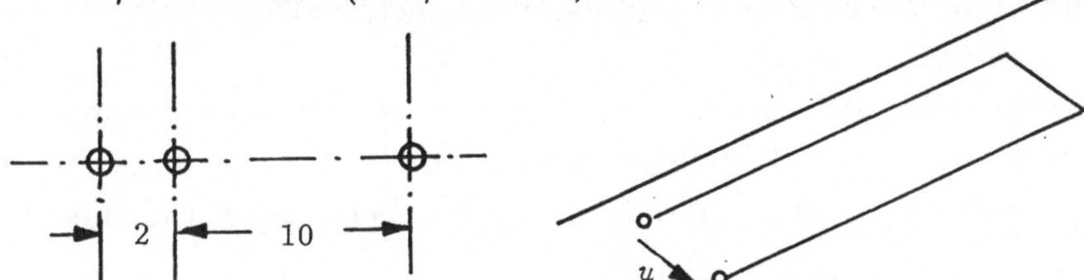

1.36 In der Schaltung a) zeigt das Amperemeter ($R_i = 1\Omega$) 20mA und das Voltmeter ($R_i = 5\text{k}\Omega$) 4V. Wie groß ist R, und was zeigen die Instrumente in Schaltung b)?

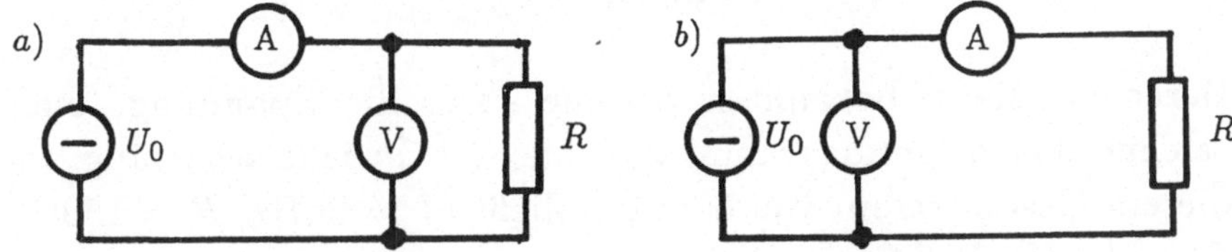

1.37 Wie sind die in L und C gespeicherten Energien, W_L und W_C, definiert, und mit welchen physikalischen Größen sind sie verknüpft? Wird auch in R die Energie W_R gespeichert?

8.2 Wechselstrom

2.1 Eine 50Hz-Wechselspannung $u(t)$ von $U = 220\text{V}_{\text{eff}}$ erzeugt an einem induktiven Verbraucher (z. B. Motor) einen Strom $i(t)$ von 1A_{eff} mit einer Phasenverschiebung von 30°. ZS!

a) Schreibe $u(t)$ und $i(t)$ als reelle Zeitfunktion.
b) Zeichne ein bis zwei Perioden dieser Funktionen.
c) Schreibe $u(t)$ und $i(t)$ als komplexe Zeiger.
d) Zeichne diese Zeiger.
e) Um welche Zeit sind u und i gegeneinander verschoben, und wo erkennt man diese Verschiebung in den zwei Darstellungen?

2.2 Zeichne das Zeigerdiagramm ($\underline{I}$, $\underline{U}_R$, $\underline{U}_L$) für die Serienschaltung eines Widerstandes mit einer Induktivität in einem solchen Maßstab, daß eine A4-Seite ausgefüllt ist. ZS! ($R = 200\Omega$, $L = 1\text{H}$, $f = 50\text{Hz}$, $I = 0{,}1\text{A}_{\text{eff}}$).
Wie groß ist die Wirk-, Blind- und Scheinleistung für diese Schaltung, und welche Zeiger sind dazu proportional?

2.3 Berechne die unbekannten Ströme und zeichne das Zeigerdiagramm einer R-C-Parallelschaltung an der $U = 12\text{V}_{\text{eff}}$ liegt ($f = 10\text{kHz}$, $R = 1{,}2\text{k}\Omega$, $C = 10\text{nF}$), Leistungsverhältnisse?

2.4* Berechne den Strom, und zeichne das Zeigerdiagramm für eine R-C-Serienschaltung, an der $U = 30\text{V}_{\text{eff}}$ liegt: (f=1kHz, R=520Ω, C=0,5μF), Leistungen?

2.5* Berechne die unbekannten Ströme bzw. die Spannung, und zeichne das Zeigerdiagramm für eine R-L-Parallelschaltung, in die ein Gesamtstrom von 50mA_{eff} fließt ($f = 2\text{kHz}$, $R = 150\Omega$, $L = 10\text{mH}$), Leistungen?

2.6* Für eine Klemmenspannung von 220V_{eff}, 50Hz zeichne das Zeigerdiagramm für die Serienschaltung einer Leuchtstoffröhre ($R = 1200\Omega$), mit einer Zündinduktivität ($L = 700\text{mH}$). Leistungsverhältnisse für diese Schaltung? Behandle graphisch und rechnerisch die Frage nach der parallel zu schaltenden Kapazität, die den Blindstrom aus dem Netz zu Null macht.

2.7 Für folgende Zeigerdiagramme sind die Schaltungen und Leistungsverhältnisse $\underline{S}$, P, Q anzugeben:
a) $I = 3\text{mA}_{\text{eff}}$, $U = 25\text{V}_{\text{eff}}$,
b) $I = 4\text{A}_{\text{eff}}$, $U = 220\text{V}_{\text{eff}}$.
c) Berechne für 50 Hz die Schaltelemente.

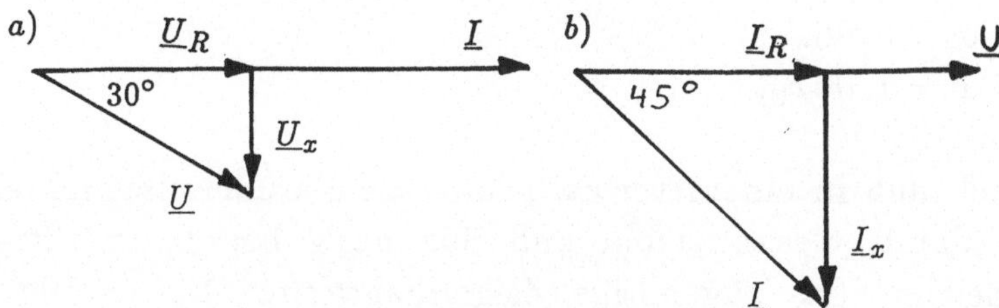

2.8 Die zwei möglichen Schaltungen mit zwei Bauelementen für folgendes Zeigerdiagramm sind zu zeichnen:

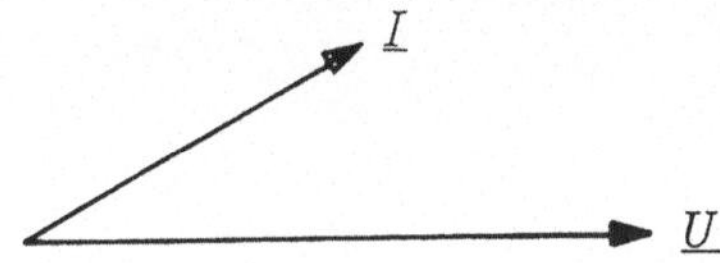

2.9 Berechne den Phasenwinkel zwischen den beiden Teilspannungen und skizziere das Zeigerdiagramm $R = 10\text{k}\Omega$, $C_1 = 2\text{nF}$, $C_2 = 1\text{nF}$, $f = 50\text{kHz}$, $U = 220\text{V}_{\text{eff}}$.

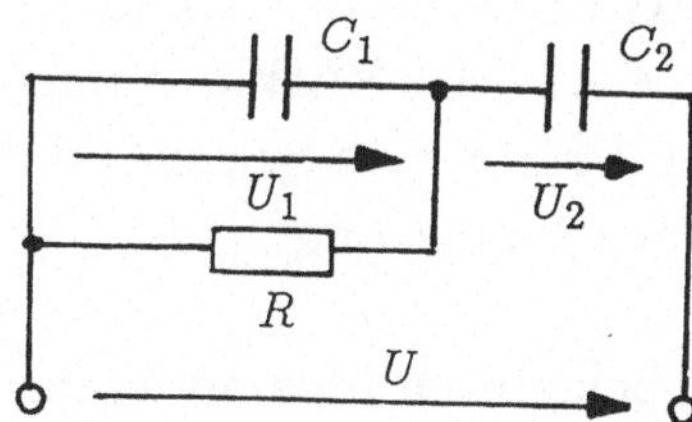

2.10 Die R-L-Serienschaltung ist in eine bei $f = (500/\pi)\text{Hz}$ elektrisch äquivalente Parallelschaltung umzuwandeln ($R = 100\Omega$, $L = 0,1\text{H}$) ZS!

2.11* In einer Serienschaltung von R und C verhält sich bei ω_1 $R : (\omega_1 \cdot C)^{-1} = 1 : 2$. Zeichne das Zeigerdiagramm bei $\omega_2 = 2\omega_1$ (doppelte Frequenz), (Hinweis: rechte Winkel im Halbkreis).

2.12 Für einen Serienschwingkreis ($R = 100\Omega$, $L = 10\text{mH}$, $C = 4{,}7\text{nF}$), der an einer idealen Stromquelle mit $I_0 = 3\text{mA}_{\text{eff}}$ liegt, sind die Zeigerdiagramme und Leistungsverhältnisse zu bestimmen:

a) bei $\omega_0 = 1/\sqrt{LC}$,
b) bei $\omega = 0{,}96\omega_0$,
c) bei $\omega = 1{,}06\omega_0$.

2.13 Wie groß muß in einem verlustbehafteten Parallelschwingkreis L sein, damit Gesamtstrom und Spannung bei f_0 in Phase sind? Zeichne das zugehörige Zeigerdiagramm. $R_p = 10\text{k}\Omega$, $C = 820\text{pF}$, $f_0 = 150\text{kHz}$.

2.14 Berechne die Spannungsverstärkung in dB für die folgende Schaltung ($R = 300\Omega$, $U_0 = 12\text{V}_{\text{eff}}$)

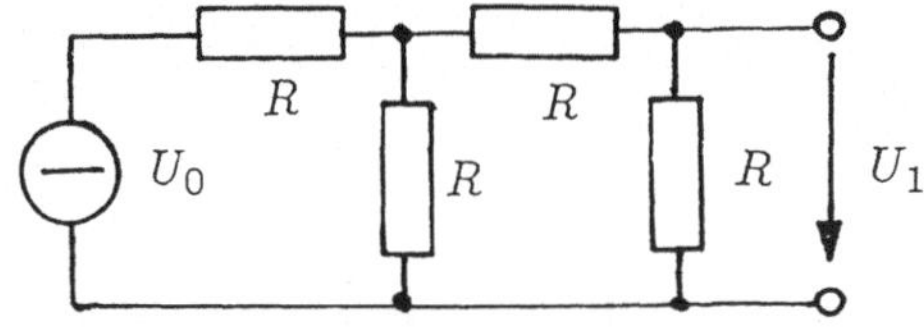

2.15* Gegeben ist ein Generator mit komplexem inneren Leitwert (Norton ESB: $G_i = 10^{-2}\text{S}, C_i = 1\text{nF}$). Gesucht ist die Lastimpedanz X_L bzw. -admittanz Y_L, die bei $f = 477\text{kHz}$ Wirkleistungsanpassung ergibt. ZS! Zeigerdiagramm! Ergibt eine Serien- oder eine Parallelschaltung die breitbandigere Anpassung?

2.16 Bestimme U_2, I_1 für folgenden, mit C belasteten idealen Transformator: $N_1 = 500$ Windungen, $N_2 = 100$ Windungen, $U_1 = 250\text{V}_{\text{eff}}$, $f = 500\text{Hz}$, $C = \frac{1}{\pi}\mu\text{F}$.

2.17 Ein idealer Transformator übersetzt $U_1 = 220\text{V}_{\text{eff}}$ auf sekundär $U_2 = 10\text{V}_{\text{eff}}$. Er wird sekundär mit einer Parallelschaltung 10Ω und $10\mu\text{F}$ belastet. Rechne und zeichne den Verlauf der am

Primäreingang gemessenen Impedanz $\underline{Z} = |\underline{Z}|e^{j\varphi}$ nach Betrag und Phase von 50Hz bis 5kHz.

2.18 An ein Drehstromsystem ($3 \times 220/380$V) werden Verbraucher angeschaltet:

a) An R, S, T, eine Asynchronmaschine, die alle Phasen gleich belastet ($P = 2,2$kW pro Phase; $\varphi = 30°$ (induktiv)) (Hinweis: Wirkstrom),

b) Heizkörper: An R gegen 0: 2,2kW; an S gegen 0: 3,3kW; an T gegen 0: 3,96kW. Bestimme graphisch und rechnerisch den Strom im Nulleiter I_0 für diese Belastungen, ZS!

8.3 Halbleiterbauelemente

3.1 Ein MOS-Kondensator auf p-Si-Substrat hat eine Gatefläche von $10\mu\text{m} \cdot 2\mu\text{m}$, eine Oxidschicht mit $d = 200$nm und $\varepsilon_r = 3,9$. Welche Kapazität C hat er, und wie ist der zeitliche Verlauf seiner Spannung, wenn er von einer Spannungsquelle mit $R_i = 10\text{k}\Omega$ auf -5V aufgeladen wird? Welche Arbeit wurde dabei aufgewendet, und wie teilt sich diese in die in R_i dissipierte und die in C gespeicherte Energie auf? Wieviel solche Lade- bzw. Entladevorgänge finden in einem IC pro Sekunde statt, der eine mittlere Leistung von 1W verbraucht?

3.2 Bei einem MOS-Kondensator seien Oberflächenladungen und die Potentialdifferenz am sehr dünnen Oxid zu vernachlässigen. Wie weit dringt die Raumladungszone in das Siliziumsubstrat (n-Si, $N_D = 10^{14}\text{cm}^{-3}$, $\varepsilon_r = 11,7$) ein, wenn die an der Si-Oberfläche wirksam gedachte Spannung einmal $U_{GS} = -0,1$V und dann $U_{GS} = -0,8$V beträgt? Stelle die RLZ und den Potentialverlauf (ohne Berücksichtigung eventueller Inversion) graphisch dar.

3.3 Das Polysilizium-Floating-Gate eines FAMOS hat die Abmessungen $5\mu\text{m} \cdot 2\mu\text{m}$ und ist vom Siliziumsubstrat durch eine 100nm dicke SiO_2-Schicht ($\varepsilon_r = 3,9$) getrennt. Mit wievielen Elementarladungen pro Volt Gatespannung ist dieses Gate geladen? (Als Gegenelektrode sei der Inversionskanal unter der Oxidschicht wirksam).

3.4 Zeichne die Diodenkennlinie, und berechne I_D für folgende Werte:
$U = 750\text{mV}$ und $U = 700\text{mV}$,
$I_S = 10^{-13}\text{A}$, $U_T = 25\text{mV}$.

3.5 Bestimme in der folgenden Schaltung die Spannung U. Geg.: $I = 100\text{mA}$, $U_T = 27\text{mV}$, $I_S = 10^{-13}\text{A}$, $I_1 = 30\text{mA}$.

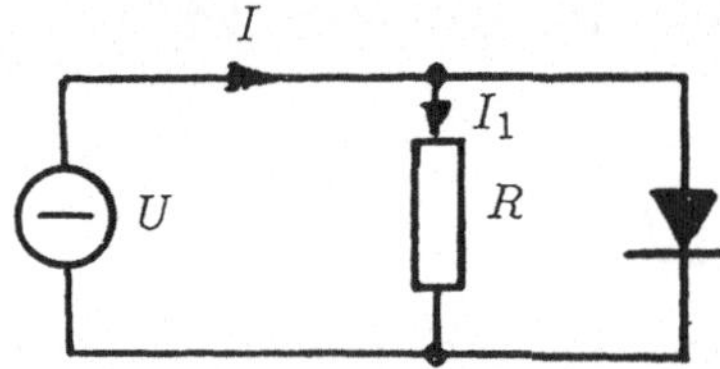

3.6 Bestimme graphisch und rechnerisch die Spannungen U_1 und U_2 gegenüber Masse:
Alle Dioden in Flußrichtung $I_S = 10^{-12}\text{A}$, $U_T = 26\text{mV}$.

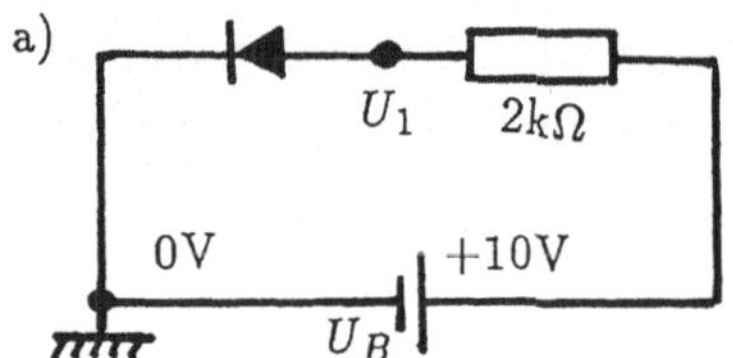

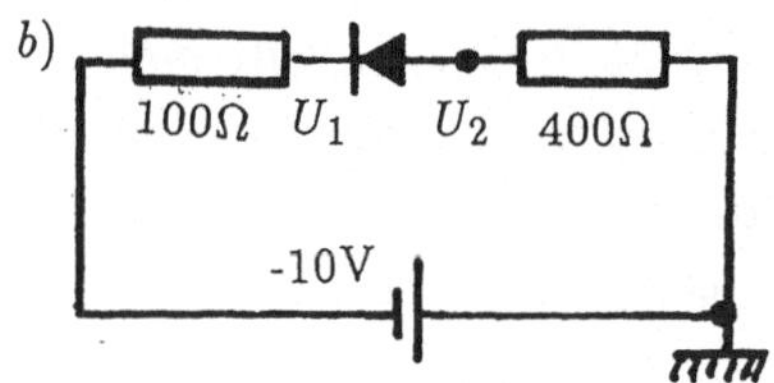

3.7 Zwei Dioden liegen in Serie in gleicher Polung an einer Stromquelle, die $I = 50\text{mA}$ liefert. ($I_{S1} = 10^{-12}\text{A}$, $I_{S2} = 10^{-13}\text{A}$, $U_T = 26\text{mV}$). Zeichne die Schaltung (ZS!). Bestimme die Spannung U an den zwei Dioden.

3.8 Durch eine Serienschaltung einer Diode ($I_S = 10^{-12}\text{A}$, $U_T = 30\text{mV}$) mit einem 150Ω-Widerstand fließen $I = 10\text{mA}$. Welche Spannung liegt an dieser Schaltung? ZS!

3.9 * Zeichne eine Schaltung zur Kennlinienaufnahme (auch zur Messung des Sperrgebietes) einer Diode (geg.: $U_{\text{Durchbruch}} = 12\text{V}$, regelbare Spannungsquelle $0 - 50\text{V}$, $P_{v_{\max}} = 1\text{W}$).

3.10 Berechne den Diodenstrom in der folgenden Schaltung für die Zeitpunkte t_1, t_2, t_3, und skizziere seinen zeitlichen Verlauf.

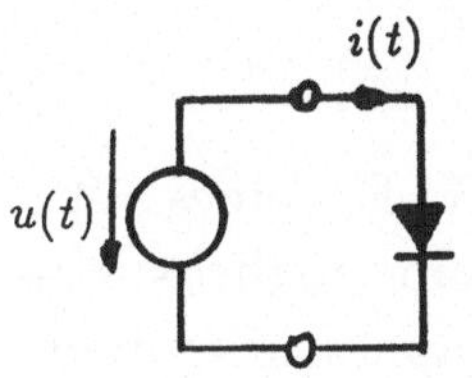

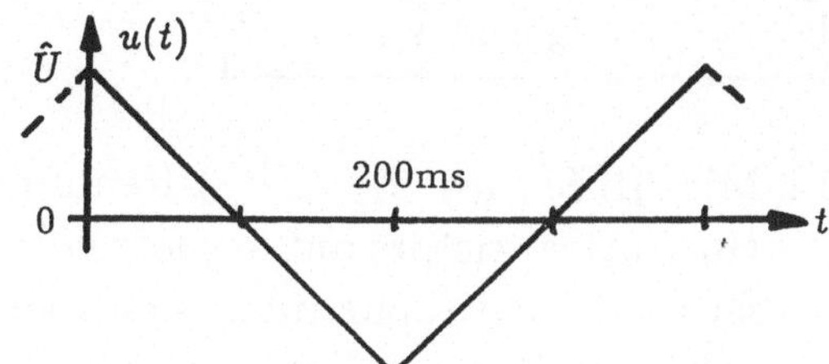

$I_S = 10^{-12}$A, $t_1 = 0$ms,
$U_T = 25$mV, $t_2 = 100$ms,
$\hat{U} = 690$mV, $t_3 = 200$ms.

3.11 An einer Diode liegt die Spannung $u(t) = 0,75\text{V}\sin(2\pi t/T)$. ZS! Berechne den Diodenstrom für die Zeitpunkte t_1, t_2, t_3, und skizziere den zeitlichen Verlauf von Strom und Spannung.
$I_S = 10^{-13}$A, $t_1 = 5$ms,
$U_T = 25$mV, $t_2 = 10$ms,
$\hat{U} = 750$mV, $t_3 = 15$ms,
$T = 20$ms.

3.12 Der gemessene Sperrstrom I_{SP} einer Diode im Bereich $-12\text{V} < U_D < -5\text{V}$ ist 50nA. Bestimme U_1 für $R_v = 1\text{k}\Omega$, $1\text{M}\Omega$ und $100\text{M}\Omega$ graphisch und rechnerisch!

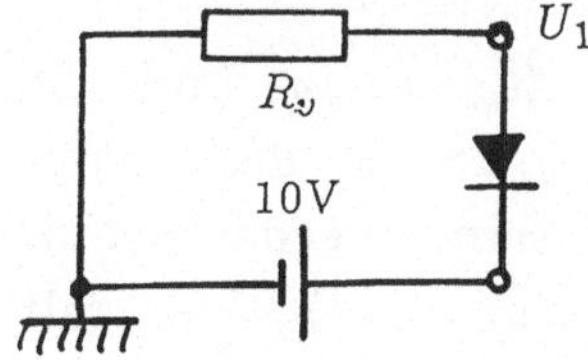

3.13 Spannungsstabilisierung mit Z-Diode: Die Versorgungsspannung U_N kann zwischen 9V und 12V schwanken. Wie groß ist der minimale Wert von R_L für einen minimalen zulässigen Strom $I_{\text{ZMIN}} = 20$mA? (Berechnung und Zeichnung). Leistung an R_{LMIN}? Von U_N zu liefernde Leistung für $U_N = 12$V?

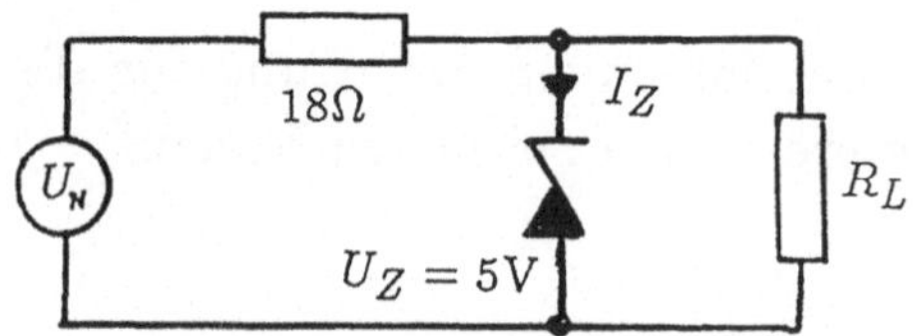

3.14 Mit Hilfe des I_C-(U_{CE})-Kennlinienfeldes (KLF) eines 1W-Bipolartransistors auf der folgenden Seite soll ein möglichst einfacher Wechselspannungsverstärker (ohne Temperaturkompensation) mit einer Versorgungsspannung $U_B = 20V$ und einem Lastwiderstand $R_L = 220\Omega$ entworfen werden. ZS! Zeichne in das KLF die Arbeitsgerade ein, und wähle durch Einstellung des Basisstromes I_{B0} über einen Vorwiderstand R_B von U_B den Arbeitspunkt (I_{B0}, U_{CE0}, I_{C0}) so, daß eine möglichst große unverzerrte Aussteuerung mit bezüglich U_{CE0} symmetrischen Signalen möglich ist. $R_B =$?

3.15 An den Eingang obiger Schaltung wird über einen Koppelkondensator von einer Stromquelle der Wechselstrom $i_B(t) = 200\mu A \cdot \sin\omega t$ geliefert. ZS!

a) Konstruiere im 2. Quadranten die KL für $U_{CE} > U_K$ mit der I_B-Achse nach links, und zeichne I_{B0} ein. Bestimme β.

b) Wähle eine Zeitachse durch I_{B0} parallel zur I_C-Achse, und skizziere $i_B(t)$.

c) Skizziere auf Zeitachsen durch den Arbeitspunkt $i_C(t)$ und $u_{CE}(t)$.

d) Wie groß ist die Steilheit $g_m = di_C/du_{BE}$ und die Spannungsverstärkung $v_u = du_{CE}/du_{BE}$ des Transistors in dieser Schaltung, wenn sein Wechselstrom-Eingangswiderstand $r_{BE} = du_{BE}/di_B = U_T/I_{B0}$ (mit $U_T = 25mV$) ist?

e) Beweise den obigen Ausdruck für r_{BE} und $r_{BE} = \beta/g_m$!

f) Zeichne in das KLF die Verlustleistungshyperbel für $P_v = 1W$ ein.

g) Welche Verlustleistung verbraucht der Transistor ohne Aussteuerung,

h) *bei Wechselstromaussteuerung gemäß der Angabe, d. h. mit einer Amplitude von $200\mu A$.

i) *Wodurch kommt eine Verzerrung der Ausgangsspannung mit wachsender Aussteuerung zustande?

3.16 Der Drainstrom I_D im Sättigungsbereich eines selbstleitenden MOS-FET ist bei $U_{GS} = 0$, $I_{DSS} = 4\text{mA}$ und verschwindet bei $U_t = -2\text{V}$.

a) Stelle die Gleichung $I_D(U_{GS})$ analytisch und graphisch dar.
b) Zeichne die $I_D(U_{DS})$-Kennlinien im Sättigungsbereich für $U_{GS} = -1,6\text{V}$, $-1,2\text{V}$, $-0,8\text{V}$, $-0,4\text{V}$ und 0V.
c) Welche Steilheit g_m hat der FET bei $U_{GS0} = -1\text{V}$?
d) Welchen Arbeitswiderstand R_L muß man wählen, damit sich bei $U_{GS0} = -1\text{V}$ und einer Versorgungsspannung $V_{DD} = 5\text{V}$ ein Arbeitspunkt $U_{DS0} = 3\text{V}$ einstellt? ZS!
e) Wie groß ist die Kleinsignal-Verstärkung v_u in diesem Arbeitspunkt.
f) Skizziere das Eingangs- und Ausgangssignal bei Aussteuerung mit $U_{GS} = 0,6\text{V} \cdot \sin\omega t + U_{GS0}$.

3.17 * Wie groß ist die Driftgeschwindigkeit v_D und die Transitzeit der Elektronen ($\mu_e = 1500\text{cm}^2/\text{Vs}$) unter dem Gate ($L = 5\mu\text{m}$) eines selbstsperrenden n-Kanal MOSFET mit $U_{DS} = 0,5\text{V}$? Für welche Gatespannung stimmt diese Transitzeit mit der Inversions-Zeitkonstante $\tau_I = RC_G$ überein, wenn $U_t = 1\text{V}$ ist?

3.18 Wie groß ist der Kanalstrom I_D eines n-MOS-FET im Sättigungsbereich ($\mu_e = 1500\text{cm}^2/\text{Vs}$, $\varepsilon_{\text{ox}} = \varepsilon_r \cdot \varepsilon_0 = 3,9 \cdot 0,885 \cdot 10^{-11}\text{As/Vm}$, W$= 2\mu\text{m}$, $L = 2\mu\text{m}$, $D = 100\text{nm}$, $U_{GS} = 5\text{V}$, $U_t = 1\text{V}$ – achte auf Dimensionen!). In welcher Zeit wird damit das Gate des folgenden gleichen Transistors von $+5\text{V}$ auf eine kleine Restspannung entladen?

3.19 Auf einem Chip soll der Transistor T_1 mit $I_D = 100\mu\text{A}$ einen Transistor T_2 treiben, der 6,4mA an eine Leitung liefern muß. Bei $W_{T1} = L_{T1} = L_{T2} = 2\mu\text{m}$ ist W_{T2} wie groß? Wie groß ist die gesamte Verzögerungszeit für Gate-Aufladung(en) wie im Beispiel 3.18, wenn

a) T_1 den Transistor T_2 direkt treibt,

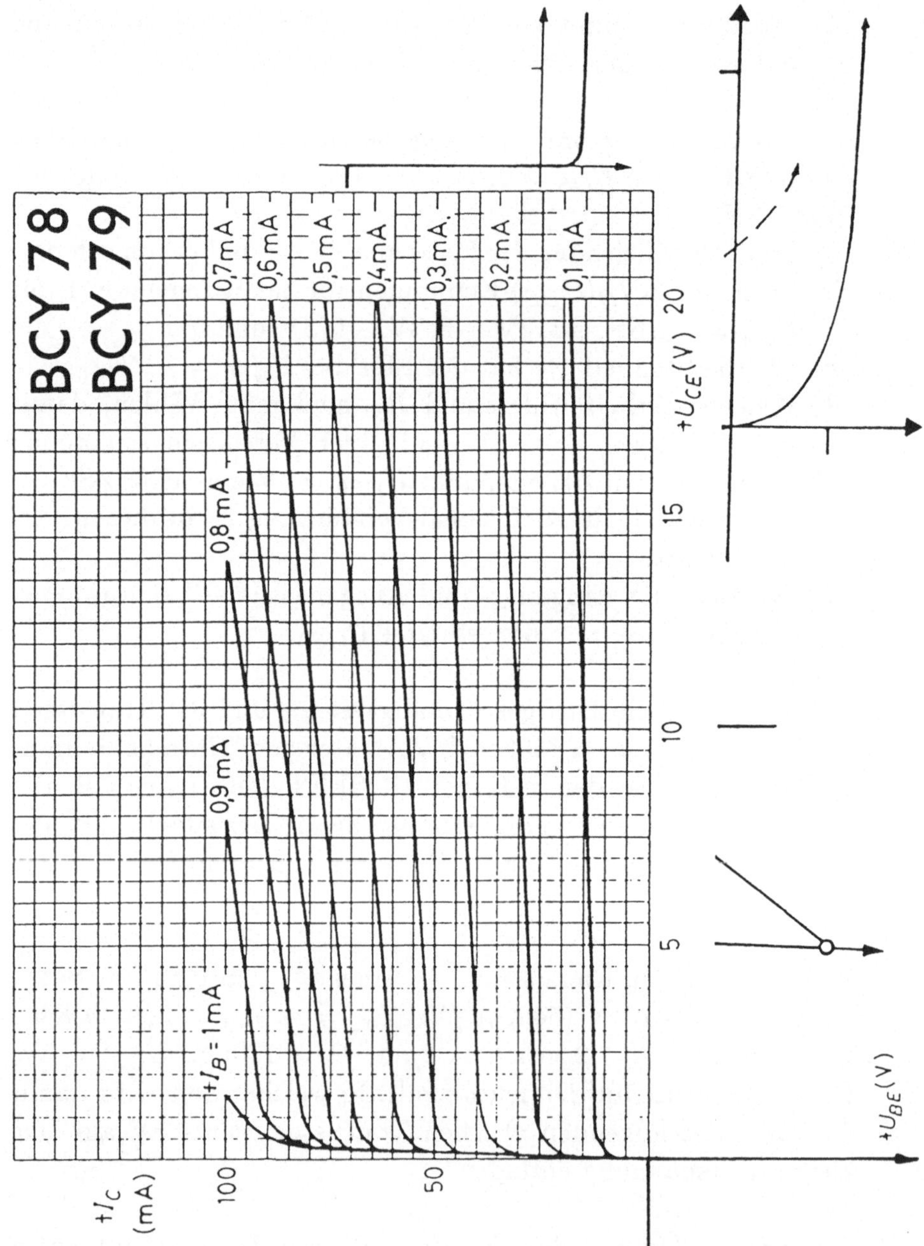
BCY 78
BCY 79
+I_B = 1mA
0,9 mA
0,8 mA
0,7 mA
0,6 mA
0,5 mA
0,4 mA
0,3 mA
0,2 mA
0,1 mA
+I_C
(mA)
100
50
5
10
15
20
+U_CE (V)
+U_BE (V)

b) zwei Zwischenstufen mit dem Fan-Out-Faktor $f = 4$ zwischen T_1 und T_2 geschaltet werden?

3.20 Eine Wechselspannungsquelle $u(t) = 3\text{V} \cdot \sin \omega t$ liegt über $R_v = 50\Omega$ an einer Diode. ZS! Skizziere den zeitlichen Verlauf des Diodenstromes $i_D(t)$, wenn die Diodenkennlinie durch eine zur I_D-Achse parallele Gerade, durch $U_D = 0,7\text{V}$ ab $I_D = 0$, angenähert wird. Hinweis: Fasse die Wechselspannung als zeitlich veränderliche Versorgungsspannung auf.

3.21 Der Sättigungs-Drainstrom eines selbstsperrenden n-Kanal MOSFET ist durch $I_D = 0,5\text{mA}((\text{U}_{\text{GS}} - 1\text{V})/1\text{V})^2$ für $U_{GS} > 1\text{V}$ gegeben. Zeichne diese $I_D(U_{GS})$ Kennlinien und die $I_D(U_{DS})$ Kennlinien für $U_{GS} = 1,5\text{V},\ 2\text{V},\ 2,5\text{V},\ 3\text{V}$. Mit dem Transistor ist ein Inverter für $V_{DD} = 5\text{V}$ und $R_L = 5\text{k}\Omega$ zu entwerfen und dessen $u_a(u_e)$ Übertragungskennlinie zu skizzieren.

8.4 Signale – Spektren

4.1 Skizziere auf einer ganzen A4-Seite den Signalverlauf, der aus einer Rechteckschwingung (Bild 4.1) entsteht, wenn nur die Grundwelle und

a) die erste existierende Oberwelle,
b) die erste und zweite existierende Oberwelle auftritt.
c) Zeichne das Amplitudenspektrum bis zur 7. Oberwelle mit Angabe von Ordinatenmaßstab bzw. Maßeinheit.

4.2 Wie ändert sich die Skizze vom vorhergehenden Beispiel 4.1 wenn die
1. Oberwelle um $T/12$,
2. Oberwelle um $T/10$
verzögert wird? (Dispersion)

4.3 Berechne den Gleichanteil und zeichne die folgende Funktion

$$u(t) = \hat{U}|\sin(\frac{2\pi}{T}t)|.$$

Wähle den Nullpunkt auf der Zeitachse so, daß die Fourierreihe ökonomisch berechnet werden kann. Zeichne Gleichanteil und überlagerte Grundschwingung ein. Welche Fourierkoeffizienten werden Null?

4.4 * Versuche, den Gleichanteil und die Fourierkoeffizienten für den Strom in Beispiel 3.20 zu berechnen bzw. abzuschätzen.

4.5 Berechne den Gleichanteil von $u(t) = \frac{\hat{U}}{2}(1 + \cos\frac{2\pi t}{T})$, Periode $0 < t < T$. Zeichnung! Welche Fourierkoeffizienten verschwinden? Welche verschwinden, wenn man die u-Achse um $T/2$ verschiebt?

4.6 a) Bestimme den Gleichanteil der gezeichneten periodischen Zeitfunktion und zeichne ihn ein.
b) Wähle sinnvoll eine y-Achse.
c) Welche Fourierkoeffizienten werden dadurch Null?
d) *Gib die Ordnung der verschwindenden Harmonischen an.
e) *Skizziere das Amplitudenspektrum (Maßstab!)

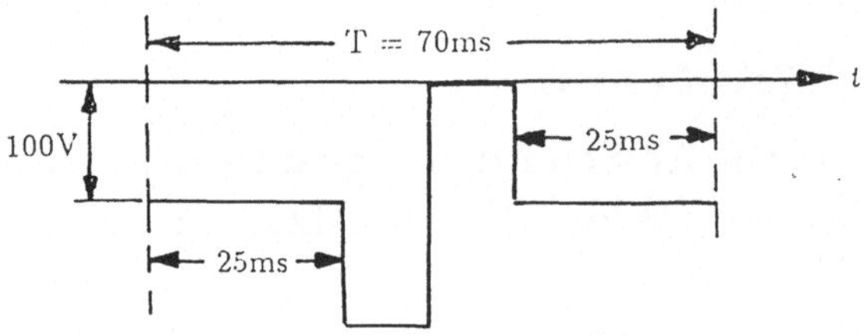

4.7 a) Bestimme den Gleichanteil der gezeichneten periodischen Zeitfunktion und zeichne ihn ein.
b) Wähle eine günstige u-Achse.
c) Welche Fourierkoeffizienten werden dadurch Null?
d) *Versuche eine Berechnung der Harmonischen (siehe Beispiel 4.9).

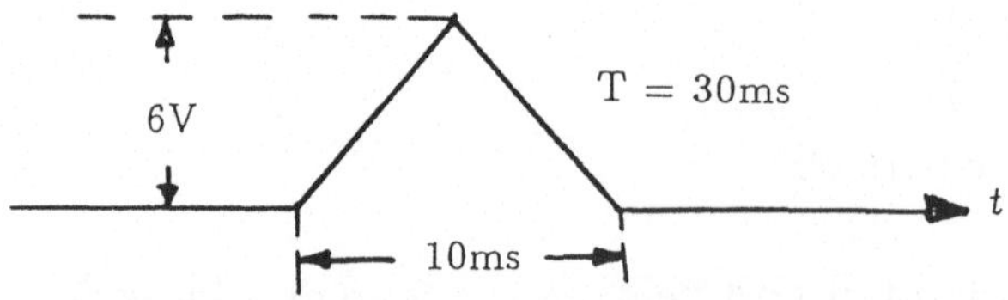

4.8 Stelle die Fourierreihe für einen Rechteckpuls (Amplitude A) mit einem Tastverhältnis von 1:4 und ohne Gleichanteil auf.
a) Zeichne die Funktion.

b) Wo liegt die t-Achse?
Zeichne das verzerrte Signal, wenn
c) nur die 2 niedersten Harmonischen,
d) nur die 4 niedersten Harmonischen übertragen werden.

4.9 * Gib die Fourierzerlegung der Dreieckschwingung an, und zeichne die Amplituden der Oberwellen

$$\int x \sin(ax)dx = -\frac{x}{a}\cos(ax) + \frac{1}{a^2}\sin(ax),$$

$$\int x \cos(ax)dx = \frac{x}{a}\sin(ax) + \frac{1}{a^2}\cos(ax).$$

4.10 * Gesucht ist die Fourierreihe und das Amplitudenspektrum einer Sägezahnkurve.

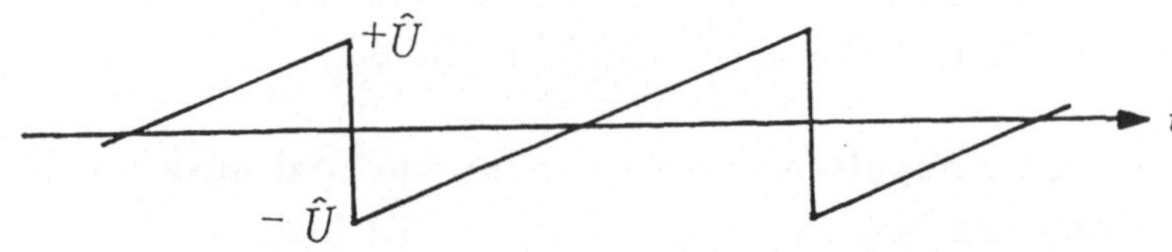

4.11 * Zeichne a) einen einmaligen Dreieckimpuls und b) einen Sägezahnimpuls der Zeitdauer T und Spitzenspannung $\hat{U}$. Berechne die Fouriertransformierte dieser Signale. Zeichne die Amplitudenspektren, und bemesse die Achsen. Skizziere die an einem Widerstand R durch diese Signale auftretende Leistung im Zeit- und Frequenzbereich (Leistungsspektrum). Maßeinheiten der Ordinaten?

4.12 * Ein Hochfrequenzträger von 10MHz wird mit 400Hz - Ton Morsezeichen voll ($m = 1$) amplitudenmoduliert. Skizziere im Frequenzbereich 10MHz $\pm$ 1kHz das Signalspektrum für einen Dauerton von 400Hz, einen Punkt (Dauer $T_p = 50$ms) und einen

Strich ($T_s = 200$ms).

4.13 Derselbe Hochfrequenzträger (Beispiel 4.12) wird mit gleich langen tonlosen Morsezeichen getastet (ein- und ausgeschaltet – on-off keying); Skizze des Spektrums?

8.5 Leitungen und Wellen

5.1 Eine verlustlose, mit ihrem Wellenwiderstand abgeschlossene Leitung ($Z_w = 50\Omega$, $C' = 100$nF/km) wird mit $f = 100$kHz betrieben. Bei welcher Leitungslänge ist die Phasenverschiebung zwischen Ausgangs- und Eingangsspannung erstmalig $-60° = -\frac{\pi}{3}$?

5.2 Am offenen Ende eines 1m langen Stückes eines verlustfreien Koaxkabels mißt man bei $f = 0, 1, 2, 3, ... n \cdot 10^8$Hz einen Kurzschluß.

a) Ist die Leitung dispersiv?

b) Welche Phasengeschwindigkeit im Vergleich zur Lichtgeschwindigkeit $c = 3 \cdot 10^8 \text{ms}^{-1}$ herrscht im Kabel.

c) Wie groß ist die relative Dielektrizitätskonstante ε_r des homogenen Dielektrikums ($\mu_r = 1$) im Kabel?

5.3 Wird mit einem Impulsgenerator, der im ein- und ausgeschalteten Zustand den Innenwiderstand $R_i = 50\Omega$ hat, an ein Koaxkabel mit dem Wellenwiderstand $Z_w = 50\Omega$ und der Gruppengeschwindigkeit $v_G = 2 \cdot 10^8$m/s ein 1V-Impuls der Dauer $T = 20$ns gelegt, so beobachtet man am Kabeleingang die gezeichneten Kurvenformen.

a) Wie ist jeweils das Kabelstück abgeschlossen, und wie lang ist es?

b) Wie erkennt man aus der Kurvenform, ob das Kabel verlust- und dispersionsfrei ist?

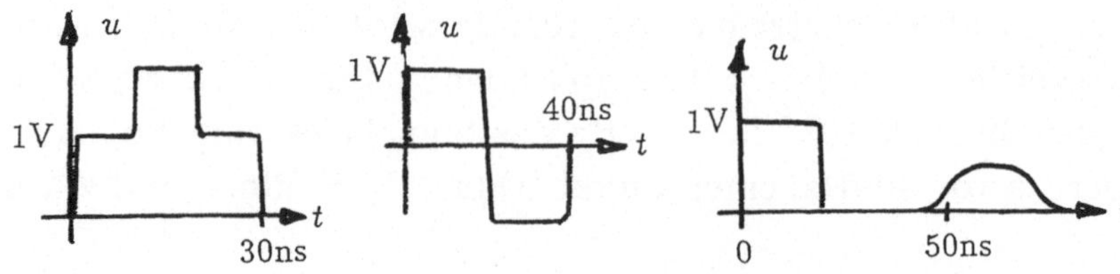

5.4 An einem mit dem Wellenwiderstand abgeschlossenen 100m langen Koaxkabel beobachtet man bei $f = 10$MHz zwischen der Eingangs- und Ausgangsspannung ein Amplitudenverhältnis von 2:1 und eine Phasenverschiebung von $\Delta\varphi = -9,1\pi$. Wie groß sind bei $f = 10$MHz Dämpfung (in dB/km), Wellenlänge λ, Phasengeschwindigkeit v_p, Ausbreitungskonstante β und ε_r des homogenen Dielektrikums dieses Kabels? (Phasenverschiebungen $\Delta\varphi > 2\pi$ kann man z. B. mit einem Zweikanal-Oszilloskop messen, das mit dem Referenzsignal – hier: der Eingangsspannung – synchronisiert ist, welche auf einem Kanal dargestellt wird. Man beginnt bei sehr kleinen Frequenzen, d. h. $\Delta\varphi < \pi$, erhöht dann diese bis zur Meßfrequenz und notiert die Zahl N der vollen Durchläufe einer Sinusschwingung der Spannung – hier: der Ausgangsspannung – im Oszillogramm des zweiten Kanals, dessen Phase $\Delta\varphi$ zu messen ist. Die ganze Phasenverschiebung ist dann $\Delta\varphi = N \cdot 2\pi + \Delta\varphi_s$, wobei $\Delta\varphi_s$ die am Schirm bei der Meßfrequenz an der $(N + 1)$-ten Schwingung abgelesene Phasendifferenz ist.)

5.5 Über ein 400m langes, dispersionsfreies 50Ω-Koaxkabel mit einer Dämpfung von 15dB/km und einer Gruppengeschwindigkeit von $2,2 \cdot 10^8$m/s werden zwischen Rechnern Impulse gesendet. Mit welcher Spannung, Zeitverzögerung und Form (Skizze) kommen an den Kabeleingang über $R_i = Z_L$ angelegte 10$\hat{\text{V}}$ Rechteckimpulse der Dauer $T = 1\mu$s an, wenn

a) der Kabelanschluß beim Empfänger $Z_L = 50\Omega$,

b) $Z_L = 200\Omega$,

c) $Z_L = 5\Omega$ ist.

5.6 Das obige Datenkabel (Beispiel 5.5) wird durch Grabungsarbeiten in einem Abstand von 80m vom Sender abgerissen. Skizziere die am Kabeleingang auftretende Impulsform.

5.7 Ein Laser-Entfernungsmesser nach dem Impuls-Reflexionsverfahren wird mit einer Meßdistanz von 10m (Laser- bzw. Empfangsdiode-Spiegel) geeicht. Man mißt elektronisch eine Verzögerung von 97ns zwischen elektrischer Impulsauslösung (Trigger) und reflektiertem Impuls. Wie groß ist die elektrische Verzögerung des Impulses im Gerät?

5.8 * Ein Rechteck-Hohlleiter hat die Phasenkonstante $\beta_H = 2\pi/\lambda_H$, die mit der Kreisfrequenz $\omega = 2\pi f$ über $\omega^2 = c^2 \cdot \beta_H^2 + \pi^2 c^2/a^2$ zusammenhängt ($c = 3 \cdot 10^8$m/s, Lichtgeschwindigkeit). Skizziere das Dispersionsdiagramm $\omega(\beta)$.
a) Wie groß ist für $f = 35$GHz die Wellenlänge λ_0 einer freien Welle im Vakuum?
b) Wie groß ist bei $f = 35$GHz λ_H, die Wellenlänge im Hohlleiter, wenn seine große lichte Weite $a = 7$mm ist.
c) Wie groß ist die Phasengeschwindigkeit v_p und Gruppengeschwindigkeit v_G im Hohlleiter?
d) Was ergibt $v_p \cdot v_G =$?

8.6 Filter

6.1 Berechne und skizziere in Betrag und Phase die komplexe Übertragungsfunktion $\underline{H}(\omega) = \underline{U}_2/\underline{U}_1$ für folgende Schaltung:

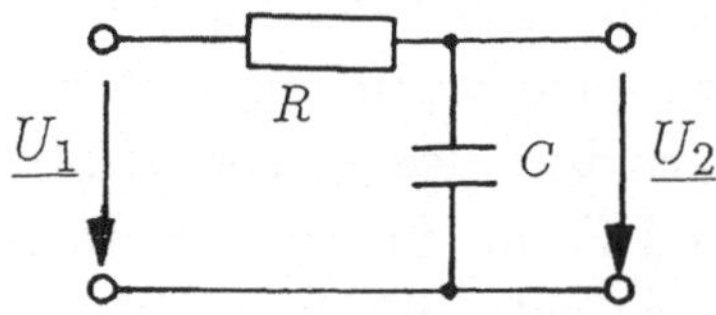

a) Welche Filtereigenschaften (TP, HP, BP, BS) hat die Schaltung.
b) Berechne und zeichne die Grenzfrequenzen ω_G in der Skizze ein. (Bei ω_G hat $\underline{U}_2$ gegenüber $\underline{U}_1$ den Phasenwinkel 45°.)
c) Zeichne $|\underline{H}(\omega)|$ als Dämpfung in dB.
d) Um wieviel dB ist $|\underline{H}(\omega)|$ bei ω_G gegenüber seinem Maximalwert gesunken?

6.2 Dieselbe Fragestellung wie in 6.1 für die Schaltung:

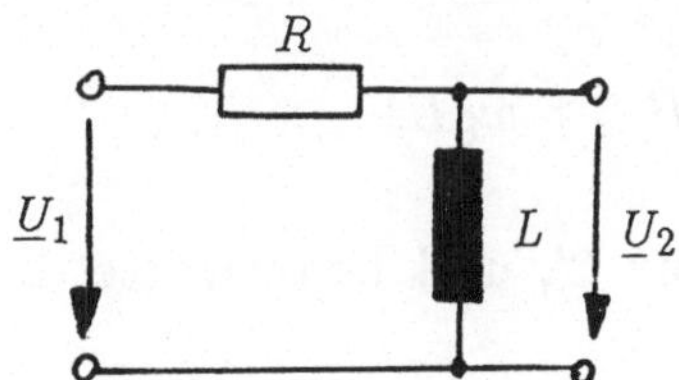

6.3 Dieselbe Fragestellung (so weit sinnvoll) wie in 6.1 für:

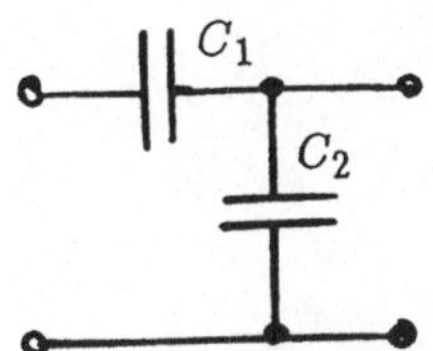

6.4 Wie 6.1 für diese Schaltung. Zusatzfrage: Wieviele Grenzfrequenzen gibt es?

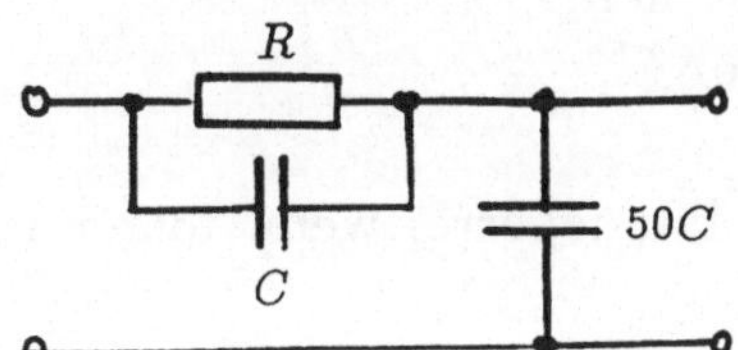

6.5 * Wie 6.4 für die Schaltung:

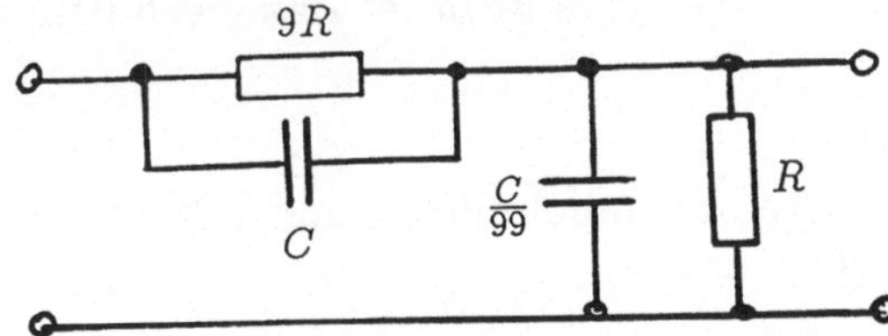

6.6 Berechne und skizziere die komplexe Übertragungsfunktion für folgendes Filter:

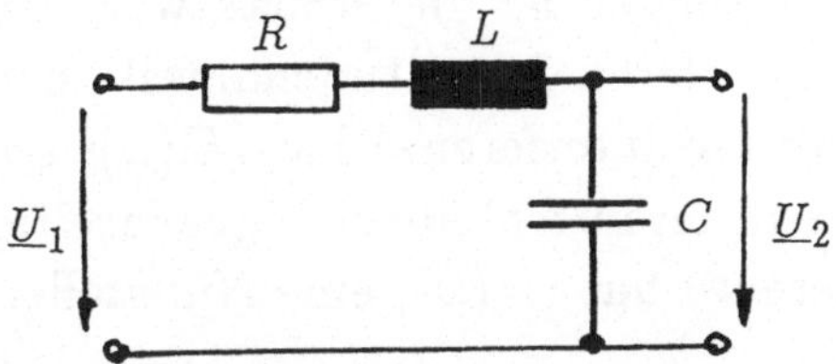

a) Für die Spezialfälle: $\omega = 0$ (Gleichspannung), $\omega = \omega_0 =$

$(LC)^{-1/2}$, $\omega \to \infty$.

b) Um welches Filter handelt es sich?

c) Diskutiere die Fälle $R << \omega_0 L$, $R >> \omega_0 L$.

6.7 Vertausche in der Schaltung 6.6 L mit C, und beantworte die gleichen Fragen!

6.8 Diskutiere folgende Schaltung:

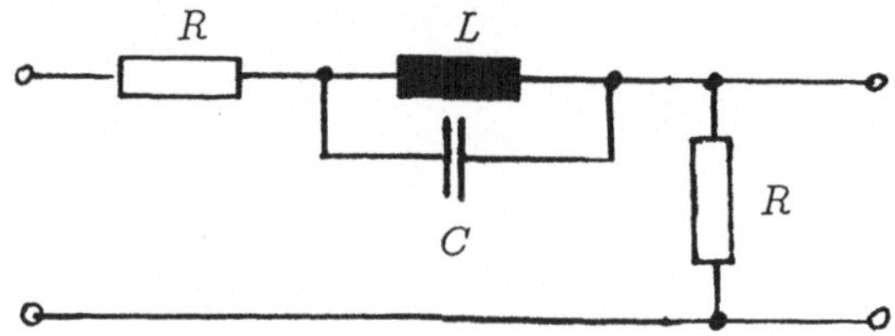

6.9 Skizziere die Schaltung und $|\underline{H}(\omega)|$ für einen Tiefpaß, wenn folgende Bauelemente zur Verfügung stehen:
Widerstand R, Spule L, Kondensator C.

6.10 Gesucht ist die Schaltung für eine Bandsperre, wenn folgende Bauelemente zur Verfügung stehen:
Spule L, Kondensator C, Widerstand R. Hinweis: Resonanz.
Skizziere den Betrag $|\underline{H}(\omega)|$ der Übertragungsfunktion.
Die 3dB-Bandbreite $\Delta\omega/\omega_0 = 4\%$. Wie groß ist das Verhältnis R/L?

6.11 Für einen Bandpaß stehen folgende Bauelemente zur Verfügung: R, L, C. Verfahre wie in 6.10.

6.12 * Welche Übertragungsfunktion hat ein Transversalfilter mit 20 Anzapfungen im Abstand von $T = 1\mu s$ und gleichen Gewichtungen a_i? Hinweis: Über die Anzapfungen ist die Stoßantwort ein Rechteck. Bei allen Frequenzen ω, deren Amplitudenanteile sich summieren ($\omega T = n$ – konstruktive Interferenz) hat $|\underline{H}(\omega)|$ ein Maximum. Bei allen Frequenzen, deren Anteile sich gegenseitig auslöschen (destruktive Interferenz) hat $|\underline{H}(\omega)|$ eine Nullstelle.

6.13 * Mit dem Ergebnis von 6.12 versuche, ein Transversalfilter mit $|\underline{H}(f)| = \text{si}\ (f - f_0)$ zu entwerfen ($f_0 = 10\text{MHz}$, Nullstellenbandbreite 200kHz). Welche Durchlaßbereiche hat dieses Filter noch?

6.14 * Versuche, einen TP mit steilem Abfall bei ω_G als Transversal- bzw. FIR Digitalfilter zu konzipieren. Wovon hängt die Zahl der notwendigen Anzapfungen bzw. Zeitverschiebungen ab?

6.15 Wie schauen folgende periodischen Signale der Periode T aus, nachdem sie einen idealen TP mit der Grenzfrequenz $f_G = 5,5/T$ durchlaufen haben:
a) Rechteck (Beispiel 4.1),
b) Dreieck (4.9),
c) *Sägezahn (4.10).

6.16 * Skizziere die Formen obiger Schwingungen nach Durchlaufen eines BP mit der Mittenfrequenz $f_m = 5/T$ und 20% relativer Bandbreite.

6.17 Ein sehr kurzer Rechteckimpuls der Spannung 1V und der Dauer $t_p = 10\mu s$ durchläuft einen dämpfungsfreien ($| H | = 1$) Tiefpaß, der viel schmalbandiger ($f_g = 1/10t_p$) als die Hauptkeule des Impulsspektrums ist. Gesucht ist:
a) Analytisch und graphisch $s_1(t)$ und $S_1(\omega)$.
b) Zeichne $S_2(\omega)$ mit Hilfe von $H(\omega)$.
c) Unter der Annahme, daß $S_2(\omega)$ im TP Durchlaßbereich konstant ist, stelle $s_2(t)$ analytisch und graphisch unter $s_1(t)$ dar.

8.7 Datenübertragungsstrecken

7.1 Ein Weitverkehr-Nachrichtenkabel habe eine Dämpfung von 3dB/km. Am Eingang eines Zwischenverstärkers wird die maximale erlaubte Bitfehlerwahrscheinlichkeit (BER) überschritten, wenn die Signalspannung unter $100\text{mV}_{\text{eff}}$ fällt. Das Ausgangssignal eines Verstärkers sei 5V_{eff}, jedoch muß aus Sicherheitsgründen sein Absinken auf die Hälfte berücksichtigt werden. Wie groß ist die maximale Verstärkerfeldlänge L_v?

7.2 Das 300Mbit/s-Glasfaser-Kabel USA-Europa ($L = 6000$km) hat eine Repeaterfeldlänge von 50km. Bei der verwendeten Lichtwellenlänge $\lambda = 1{,}3\mu$m ist die Gruppengeschwindigkeit v_G/c = 1:1,46; die Verzögerung in einem Repeater ist 5ns ($c = 3 \cdot 10^8\text{ms}^{-1}$, Lichtgeschwindigkeit). Welche Laufzeit hat das Transatlantik-Lichtkabel?
*In jedem Verstärkerfeld sei die Bitfehlerwahrscheinlichkeit BER $= 10^{-10}$. Wie groß ist BER des ganzen Kabels?

7.3 Ein geostationärer Satellit kreist in etwa 36 000km Höhe über dem Äquator in 24^{h} um die Erde. Schätze mit einer Genauigkeit von 5% die Laufzeit in einem Satellitenfunkfeld. Telephonate von Wien nach a) New York und b) Honolulu mögen nur über Satellitenstrecken geführt werden. Wie lange verzögert sich die Antwort im Fall a) und b)? Vergleiche mit der Kabelverzögerung!

7.4 * Ein geostationärer Satellit stehe am Meridian der Funkstation Aflenz (48° n. Breite).

a) Unter welchem Elevationswinkel ist dort die Richtantenne nach Süden einzurichten, und welche Zeit braucht die Mikrowelle für den Weg Erde-Satellit-Erde? (Erdumfang = 40 000km);
(sin-Satz: $\sin\alpha : \sin\beta : \sin\gamma = a : b : c$,
cos-Satz: $c^2 = a^2 + b^2 - 2ab\cos\gamma$).

b) Wieviel Längengrade westlicher oder östlicher darf der geostationäre Satellit stehen, um gerade noch über dem Horizont sichtbar zu sein? (Hinweis: Schnitt der Horizontalebene von Aflenz mit der Satellitenbahn).

c) Wieviel geostationäre Kommunikationssatelliten sind demnach zur Richtfunkverbindung aller Punkte der Erde unter 48° Breite mindestens notwendig?

8.8 Ergebnisse

1.1: a) 18Ω, b) 400Ω, c) 418Ω;
0.4 V, 8.6 V;
8.6 mW, 185 mW.

1.2: 17.22Ω;
0.29A, 0.28A, 12.5 mA;
1.4W, 63 mW.

1.3: 500m, 10:1.

1.4: 48V, 12V.

1.5: l=7m.

1.8: 40Ω:200mA, 8V, 1.6W.
80Ω:0.1A, 8V, 0.8W.
50Ω:0.1A, 5V, 0.5W.
30Ω:0.1A, 3V, 0.3W.

1.9: 10Ω:0.2A, 2V, 0.4W.
5Ω:0.4A, 2V, 0.8W.
1.5Ω:0.8A, 1.2V, 0.86W.
2Ω:0.4A, $U_{2\Omega}$=0.8V, 0.32W.

1.10: 2mA, 0.6V, 1.2mW;
3mA, 1V, 1.8mW;
5mA, 5mW.

1.11: 1.02kΩ.

1.12: a) 25kΩ, 250kΩ, 625kΩ, 2.5MΩ, 25MΩ.

b) 1000Ω, 100Ω, 4Ω, 0.1Ω, 0.01Ω.

1.13: 500Ω.

1.14: a) 105.6h, b) $14.6\dot{6}$h, c) 4.4h.

1.15: 25%:75%;
41.7%:58.3%;
0.0054kWh; 0.0083kWh.

1.16: 73.4A, 117.2A;
80.8W, 206W;

1.17: 2.27V; 0.2W, 0.14W, 0.103W;
10:7:5.

1.18: für $R_L \to \infty$.

1.19: a) 151.85pF;
b) 12nC, 9nC, 3nC, 0.15nC;
c) 20V, 60V.

1.20: 0.1sec; 0.7sec; 1sec; 4.6sec.

1.21: $i(t) = \frac{U_0}{R} \cdot e^{-\frac{t}{RC}}$.

1.23: $C \cdot k$.

1.24: 90.91V;
9.58sec, 63.01sec, 272.34sec.

1.25: $9 \cdot 10^{-2}\mathrm{m}^2$.

1.26: 10^3V, 13.5μJ.

1.27: 500V, $5 \cdot 10^{-8}$C.

1.28: 10^6 V/m, $1.6 \cdot 10^{-13}$N.

1.29: $6.13 \cdot 10^3$V.

1.30: L/R.

1.31: $u_L = U_0(1 - e^{\frac{-t}{\tau}})$; $u_R = U_0 e^{\frac{-t}{\tau}})$; $u_K = U_0$.

1.32: $\frac{u_0}{L} \cdot t$, Funkenüberschlag.

1.33: $I_0 e^{\frac{-Rt}{L}}$.

1.34: 2V.

1.35: 36V.

1.36: a) 208.3Ω, b) 19.19mA, 4.02V.

1.37: Nein.

2.1: a) $\sqrt{2}\mathrm{U}_{\mathrm{eff}} \cos(2\pi f t + 30°)$,
b) $\sqrt{2}\mathrm{I}_{\mathrm{eff}} \cos(2\pi f t)$,
c) $220\mathrm{e}^{\mathrm{j}2\pi\mathrm{ft}+\mathrm{j}\frac{\pi}{6}}$,
d) $1 \cdot \mathrm{e}^{\mathrm{j}2\pi\mathrm{ft}}$,
e) $\frac{1}{600}$sec.

2.2: a) 20V, j31.4V,
b) 2W, 3.14VAr, 3.72VA.

2.3: 10mA, 7.5mA, 0.12W, 0.09VAr, 0.15VA.

2.4: $49.2\mathrm{mA} \cdot \mathrm{e}^{\mathrm{j}31.45°}$,
1.26W, 0.77VAr, 1.476VA.

2.5: 32.11mA, 38.32mA, 0.155W, 0.185VAr, 0.241VA.

2.6: 216,4V, 39,6V, 220V, 10.4°;
39W, 7.1VAr, 39.64VA, 10μF.

2.7: a) 7.2kΩ, 0.76μF (50Hz), 65mW, 37.5mVAr, 75mVA,
b) R, L, 622W, 622VAr, 880VA.

2.9: 9°.

2.12: a) 300mV, 4.38V,
b) 4.20V, 4.56V,
c) 4.64V, 4.13V.

2.14: -14dB.

2.15: 111μH, 100Ω.

2.16: 50V_{eff}, j10mA.

2.17: $\frac{484}{\sqrt{0.01+(2\pi f\cdot 10^{-5})^2}}$, $\varphi = -\arctan(\frac{2\pi f\cdot 10^{-5}}{0.1})$.

2.18: a) 11.55A, b) $7 \cdot e^{-j158.2^\circ}$.

3.1: a) 3.45fF,
b) $5 \cdot (e^{\frac{-t}{\tau}} - 1)$,
c) $\frac{CU_0^2}{2}$,
d) $\frac{CU_0^2}{2}$,
e) $2.32 \cdot 10^{+13}$.

3.2: $3.22 \cdot 10^{-6}$m.

3.3: 21582.

3.4: a) 1.07A,
b) 0.14A.

3.5: 0.7364V.

3.6: -8.13V, -7.48V.

3.7: 1.34V, 0.64V, 0.7V.

3.8: 1.5V, 0.6V, 2.1V.

3.10: 969mA, 0A, -10^{-12}A.

3.11: 1.07A, 0A, -10^{-13}A.

3.12: $5 \cdot 10^{-5}$V, 1kΩ; $5 \cdot 10^{-5}$V, 1MΩ; 5V, 100MΩ.

3.13: a) 9V,
b) 220mA,
c) 200mA,
d) 25Ω.

3.14/15: -0.3mA, 150, $R_B = 64k\Omega$, $r_{BE} = 83\Omega$, $v_u = -400$, $g_m = 1.8S$.

3.16: a) $\frac{\mu \cdot \epsilon_{ox} \cdot \omega}{2D_{ox} \cdot L}(U_{GS} - U_{th})^2$,
c) $2.93\frac{\text{mA}}{\text{V}}$,
d) 910V,
e) 2.73.

3.17: a) $15 \cdot 10^3$m/s,
b) 1.5V,
c) 0.33nsec.

3.18: a) 0.4mA,
b) 6.7ps.

3.19: a) 128μm,
b) $435 \cdot 10^{-12}$s,
c) $3.5 \cdot 10^{-9}$s.

4.2: $\frac{4\hat{U}}{\pi}[sin(\omega_0 t) + \frac{1}{3}sin(3\omega_0(t - T/12)) + \frac{1}{5}\sin(5\omega_0(t - T/10))$.

4.3: a) 0.637V,
b) -0.424V,
c) -0.085V.

4.4: 0.215, 0.35, 0.19,0.044.
-0.026, -0.023, 0.004, 0.01;
$2.44 \cdot 10^{-3}$, -$6.67 \cdot 10^{-3}$.

4.5: a) $\hat{U}/2$,
b) $-\hat{U}/2$.

4.6: $\frac{-200}{n\pi} \cdot (1 - \cos\frac{2\pi n}{7})$V.

4.7: $\frac{6 \cdot \hat{U}}{n^2\pi^2}(1 - cos\frac{n\pi}{3})$.

4.8: 0.374, 0.303, 0.202, 0.094, 0.

4.9: $\frac{4A}{\pi^2}(\cos\omega_0 t + \frac{\cos 3\omega_0 t}{3^2} + \frac{\cos 5\omega_0 t}{5^2} + \ldots)$.

4.10: $-\frac{2}{\pi} \cdot \hat{U} \cdot \frac{1}{n} \cdot (-1)^n$

4.11: a) $\hat{U} \cdot \frac{T}{2} \cdot (\frac{\sin\frac{\omega T}{4}}{\frac{\omega T}{4}})^2$,
$P = F^2/R$,
b) $-j\frac{4\hat{U}}{T}[-\frac{T}{2\omega}\cos\frac{\omega T}{2} + \frac{1}{\omega^2}\sin\frac{\omega T}{2}]$.

5.1: 333 m.

5.2: a) nein;,
b) $\frac{2}{3}$c;
c) 2.25.

5.3: 1) 1m offen;
2) 2m kurzgeschlossen;
3) 5m offen, verlustbehaftet, dispersiv.

5.4: 6dB, 24.7m, $2.47 \cdot 10^8$m, 1.48.

5.5: a) 5V, 1.82μs;
b) 2V, 1.82μs;
c) 0.91V 1.82μs.

5.7: 30ns;

5.8: a) 8.57mm,
b) 10.8mm,
c) $v_G = c\sqrt{1-(\frac{\lambda_0}{2a})^2} = c^2/v_p$,
d) c^2.

6.1: a) TP, b) $\frac{1}{RC}$, c) $-10\log[1+(\omega RC)^2]$, d) 3dB.

6.2: a) HP, b) $\frac{R}{L}$, c) $-10\cdot log[1+(\frac{R}{\omega L})^2]$ d) 3dB.

6.3: a) Allpaß, c) $-20\log\frac{C_2}{C_1}$.

6.4: a) TP, b) $\frac{1.02}{RC}$, c) $-34-10log[1+(\frac{\omega}{\omega g})^2]$, d) 3dB, e) 1.

6.5: a) HP,
b) $\frac{0.144}{RC}, \frac{0.844}{RC}$,
c) $10\cdot log[1+(9\omega RC)^2]$ - $10\cdot log[10+(9.09\omega RC)^2]$,
d) -6.41dB, -0.69dB.

6.6: $\frac{1}{1-\omega^2LC+j\omega RC}$,
a) 1, 0, $\frac{1}{j\omega_0 RC}$,
b) BP.

6.7: $\frac{1}{1-\frac{1}{\omega^2LV}-j\frac{R}{\omega C}}$,
a) 0, 1, $\frac{j\omega L}{R}$.

6.8: $\frac{1}{2}$, 0, $\frac{1}{2}$.

6.10: L ∥ in Serie mit R $[1+(\frac{\omega L}{R)}^2(\frac{1}{1-\omega^2LC})^2]^{\frac{-1}{2}}$,
$\frac{\omega_0}{12.75}$.

6.11: L– C in Serie mit R $[1+(\frac{1}{\omega RC})^2(1-\omega^2LC)^2]^{\frac{-1}{2}}$,
$\frac{R}{L}=\frac{\omega_0}{12.75}$.

6.12: $H_{(\omega)} \approx 2\cdot 10^-5A\cdot si(2\pi(f-n.1MHz)\cdot 10\mu s)$.

6.13: 50 Koeffizienten, konstante Amplitude, $T = 10^{-}7$.

6.14: Steilheit der Flanke.

7.1: 9.3km.

7.2: 29.8μs.

7.3: a) 0.48s, b) 0.96s, c) 20ms, d) 67ms.

7.4: a) 35°, t = 256ms,
b) 77°,
c) 3.